SYSTEMATISCHES

LEHRBUCH

DER

VERGLEICHENDEN ANATOMIE,

MIT

TABELLEN

UEBER

DIE CLASSIFICATION DES THIERREICHS UND DIE FORMEN DER ORGANE,

VON

CARL AUGUST SIGMUND SCHULTZE,

Doctor der Medicin, ord. öffentl. Professor der Anatomie und Physiologie, großherz. badischem Hofrath, Director der anatomischen Anstalt zu Freiburg, Secretär der naturforschenden Gesellschaft daselbst, Mitgliede der naturforschenden Gesellschaften zu Berlin und Halle, und der Société des sciences zu Strasburg, der mineralogischen Societät zu Jena, des Apothekervereins im nördlichen Deutschland und desselben im Großherzogthum Baden Ehrenmitgliede.

ERSTE ABTHEILUNG

ALLGEMEINE ANATOMIE.

BERLIN,

BEI G. REIMER.

1828.

Vorrede.

Es ist allgemein anerkannt, daſs die Anatomie, Physiologie, und pathologische Anatomie des Menschen durch Benutzung der Anatomie und Physiologie der Thiere besonders in der neuesten Zeit auſserordentliche Fortschritte gemacht haben, und eine planmäſsig zusammenhängende Bearbeitung dieser vier engverbundenen Wissenschaften kann als Bedürfniſs erscheinen.

Zwar haben die besten Schriftsteller in jeder Einzelnen, das aus den benachbarten Doctrinen benutzt, was sich für ihren Zweck eignete, und wir besitzen brauchbare Handbücher der Anatomie, Physiologie und pathologischen Anatomie mit Beziehung auf vergleichende Anatomie, aber die Meisten passen dem Plane nach nicht zu einander, oder sie enthalten, wenn man sie zusammenstellt, theils Wiederholungen, theils lassen sie Lücken.

Ich habe es daher versucht, diese Fächer, deren Lehrvortrag mir obliegt, und denen ich mich mit ganzer Neigung widme, als Theile eines Ganzen, nach einem durchgreifenden Plane für den akademischen Vortrag zu bearbeiten, und zwar zuerst die vergleichende Anatomie, als Grundlage der folgenden, dann die Anatomie des Menschen, die Physiologie und die pathologische Anatomie.

Zu Erreichung meines Zieles habe ich mir besonders folgende nähere Forderungen gestellt:

1) Gleichmäſsig strenge Auswahl, sowohl der allgemein wichtigen, als der für den gebildeten praktischen Arzt bedeutenden Gegenstände.

2) Vorsichtige Sonderung des durch Thatsachen Bewiesenen von dem blos Wahrscheinlichen und Hypothetischen, und vorzügliche Berücksichtigung des Ersteren.

3) Wahrheit, Deutlichkeit und Kürze der Darstellung.

Bei dem ersten Punkte, vielleicht dem schwierigsten für ein encyclopädisches Werk, bin ich überall der Ueberzeugung gefolgt, daſs gründlichstes Studium der Vorbereitungs - Wissenschaften mit dem wahren Vortheil bei Ausübung der Heilkunst nicht blos Hand in Hand gehen könne, sondern unzertrennlich damit verbunden sey, in einer Zeit, die an Charlatanerie Eckel zu empfinden anfängt, und in einer Periode, wo der theoretische und praktische Theil der Heilkunde einen Grad der Ausbildung erreicht haben, der es möglich macht, die Spaltung zwischen beiden, wenn nicht aufzuheben, doch zu mindern, eine Spaltung die beiden Theilen eben so sehr zum Vorwuif gereicht, als sie aus einer fehlerhaften Bearbeitung beider entsprungen ist.

Die Gründlichkeit in der Anatomie und Physiologie, deren die Krankheits- und Heilungs-Lehre bedarf, mufs nicht blos in trockener Beschreibung trockener Praparate, und ängstlicher Ausführung aller geistreichen und geistlosen physiologischen Hypothesen bestehen. Diese Methode liefert wohl auf eine bequeme Art bändereiche Werke und Hefte, die aber nur das Bücherbrett, nie den Kopf des praktischen Arztes füllen; Geschmack und Liebe zu eigenen anatomischen Untersuchungen, Fähigkeit zu eigenen physiologischen Beobachtungen mufs in dem Grade geweckt und genährt werden, dafs sich daran jene Masse realer Kenntnisse knüpfen kann, die vor Charlatanerie schützt, aber in der Regel, wenn sie blos Gedächtnifssache ist mit der Studenten-Mappe weggeworfen wird.

Aus diesem Grunde habe ich die praktischen Uebungen, welche gewöhnlich blos auf den normalen Theil der menschlichen Anatomie beschränkt werden, auf vergleichende und pathologische Anatomie, und auf Experimental-Physiologie ausgedehnt; so dafs, so viel möglich, Thiere aus allen Ordnungen in den Vorlesungen zergliedert, mehr als 2000 physiologische Experimente in den letzten acht Jahren angestellt und von den Zuhörern schriftlich kontrollirt, und über 300

Leichenöffnungen in Beziehung auf pathologische Anatomie von den Zuhörern selbst gemacht und beschrieben wurden.

Besonders verspricht die so wenig und einseitig benutzte pathologische Anatomie in dem Grade ihres Wachsthums die Kluft zwischen theoretischer und practischer Heilkunde auszufüllen, die durch gewandte Hypothesen wohl versteckt, allein dadurch nur um so verderblicher gemacht ist. Aber sie muſs, statt Aufzählung seltener Kabinetsstücke, genaue Beschreibungen der Entwickelungsstufen liefern, die ein krankes Organ vom gesunden Zustande bis zur gröſsten Entartung durchläuft. Die gewöhnlichen und einfachen Abweichungen, die dem gesunden Zustande am nächsten stehen, und das Wesen der Krankheit am meisten aufklären, habe ich daher vorzüglich berücksichtigt, in der Ueberzeugung, daſs sie mit Unrecht den wunderbaren und seltenen Fällen nachstehen, die der Wissenschaft fast allein dadurch nützen, daſs sie zeigen, bis zu welchem Grade der lebende Körper mit einem ihn zerstörenden oder belästigenden Theile bestehen kann.

Bei der zweiten Forderung war es mein Bestreben, der unseligen Sucht vieler Schriftsteller und Lehrer, die Natur in ihre Ideen einzuschnüren, mit allen Kraften entgegen zu arbeiten, und den Spielereien, worüber, so geistreich sie auch zuweilen sind, das Wesentliche in der Heilkunde vernachlässigt wird, eine Anleitung zu möglichst tiefer Erforschung der Naturerscheinungen entgegen zu stellen.

Dafs in dieser Hinsicht die Physiologie eine weit vorsichtigere Kritik als die anatomischen Theile erfordert, obgleich auch diese nicht frei von willkührlichen Annahmen geblieben sind, liegt in der Natur der Sache, da jene eine hypothetische Bearbeitung weit mehr gestattet, ja ihrer Lücken wegen nothwendig gemacht hat.

Diese Kritik der Physiologie habe ich mir durch eine von der gewöhnlichen abweichende Darstellungsart zu erleichtern gesucht, indem ich zum Muster Physik und Chemie nahm, die in der neueren Zeit ungleich glanzendere Fortschritte gemacht haben, als die Physiologie. Es ist die experimentirende Methode, von der man allein erwarten kann, dafs sie der Physiologie die sichere Haltung, die Fülle unbestreitbarer Thatsachen, den segensreichen Einflufs auf benachbarte Wissenszweige verschaffen werde, den wir an der Physik und Chemie bewundern. Defshalb habe ich versucht in dem 3ten Bande des vorliegenden Werkes ein Handbuch der Experimental-Physiologie zu liefern.

Die Schwierigkeit dieses Unternehmens ist mir nicht verborgen, und ich würde an der Ueberwindung derselben verzweifelt haben, wenn ich nicht bei der Einrichtung eines Instituts zu Anstellung physiologischer Versuche von der Grofsherzoglich Badischen

Regierung und den hiesigen akademischen Behörden mit hoher Liberalitat unterstützt worden wäre. Auch manche vergleichend-physiologische Zusammenstellungen, wie z. B. auf der ersten Tabelle über die chemische Reaktion der Flüssigkeiten, über die Wärme und Ausdünstung der Spinnen und Insekten, über die Unterschiede der Warm- und Kaltblüter, würden mir, bei der Nothwendigkeit, eine anatomische Sammlung ganz aus eigenen Mitteln zu erhalten, ohne diese Hülfe nicht möglich gewesen seyn. In der vergleichenden Anatomie war es behufs jener Sonderung des Thatsächlichen vom Hypothetischen nothwendig, gewisse Grundsätze der Vergleichung festzustellen, (p. 75.) um vor den oft ins Blaue und Lächerliche gehenden Vergleichungen einiger deutschen und französischen Zootomen zu schützen.

Was endlich die Deutlichkeit und Kürze der Darstellung betrifft, so habe ich durch tabellarische Uebersichten des Wichtigsten in den drei anatomischen Theilen dem Gedachtnifs zu Hülfe zu kommen gesucht, und sorgfaltige Feile so wie mehrfache Umarbeitung nicht gescheut.

Besonders war mir in der vergleichenden Anatomie daran gelegen, durch selbstständige systematische Anordnungen und Eintheilungen den Vorwurf der Verworrenheit und Unübersehbarkeit zu vermeiden, der dieser Disciplin oft mit Recht gemacht ist, und dem Studium derselben in dem Grade mehr schaden muſs, als sich ihr Feld durch fleisige Bearbeitung erweitert.

Dies Klassification der fast zahllos verschiedenen Formen der einzelnen Organe im ganzen Thierreich habe ich nicht, wie meine Vorgänger, nach den Klassen der Thiere gemacht, sondern habe eine Abtheilung nach dem Wesen der Bildung in jeder Art von Organen versucht, ahnliche Formen vereinigend, unahnliche sondernd, ohne mich an die Klassification der ganzen Thiere zu binden, die immer nur Einige der wichtigsten Organe berücksichtigen kann, für die übrigen aber nothwendig unpassend seyn muſs. (S. pag. 81).

Auſser den schon erwähnten gnädigen Bewilligungen von Seiten Einer hohen Groſsherzogl. Regierung, und freundlicher Bereitwilligkeit meiner Herrn Kollegen zu Anschaffung der nöthigsten Kupferwerke für die Universitäts-Bibliothek, muſs ich die groſse Gefalligkeit, mit der mir aus öffentlichen und Privatbibliotheken in Strasburg und Karlsruhe mehrere seltene Werke auf längere Zeit überlassen worden sind, dankend rühmen.

Die gleiche Pflicht habe ich gegen die Vorsteher des anatomischen und zoologischen Museums in Berlin. Diese Sammlungen sind mir sowohl wegen ihres durch Königliche Freigebigkeit und durch unermüdlichen Fleiſs erworbenen Reichthums, als wegen ihrer musterhaft liberalen Einrichtung Gegenstand dankbarster Erinnerung.

Auch von meinen Schülern haben Viele, namentlich die Herrn *Dr. Diez*, Leibarzt *Dr. Kapferer*, *Dr. Burkart*, *Dr. Schürmeyer*, *Dr. Zaehringer*, *Dr. Stark*, *Dr. Thormann*, *Jung*, *Reefs* und Andere durch vielfache Hülfleistungen und Beiträge zu meiner Sammlung mir häufig Beweise von fortdauernd wissenschaftlicher Richtung und freundlichem Andenken gegeben; ich werde, bei nächstens zu liefernder Beschreibung der wichtigeren Praparate, dieses zu erwahnen mehrfach Gelegenheit haben.

Bei der vorliegenden ersten Abtheilung der vergleichenden Anatomie mufs ich in Beziehung auf wohlwollende Citationen derselben als im Jahre 1826 erschienen *) bemerken, dafs der gröfste Theil des Textes und die erste Tabelle schon im Winter 1825—26 gedruckt, und seither in mehr als 100 Exemplaren in den Handen vieler von meinen Zuhörern war. Auch mehreren auswärtigen Freunden hatte ich diese mit der Jahreszahl 1826 versehenen Bogen überschickt, als ich durch eine Reihe häuslicher Unglücksfalle in der gehofften Vollendung unterbrochen wurde. Besonders hat mich der Tod eines hoffnungsvollen jüngeren Bruders, der an dem zoologischen Museum in

*) z. B. im Berliner medicinischen Wörterbuch. I. p. 123. und II. p. 381.

Berlin angestellt war, und gerade angefangen hatte, an der Durchsicht des zoologischen Theils meines Buches thatigen Antheil zu nehmen, so sehr niedergedrückt, dafs es mir lange unmöglich war, eine Arbeit zu vollenden, die mich bei jeder Zeile an den Verlust des nächsten Freundes, den ich auf der Welt gehabt habe, und die lange Kette unglücklicher Ereignisse erinnern mufste, welche mit diesem Verluste schlofs.

Dieses, so wie die Nothwendigkeit des Gebrauches bei den Vorlesungen möge zur Entschuldigung der voreilig scheinenden Ausgabe einzelner Bogen dienen. Uebrigens verdanke ich derselben mehrfache anregende und belohnende Anerkennung der ganzen Arbeit und einzelner Theile, wovon die des Herrn Geh. Med. Rath Rudolphi, im Berliner medicinischen Wörterbuche, zu nennen mir vergönnt seyn möge.

Mehrere Ergänzungen und Nachträge, die durch diese Verzögerung besonders in der Literaturgeschichte nöthig geworden sind, werde ich mit einem vollständigen Register am Schlusse der zweiten Abtheilung, die fast vollständig zum Druck vorbereitet ist, in kurzer Zeit nachliefern.

Ich wünsche, dafs mein guter Wille, durch eine einfache und naturgetreue Darstellung das Studium eines der schönsten Wissenszweige zu erleichtern und zu verbreiten, seinen Zweck nicht verfehle, und hoffe, dafs auch der Heilkunde daraus einiger Nutzen erwachsen werde.

Die grofsen Vorzüge eines durch Naturwissenschaften gebildeten Arztes hat meines Wissens Niemand treffender geschildert, als der alte *Celsus* mit den Worten:

„Itaque ista quoque naturae rerum contemplatio, quamvis non faciat medicum, aptiorem tamen medicinae reddit. Profecto veri simile est, et Hippocratem et Erasistratum, et quicunque alii non contenti febres et ulcera agitare, rerum quoque naturam ex aliqua parte scrutati sunt, non ideo quidem medicos fuisse, verum ideo quoque majores medicos exstitisse."

Freiburg im Breisgau, im December 1828.

Dr. C. A. S. Schultze.

Inhalt.

Einleitung.

I. Begriff, Grundlage, Aufgabe und Eintheilung der vergleichenden Anatomie.

§. 1.

Die vergleichende Anatomie der Thiere, auch vorzugsweise vergleichende Anatomie, Anatomia comparata, genannt, führt diesen Namen, weil sie durch Vergleichung der Theile, die in den verschiedenen Thieren gefunden werden, ihre Bedeutung und Verrichtung auszumitteln sucht, um ein zusammenhangendes Bild, sowohl von den verschiedenen Formen der einzelnen Theile, als von dem ganzen Bau aller Thiere zu geben.

Anmerk. 1. Die vergleichende Anatomie besteht keineswegs blos aus der Vergleichung des Baues der innern Theile der Thiere, wie man sie nicht selten definirt*), sondern ebenso

*) *Schweigger* Handbuch der Naturgeschichte der skeletlosen ungegliederten Thiere. 1820, S. 4.

wie die innern gehören auch die äufseren Theile in ihr Gebiet; nur betrachtet sie sie aus ganz anderem Gesichtspunkte als die Zoologie. Wenn z. B. die Farbe der Federn bei Vögeln und Insecten dem Zoologen oft Hauptsache bei der speciellen Beschreibung ist, so beschäftigt den Anatomen ihre Bildungsgeschichte, ihre Zusammensetzung, ihr Verhältnifs zu der Haut vorzugsweise.

Anm. 2. Die Betrachtung des menschlichen Baues ist hier keineswegs ausgeschlossen, sie bildet überall das Schlufsglied, an welches sich die tiefere und genauere Erforschung der menschlichen Natur in der Anatomie und Physiologie des Menschen anreiht.

§. 2.

Man mufs daher die vergleichende Anatomie als den Inbegriff der Thierzergliederungskunde, Zootomia, und der Thierlebenslehre, Zoophysiologia, betrachten. Nur wenn aufser der Form auch die Verrichtung der Theile berücksichtigt wird, kann man mit Nutzen vergleichen, falsche Deutungen vermeiden, das Gefundene richtig benennen, und das Ganze in einen wissenschaftlichen Zusammenhang bringen.

Anm. Mit Unrecht wird als Gegenstand der vergleichenden Anatomie blos die thierische Form angegeben *). Wenn man auch vorzugsweise die Form betrachtet, so ist doch die Berucksichtigung der Function so wesentlich, dafs ohne sie gar keine vergleichende Anatomie denkbar ist. Die Trennung der menschlichen Anatomie und Physiologie beruht auf einem ganz verschiedenen Verhältnifs.

*) *Meckel* System der vergleich. Anatomie, Th. I. Halle 1821. S. 1.

§. 3.

Die Grundlage der vergleichenden Anatomie ist die grofse Manchfaltigkeit thierischer Gebilde, womit aber doch eine auffallende und durchgreifende Aehnlichkeit verbunden ist. Denn auch bei der gröfsten Verschiedenheit blicken die Grundzüge eines Urbildes hervor, nach welchem der bei Allen ähnlich gemischte Stoff sich formte. Nur Schritt für Schritt, fast stufenweise scheint bei dem ersten Entstehen dieser manchfaltigen Formen die bildende Kraft sich von der einfachsten Grundgestalt entfernt zu haben, um sie in verschlungeneren und bedeutenderen Zügen wieder zu geben. Selbst die Thiere, die im vollendeten Zustande am weitesten von einander entfernt, am verschiedensten gebildet sind, zeigen doch in ihrer Entwickelung die ähnlichsten Formen.

Anm. 1. Dieses Gesetz hat unter Andern vorzüglich *Severinus* in seiner Zootomia Democritaea. Nürnberg 1645, pag. 108 schon so ausgesprochen: „Naturae lex in fabricandis omnibus praecipue animantibus haec videtur summa, ut diversitatem in similitudine, similitudinem in diversitate, unitatem item in multiplicitate, multiplicitatemque in unitate conservet." Woraus man sieht, dafs mit Unrecht neuere Schriftsteller, z.B. *Meckel* im System d. v. A. I. Vorrede pag. VIII, sich die Auffindung desselben aneignen.

Anm. 2. Die Versuche, alle Thiere in eine oder mehrere Reihen graduell verschiedener Formen zu ordnen, sind zwar vergeblich, und müssen es seyn, denn die einander näher stehenden Thiere zeigen niemals eine gleichförmige Vervollkommnung aller Organe, sondern ein

Schwanken, indem sich einige Theile vollkommner ausbilden, und andere zurücksinken. Aber unverkennbar ist in der Gesammtheit aller thierischen Organisationen ein Streben zur Annäherung an die menschliche Bildung (siehe den ersten Abschnitt des allgemeinen Theils).

§. 4.

Die Aufgabe der vergleichenden Anatomie ist schon im §. 1. im Allgemeinen angegeben; die näheren Bestimmungen derselben sind folgende:

1. Da das Thierreich mit den übrigen Naturkörpern in vielfacher naher Berührung steht, so müssen die Gränzen und Uebergänge im Baue und der Thätigkeitsweise der Thiere, Pflanzen und Mineralien betrachtet, und die Punkte hervorgehoben werden, welche zur Erklärung des thierischen Haushalts dienen können.

Anm. Eigentlich gehörte die Anatomie der Pflanzen auch in die vergleichende, aber theils läfst sie sich bequemer mit der Botanik verbinden, weil sonst der Umfang der vergl. Anatomie zu grofs würde, theils ist bis jetzt noch zu wenig Bestimmtes über die Function der anatomischen Bestandtheile der Pflanzen ausgemacht, als dafs man nicht mit mehr Vortheil nur die lichtvolleren und einflufsreicheren Thatsachen benutzen sollte, statt die ganze Pflanzenanatomie aufzunehmen.

§. 5.

2. Da jedes Thier aus einer gröfseren oder geringeren Anzahl von Organen, Werkzeugen besteht, die von einander wesentlich verschieden sind, und sich in der Regel mit ihren Haupteigenthümlichkeiten bei den meisten Thieren wiederholen, so müssen diese Organe klassificirt, und ihr allgemeiner

Charakter festgestellt werden, damit einem jeden Theile, der sich bei irgend einem Thiere findet, möglichst sicher und schnell seine Stelle angewiesen, und seine Beziehung zu verwandten Formen bei andern Thieren gefunden werden könne.

Anm. Diese Aufgabe erscheint vielleicht auf den ersten Blick leichter als sie ist. Die wesentlichen Eigenschaften der Organe müssen so allgemein und richtig aufgefaſst werden, daſs man sie danach auch in den einfachsten und unvollkommensten Formen erkennen kann. Vollkommen kann diese Aufgabe nur gelöst werden, wenn unsere Kenntniſs vom Baue der Thiere ganz vollständig ist.

§. 6.

3. Alle Verschiedenheiten der Thiere sind in den äuſseren und inneren Verhältnissen, in der Zahl, Gestalt, Gröſse, Lage, Verbindung, dem Gewebe, der Färbung, Mischung und Thätigkeitsäuſserung jener einzelnen Werkzeuge begründet. Man muſs diese Verschiedenheiten sowohl in jedem einzelnen Organ für sich durch alle Thiere hindurch verfolgen, als sie in der Gesammtheit der Organe, die einen Organismus ausmachen, bei den einzelnen Abtheilungen der Thiere betrachten.

Anm. Das Letztere entlehnt die allgemeine Naturgeschichte der Thiere aus der vergleichenden Anatomie, zu der es als wesentlicher Theil gehört.

§. 7.

Insofern die Verschiedenheiten im Baue der Thiere sich im Aeuſseren offenbaren, sind sie Hauptgegenstand einer eigenen Wissenschaft, der sogenannten Naturgeschichte der Thiere, Zoologia, die sich jedoch hierauf nicht beschränken, sondern den ganzen inneren Bau der Thiere und die Verrichtungen der Organe berücksichtigen muſs. Sie ist deſswegen mit der vergleichenden Anatomie innigst verbunden, unterscheidet sich aber dadurch, daſs sie sich vorzugsweise mit der Beschreibung und systematischen Anordnung der ganzen Thiere beschäftigt, die sie in Klassen, Ordnungen, Familien, Gattungen, Arten und Abarten zusammenstellt, je nachdem wichtigere oder unwichtigere Organe in allen oder einigen der oben angegebenen Punkte mit einander wesentlich übereinkommen. Die vergleichende Anatomie dagegen soll hauptsächlich die verschiedenen Formen der einzelnen Organe bei den Thierarten beschreiben, vergleichen und in eine systematische Ordnung bringen.

Anm 1. Obgleich sich die neueren Zoologen mit Recht bemüht haben, die Eintheilung der Thiere auf die wichtigeren inneren Organe zu bauen, und die nach blos äuſseren Merkmalen zu verbannen, so hat doch diese Methode ihre bestimmten Gränzen, und es wird immer eine unerläſsliche Aufgabe der Zoologie bleiben, auch solche Merkmale der Abtheilungen anzugeben, die in den Stand setzen, ein Thier systematisch zu bestimmen, ohne es zu zerschneiden.

Anm. 2. Daſs die vergleichende Anatomie den letzten Theil der im §. angegebenen Aufgabe, die verschiedenen Formen in eine systematische Ordnung zu bringen, bis jetzt fast gar nicht erfullt hat, kommt daher, daſs man ein beliebiges zoologisches System auf die Betrachtung eines jeden einzelnen Organs angewendet hat, gleichviel ob das System auf die Formen dieses Organs paſste, oder nicht.

§. 8.

Die Organe bieten ferner bei den einzelnen Individuen, aus welchen die Arten zusammengesetzt sind, wesentliche Verschiedenheiten dar, welche zum Theil Gegenstand der vergleichenden Anatomie sind, nämlich:

4. Die Geschlechtsverschiedenheit, welche sich bei den meisten, besonders allen vollkommneren Arten findet, indem die dazu gehörigen Individuen in 2 Abtheilungen, die mannlichen und weiblichen zerfallen, die sich, ausser den besondern zur Geschlechtsfunction bestimmten Organen, durch viele Eigenthümlichkeiten im übrigen Bau unterscheiden.

Anm. 1. Die Natur erscheint vielleicht in keiner Verrichtung so reich an den verschiedensten Formen und Mitteln zum Zwek, wie in der Fortpflanzung der Thiere. Eigene Fortpflanzungs-Organe sind nicht nothwendig mit getrenntem Geschlecht verbunden; nur in den vollkommneren Thieren entwickelt sich dieser merkwürdige Gegensatz zweier Hälften eines Zeugungs-Ganzen, das in den niedrigsten Bildungen ohne alle Spur der Sonderung in jedem Individuo vereinigt ist.

Anm. 2. Eine interessante, meines Wissens bisher nicht beachtete Erscheinung ist die, daſs die Geschlechtsverschiedenheiten sich auſser den Geschlechtstheilen vorzüglich in den Bewegungsorganen, und den mit der Bewegung in Verbindung stehenden Hauttheilen, Waffen und Schutzmitteln entwickeln. Daher scheinen sie bei den Insecten und Vögeln vorzugsweise, bei den Säugethieren und Amphibien weniger, bei den Fischen am wenigsten hervorzutreten.

§. 9.

5. Die Altersverschiedenheit beruht auf der merkwürdigen und wichtigen Erscheinung, daſs alle Individuen, je nachdem sie einer einfacher oder zusammengesetzter gebauten Art angehören, eine geringere oder gröſsere Zahl von Bildungsstufen durchlaufen, welche der bleibenden Organisation der unter ihnen stehenden unvollkommneren Thiere im Wesentlichen ähnlich sind.

Anm. 1. Niemals sind die vorübergehenden Formen der höhern Thiere den bleibenden der niedern ganz gleich, die specielle Betrachtung der Altersverschiedenheiten beweist dieses für jedes Organ. Schon in den ersten Anfängen kann man das Ziel erkennen, auf welches der Bildungstrieb hinarbeitet.

Anm. 2. Die Altersverchiedenheiten knupfen sich in ihren letzten, der Vollendung nächsten Momenten an die Geschlechtsverschiedenheiten, da diese erst in der Periode der gröſsten Vollendung des Individuums ganz hervortreten.

§. 10.

Auſserdem unterscheiden sich die einzelnen Individuen derselben Art, gleichen Geschlechts und gleichen Alters durch gewisse Eigenthümlichkeiten von einander, die mit ihrer Art zu seyn in ursachlicher Verbindung stehen. Diese, die man vorzugsweise individuelle Verschiedenheiten nennt, sind bis jetzt nicht Gegenstand der vergleichenden Anatomie, sondern werden so weit sie untersucht sind, nämlich beim Menschen und den Haussäugethieren, in der Physiologie des Menschen und in der Thierheilkunde betrachtet. Dennoch sind sie für Naturgeschichte im Allgemeinen, und für vergleichende Anatomie insbesondere von bedeutender Wichtigkeit, theils weil sie den Einfluſs äusserer Verhältnisse, besonders des Klima und der Nahrung auf die Bildung der Organe beweisen, theils weil, wenn sie erblich werden, durch ihre starkere Ausbildung noch jetzt Rassen und Abarten entstehen, woraus man die ganze manchfaltige thierische und organische Schöpfung unseres Planeten herzuleiten versucht hat.

Anm. 1. Die Lehre von den Temperamenten, den Rassenverschiedenheiten, dem Einfluſs des Klima, der Nahrung, Lebensweise und Erziehung behandelt diesen Gegenstand in der menschlichen Physiologie. Auch die Erblichkeit der individuellen Eigenthümlichkeiten der Eltern und die Bastard-Erzeugung gehören hierher, denn im Grunde ist jede Erzeugung die eines Bastardes zwischen Vater und Mutter.

Anm. 2. Jeder Versuch, das erste Entstehen aller verschiedenen Organismen aus den jetzt noch fortwirkenden Naturkräften und Einflüssen zu erklären, scheint mir besonders aus dem Grunde seinen Zweck verfehlen zu müssen, weil dabei übersehen wird, daſs viele Thatsachen auf eine wesentliche Verschiedenheit zwischen den schaffenden Kräften im Jugendalter unseres Planeten, und den erhaltenden im reiferen Alter hindeuten.

§. 11.

Wenn die individuellen Verschiedenheiten bedeutend von der allgemeinen Regel der Art und Raſse abweichen, oder dem Zwecke der Erhaltung des Ganzen entgegenwirken, so werden sie regelwidrig, krankhaft genannt. Die Vergleichung der verschiedenen Arten des regelwidrigen Baues unter sich und mit dem regelmäſsigen ist Gegenstand einer eigenen Wissenschaft, der pathologischen Anatomie, die man wegen der Eigenthümlichkeit des Stoffes, wegen seinem Umfange und seiner groſsen Wichtigkeit für den praktischen Arzt nicht mit der vergleichenden Anatomie verbindet, sondern, als Lehre vom regelwidrigen, der Lehre vom regelmäſsigen Baue gegenüberstellt.

Es bedarf jedoch die pathologische Anatomie des menschlichen Körpers sehr oft der vergleichenden Anatomie zur Aufklärung, weil ein groſser Theil der Miſsbildungen aus der in §. 9 angeführten Bildungserscheinung entsteht, und auſserdem die Miſsbildungen an Thieren die menschlichen oft erklären.

§. 12.

Auch die genauere Untersuchung der Mischung der thierischen Organe wird, des Zusammenhanges mit der allgemeinen Chemie wegen und weil sie eine ganz abweichende technische Behandlung erfordert, als Zoochemie von der vergleichenden Anatomie gesondert, welche nur die Resultate der chemischen Zerlegungen vergleicht, und bei ihren Bestimmungen benutzt. Zuweilen wird die Kenntnifs der Mischung von entscheidender Wichtigkeit, wie die sogenannten Gallgefasse der Insecten beweisen.

§. 13.

Die der vergleichenden Anatomie am nächsten verwandten Wissenschaften sind mithin die Anatomie und Physiologie des Menschen, die Zoologie und Botanik, und die pathologische Anatomie. Aufserdem sind hier, wie in allen Zweigen der Naturwissenschaft, Physik und Chemie unentbehrliche Stützen, so wie die vergleichende Anatomie selbst die Stütze der erstgenannten Wissenschaften ist. Eine Anatomie, Physiologie und pathologische Anatomie des Menschen, die nicht auf vergleichende Anatomie gebaut ist, kann bei dem gegenwärtigen Stande der Heilkunde kaum noch zum Abrichten für die roheste Ausübung derselben hinreichen. Was die Anatomie und Physiologie in allgemeinen Satzen über Bildungs-, Bewegungs- und Empfindungs-Organe zusammenstellt, beruht ebenso und selbst mehr auf Thieranatomie, als auf Untersuchungen an Menschen; den Versuchen an Thieren verdankt jeder Abschnitt der Physiologie des Menschen, und ein grofser Theil der eigentlich praktischen Heilkunde die wesentlichsten Bereicherungen, so dafs nur an die auf diesem Wege gemachten Entdeckungen Harvey's über Kreislauf und Zeugung erinnert werden darf, um den Werth der vergleichenden Anatomie für jeden Arzt, der auf wissenschaftliche Bildung Anspruch macht, über allen Zweifel zu erheben.

Anm. Die wechselseitige Berührung der Zoologie und vergl. Anatomie ist im §. 7 erörtert.

§. 14.

Die vergleichende Anatomie wird in einen allgemeinen und besondern Theil getheilt. Der erstere enthalt 1) die Grundsatze der Vergleichung; 2) die Vergleichung der Thiere, Pflanzen und Mineralien; 3) die Charakteristik der verschiedenen Organe; 4) die Uebersicht des ganzen Baues in den Hauptabtheilungen des Thierreichs. Den besondern Theil bildet 1) die Vergleichung jedes einzelnen Organs nach seiner Bildung und Verrichtung bei den verschiedenen Thierarten 2) die Vergleichung beider Geschlechter bei den Thierarten, und 3) die Vergleichung der Altersverschiedenheiten der Organe.

II. Geschichte der vergleichenden Anatomie.

§. 15.

Man kann die Geschichte der vergl. Anatomie passend in 4 Perioden theilen, von denen die erste bis auf *Aristoteles*, die zweite bis *Severinus*, die dritte bis *Cuvier* geht, und die vierte, von *Cuvier* bis jetzt, die neuesten Fortschritte der vergleichenden Anatomie begreift.

Erste Periode,
vom Entstehen der Wissenschaft bis auf ***Aristoteles*** *bis 333 a. C.*

§. 16.

Die Thieropfer und der ökonomische Gebrauch der Thiere sind als die ersten rohen Quellen der Anatomie überhaupt, und der vergleichenden insbesondere, zu betrachten, wobei sie sich aber nicht über den tiefsten Grad der Unvollkommenheit erhob. Denn obgleich die Priester bei den asiatischen Völkerschaften und den Aegyptern zugleich Aerzte waren, scheint doch die Tempelanatomie noch unvollkommner als die Küchenanatomie gewesen zu seyn. Indessen erkannte man die Aehnlichkeit im Baue des Menschen und der Thiere sehr frühe, und scheint darauf die alten Sagen von der Seelenwanderung gegründet zu haben.

Das Einbalsamiren der Menschen und Thiere geschah bei den 2 wohlfeileren Arten ganz ohne Section, bei der 3ten mit einem rohen Herausreissen der Eingeweide. *Herodot.* II. 85 — 88.

Anm. Die Sage vom *Thouth*, dem *Hermes* der Griechen, der in Aegypten anatomische Bücher geschrieben haben soll, ist mehr mythologisch als historisch. *Sprengel's* Geschichte der Medicin I. S. 74 — 77.

§. 17.

Bei den Griechen, denen wir die Begründung der vergleichenden Anatomie, wie der meisten Wissenschaften, verdanken, war in den frühesten Zeiten derselbe Zustand. Durch das Streben nach Vervollkommnung des ärztlichen Wissens (bei gänzlicher Verhinderung am Untersuchen menschlicher Leichen) und durch die Liebe der Philosophen zur Naturkunde ward eine genauere Erforschung des thierischen Körpers herbeigeführt, als sich mit den aufklärungswidrigen Plänen der Priester vertragen mochte.

Die Schule des *Pythagoras* hat sich hierdurch das erste Verdienst erworben, und in ihr besonders *Empedokles* von Akragant, der Todtenerweker, geb. 473 a. C. Sein Zeitgenosse *Anaxagoras* von Klazomene entkräftete zu Athen die Prophezeihung Lampon's wegen einer cyclopischen Bocksmitgeburt durch die Anatomie derselben.*)

Anm. Empedokles Schriften sind verloren gegangen; die berühmteste war ein Gedicht über die Natur, dessen Fragmente *Sturz* gesammelt hat. Er verglich Pflanzen und Thiere, stellte besonders über die Zeugungs- und Sinn-Organe Untersuchungen an, nennt zuerst das Amnion, giebt die Entstehung des Embryo auf den 36. — 44. Tag an, erwähnt das Labyrinth im Ohre.

§. 18.

In der eleatischen Schule ist *Democritus* von Abdera, der Physiker, als Thierzergliederer vorzüglich berühmt; er soll nach *Plinius* (Hist. nat. lib. 28. Cap. 8.) unter Anderem ein Buch über die Anatomie des Chamaeleons geschrieben haben, die erste zootomische Mo-

*) *Plutarch* in Pericles c. 6.

nographie. Leider haben wir von seinen Schriften nichts mehr. Nach *Celsus* (Praefatio pag. 3), *Soranus* und einigen Andern war er der Lehrer *Hippocrates des 2ten*, des Wichtigsten dieses Namens (geb. 460, † 370), der jedoch mehr von der Philosophie des Democritus und seinen physiologischen Ansichten für die Heilkunde Gebrauch gemacht, als die anatomischen Arbeiten fortgesetzt zu haben scheint. Denn so grofs die Verdienste des Hippocrates um die Begründung der Heilkunde durch vernünftige Erfahrungen im Gegensatz gegen die priesterlichen Alfanzereien sind, in denen er selbst noch zum Theil erzogen war, so gering sind seine anatomischen Kenntnifse des Menschen und der Thiere.

Anm. 1. Die damals noch an das Unmögliche gränzende Schwierigkeit der Untersuchung menschlicher Leichen, ist schuld, dafs man fast Alles in Thieren gefundene, auch dem Menschen zuschrieb; so folgte *Hippocrates* dem *Democritus* in der Annahme, dafs der weibliche Fruchthälter 2theilig sey, und der Fötus an den Cotyledonen sauge.

Anm. 2. Wegen der Ungewissheit über die ächten Schriften des *Hippocrates* hat man nach *Galen* den *Hippocrates* für einen grofsen Anatomen gehalten, und die Schriften für unächt erklären wollen, die gänzliche Unkunde in der Anatomie verrathen. Aber gerade diese sind wenigstens aus der Zeit des *Hippocrates*, weil noch *Aristoteles* die darin enthaltenen Irrthümer als allgemein angenommene widerlegt.

§. 19.

Diocles von Carystus und *Praxagoras* von Kos sind unter den Nachfolgern des Hippokrates und wahrscheinlichen Urhebern der Pseudohippocratischen Schriften diejenigen, welche sich die gröfsten Verdienste um die vergleichende und Menschen-Anatomie erworben haben. Der Erstere (um 354) hinterliefs nach Galen's Zeugnifs ein anatomisches Werk, das wir nicht mehr besitzen, worin er den Verlauf der Blutgefasse etwas richtiger als seine Vorganger, die weiblichen Geschlechtstheile, die Entwickelung des Embryo nach Thieren, und die Verschiedenheiten der Theile bei Bastarden beschrieb. Praxagoras (um 341) bearbeitete dieselben Gegenstande noch gründlicher und secirte auch Menschen. Er unterschied die Arterien als pulsirende Luftgefässe von den Blutadern. Die vorzüglich hierher gehörigen, nach Sprengel Pseudohippocratischen Schriften sind: De ossium natura, de anatome, de locis in homine, de carnibus, de glandulis, de corde, das Buch de natura humana, das zum Theil dem *Polybus*, Hippocrates Schwiegersohn zugeschrieben wird, de genitura, de superfoetatione und das Buch de natura pueri, das sogar Untersuchungen über die Entwickelung des Hühnchens im Ei enthält.

Zweite Periode,

Von Aristoteles bis Severinus, von 333 a. C. — 1645 p. C.

§. 20.

Aristoteles von Stagira (geb. 384 † 322), 20 Jahre lang *Plato's* Schüler, dann Lehrer *Alexander's des Grossen*, ist als der wissenschaftliche Begründer der vergleichenden Anatomie zu betrachten. Durch unzählige Untersuchungen suchte er zu bestimmen, wiefern die Thiere im Baue mit einander übereinkommen oder sich unterscheiden, und brachte so mit der vergleichenden Anatomie die Naturgeschichte von den zerstreuten Anfängen auf einen so hohen Grad der Vollkommenheit, daſs in der Zahl der Entdeckungen unter allen spätern Schriftstellern vielleicht nur Einer, *Cuvier* — in der Genialität des Ordnens aber und der Verarbeitung des Gefundenen, bei gänzlichem Mangel an ähnlichen Vorarbeiten, von allen Naturforschern Keiner — ihm an die Seite gestellt werden kann. Besonders gründlich hat er die vergleichende Anatomie des Herzens und der Zeugungstheile bearbeitet, und macht überall auf die Verschiedenheiten des Menschen von den Thieren aufmerksam; er trug vorzüglich dazu bei, den Abscheu vor Sectionen an Menschen zu vermindern, und verbesserte die Physiologie, durch vergleichende Untersuchungen geleitet. Bei ihm finden wir zuerst den in neuester Zeit viel bearbeiteten Gedanken, daſs der Embryo des Menschen unvollkommnere Thierformen durchlaufe.

Anm. Die für einen Menschen fast unglaublichen Leistungen des Aristoteles gereichen ebenso ihm, als dem Fursten zur Ehre, der ihn mit wissenschaftlichem Sinne unterstutzte, wie es keinem andern Gelehrten zu Theil geworden ist. Von seinen Schriften ist das wichtigste hierher gehorige: Historia animalium libri X. Nur der Auszug aus einem grösseren verlorenen Werke, de partibus animalium lib. IV.; de generatione animalium lib. V. und de auditis admirandis. Opp. graec. et lat. ex ed. du Val. Paris. 1654. IV vol. fol.

§. 21.

Die berühmten Anatomen der Alexandrinischen Schule haben sich die gröfsten Verdienste um die menschliche Anatomie, und dadurch auch um die vergleichende erworben. *Herophilus* aus Chalcedon, der Schüler des *Praxagoras* (300 a. C.) entdeckte die Function der Nerven, welche Aristoteles zuerst von den Sehnen unterschieden hatte.

Sein Zeitgenosse *Erasistratus* aus Keos, Enkel und Schüler des *Aristoteles* entdeckte die Chylusgefasse am Darm eines Bockes. Beide machten sich um die genauere Kenntnifs des Hirns und Gefafssystems sehr verdient.

Anm. Von ihren Schriften finden wir bei Galen viele Notizen, auf uns ist nichts davon gekommen als ein Fragment des Herophilus: de articulis. Sie machten Vivisectionen an Thieren. Ihnen sollen sogar Verbrecher zum Lebendigzergliedern überliefert seyn. Torcular Herophili.

§. 22.

Das Schicksal der vergleichenden Anatomie bei den Römern war, wie das der ganzen Medicin und

Naturkunde, bis zu der Kaiserzeit sehr ungünstig; in allen Zweigen finden wir bis auf Galen Rückschritte von der bei den Griechen erreichten Stufe. In den Schriften des *Cornelius Celsus* (wahrscheinlich Geheimschreiber des Kaisers *Tiberius*) wird zwar die Anatomie der Leichname und die Untersuchung aller Naturkörper als unerläfsliche Grundlage des ärztlichen Studiums empfohlen *), und viele seiner Beschreibungen beweisen eigene Zergliederungen, aber doch findet sich wieder Verwechselung der Nerven und Sehnen, besonders wo er dem Hippocrates folgt. Fast dieselben Vorwürfe treffen auch das Buch des *Rufus* von Ephesus, der sich nach Einigen unter Nero, nach Andern unter Trajan mit der Anatomie vorzüglich der Affen **) beschaftigte, ohne dabei die eigenthümlichen Formen des Menschen zu vergessen. Er ordnet die Saugethiere nach der Menschenähnlichkeit ihres Baues.***)

Anm. 1. *A. C. Celsi* de medicina lib. VIII. cum VIII epistolis J. B. Morgagnii ed. *Vulpius* Patav. 1750. 2 Vol. Mit Unrecht beschuldigt Morgagni den Celsus, dafs er Arterien und Venen verwechsele, er unterscheidet sie an mehreren Orten sehr genau.

Anm. 2. *Rufi (Ruffi) Ephesii* de corporis humani partium appellationibus lib. III. graec et latine ed. Clinch. Lond. 1744. lat. Paris 1554. 16. cum Aretaeo.

---

*) Vorzüglich pag. 13 und 20 der Praefatio in der Almeloveenschen Ausgabe.

**) Lib I. Cap. 2 und Cap. 17.

***) Lib. I. Cap. 17.

§. 23.

Dafs die Natur- und Thier-Geschichte der Römer, ganz wie ihre Arzneikunst, eine Uebertragung des Griechischen war, zeigt die Naturgeschichte des *Plinius* von Como, der 79 p. C. bei dem Ausbruche des Vesuv seinen Tod fand. Wir finden darin die Zoologie des *Aristoteles* wenig bereichert, und oft durch Fabeln entstellt.

Um dieselbe Zeit machte sich *Marinus* um die Anatomie, besonders die vergleichende Anatomie des Nervensystems sehr verdient, von seinen Schriften, die *Galen* sehr lobt, haben wir nichts mehr.

Anm. *Cajus Plinius Secundus* historia mundi: Lib. XXXVII. edit. Bipontina. 1783. 5 vol. 8.

§. 24.

Claudius Galenus von *Pergamus* (geb. 131, † um 200 p. C.) er ist das letzte und glanzendste Gestirn in der Medizin und besonders in der Anatomie unter der Herrschaft der Römer. Ihm wurde 1200 Jahre lang fast blind in der Anatomie des Menschen gefolgt, obgleich er nirgends verhehlt, dafs seine Beschreibungen der Organe nach Affen und andern Säugethieren, besonders nach Schafen gemacht sind. Oft sind seine Vergleichungen sehr flüchtig, so behauptete er z. B. dafs alle Thiere mit sehr seltenen Ausnahmen, zwölf Rippen hätten. Die Muskel- und Nerven-Lehre verdankt ihm besonders viele Entdeckungen, und durch seine Versuche an lebenden Thieren hat er der vergleichenden Anatomie den heilsamsten Einfluſs auf die Physiologie des Menschen verschafft. Er stellte unter anderm eine interessante Vergleichung zwischen den männlichen und weiblichen Geschlechtstheilen an, wobei er das Weib als einen unvollendeten, auf früherer Bildungsstufe stehengebliebenen Mann betrachtet. *)

Anm. Unter der groſsen Zahl anatomischer und physiologischer Schriften Galens sind für vergleichende Anatomie folgende besonders wichtig: de usu partium libri XVII. latine ex versione Nic. Regii Calabri. Paris. 1528. 4; de administrationibus anatomicis lib. IX; de ossibus ad tirones; de musculorum dissectione; de nervorum dissectione; de formatione foetus. *Cl. Galeni* opera omnia ed. *C. G. Kühn* Lips. 1818—24. IX vol.

§. 25.

Der Letzte, der vor dem gänzlichen Verfall der Wissenschaften sich einiges Verdienst um die vergleichende Anatomie erworben hat, ist *Claudius Aelianus* aus *Praeneste* (um 225). Er schrieb de historia animalium lib. XVII. graec. et lat. per Abr. Gronovium. Lond. 1744. 2 vol. 4, worin alles Frühere gut gesammelt ist. Bei den spateren Griechen und Arabern wurde die Anatomie ganz vernachlassigt, und dem Aristoteles oder Galen in diesem Punkte blind gefolgt, weil jede Zergliederung für verunreinigend galt.

*) De usu partium lib. XIV. pag. 408 seq. der angef. Ausgabe.

§. 26.

Die erste für vergleichende Anatomie wichtige Erscheinung seit dem Verfall der Wissenschaften im Abendlande ist Kaiser Friedrich des 2ten († 1250) Schrift de arte venandi cum avibus. Nürnberg 1596. Neue Ausgabe von *Schneider*. Leipzig 1788. 2 vol. 4. Sie enthält über die Anatomie der Vögel sehr interessante Beobachtungen, und ist ewig denkwürdig als Beweis der Liebe dieses Fürsten zu den Wissenschaften. Zu gleicher Zeit schrieben *Albertus Magnus* (*Graf von Bollstädt*) de animalibus lib. XXVI und *Michael Scotus* de secretis naturae.

Anm. Friedrich d. 2te befahl, dafs alle 5 Jahre wenigstens 1 Leichnam auf jeder medicinischen Schule Italiens zergliedert werden solle; er liefs den Aristoteles ins lateinische übersetzen, und verbot weder Gelehrsamkeit, noch neue Entdeckungen. Die Universitäten und Schulen zu Salerno, Neapel, Bologna, Paris, Montpellier, Prag, Wien, Heidelberg u. a. blühten um diese Zeit und bald nachher.

§. 27.

Im 14ten und 15ten Jahrhundert scheint die vergleichende Anatomie wieder ganz geschlafen zu haben.

Zwar schrieb *Mondini* zu Bologna ein Lehrbuch der Anatomie, das er nach 2 weiblichen Leichnamen, die er 1315 zergliederte, gearbeitet hatte:

Mundinus Anatomia partium corporis humani, ex editione *I. Dryandri*. Marpurgi. 1541. 4; allein er hielt, so wie seine Nachfolger, die Auctorität des *Galen* höher als die Natur.

§. 28.

Die Eroberung Konstantinopels durch die Türken und die Verpflanzung der gelehrteren Griechen nach dem Abendlande (1453), die Erfindung der Holzschneide- und Buchdrucker-Kunst (1436), so wie endlich die Entdeckung America's (1492), und die Vervollkommnung der Schiffarth überhaupt, wodurch neue und zur Untersuchung reizende Thiere nach Europa kamen, bereiteten und unterstützten den Eifer für vergleichende Anatomie, der im 16ten Jahrhundert begann, und bis jetzt fortgedauert hat.

Anm. *Theodor Gaza* († 1478) übersetzte den Aristoteles ins lateinische. Die Liebe der Künstler selbst zur anatomischen Kenntnifs trug nicht wenig zu ihrer Erweiterung und Beförderung bei, indem sie durch vortreffliche Abbildungen versinnlichten, was man selten sehen konnte. So zeichnete *Leonardo da Vinci* fur *della Torre* († 1512) Umrisse, die in der königlichen Sammlung zu London aufbewahrt werden,

§. 29.

In der Mitte des 16ten Jahrhunderts lehrten die vortrefflichen Zergliederer *Andreas Vesalius*, *Gabriel Faloppia*, *Bartholomaeus Eustachi* auf den ärztlichen Schulen Italiens, deren Verdienste um die menschliche Anatomie unsterblich sind. Die vergleichende Anatomie betrieben sie zwar vorzüglich nur, um *Galens* Beschreibung vertheidigen oder verwerfen zu können, indessen begründeten auf diese Weise besonders die beiden ersteren die feinere Anatomie und die Kenntnifs der Verschiedenheiten zwischen dem Menschen und den ihm zunächststehenden

Thieren. Ebenso wurde durch sie und ihre Schüler und Nachfolger *Realdus Columbus* aus Cremona, Professor zu Padua († 1577 zu Rom), *Caesar Aranzi*, Prof. zu Bologna († 1589) und *Fabricius ab Aquapendente*, Prof. zu Padua († 1619) die vergleichende Anatomie des Fötus und Erwachsenen geschaffen. Der letztere ist es vorzüglich, dessen Eifer für vergleichende Anatomie im Allgemeinen die reichsten Früchte für die Physiologie trug.

Anm. *Faloppia* entdeckte 1554 die Grimmdarmklappe, die gewöhnlich nach *Bauhin* genannt wird, an einem Affen, *Eustachi* 1562 den Stamm der Saugadern in einem Pferde. *Reald. Columbi* de re anatomica lib. XV. Venet. 1559. fol. *Caes. Arantii* de humano foetu opusculum, Rom. 1564. 8. *Hieron. Fabricii ab Aquap.* de formato foetu. Patav. 1603; *Ej.* de formatione ovi et pulli. Patav. 1621; *Ej.* de motu locali animalium, Patav. 1618. Die beiden ersten enthalten viele Parallelen zwischen den Menschen und den Thieren, in dem 2ten sind besonders die Geschlechtstheile der Vögel, besser noch als die einzelnen Theile des bebrüteten Eys der Truthenne beschrieben. Er entdeckte die vasa omphalomesenterica im Hundsfötus, beschrieb die beiden Mägen der Vögel und die der Wiederkäuer. Geistreich und vorzüglich lesenswerth ist die letzte Schrift. Sein Schüler und Nachfolger *Julius Casserius* aus Piacenza († 1616) machte sich besonders um die vergleichende Sinnenlehre verdient.

§. 30.

Treffliche Bearbeiter der Naturgeschichte der Thiere brachte das 16te Jahrhundert ebenfalls hervor. Unter ihnen steht *Conrad Gesner* aus Zürich († 1562) voran.

Seine **historia animalium**, lib. V. Basil. 1551. fol. ist reich an zootomischen Bemerkungen. *Peter Belon* († 1563) und *Guil. Rondelet* († 1566) machten sich um die Anatomie der Vögel und Fische verdient. Vor allen aber zeichnete sich *Ulysses Aldobrandi* zu Bologna († 1605) durch Bearbeitung der Thiergeschichte auf vergleichend anatomischem Wege aus, worin ihn seine Schüler *Aranzi*, *Varoli* und *Koyter* vorzüglich unterstützten. Der Letztere verpflanzte die vergleichende Anatomie nach Deutschland (er starb 1600 als Arzt zu Nürnberg) und ist der Stifter der vergleichenden Osteologie.

Anm. Sehr wichtig für vergleichende Anatomie ist: *Guil. Rondelet* de piscibus marinis, libri XVIII, Lugd. 1554. *Ulyssis Aldrovandi* Ornithologia, Bononiae 1599-1603. III. vol. fol. ist am reichsten an zootomischen Bemerkungen, z. B. Knochen- und Muskellehre des Adlers; Vergleichung der Luftröhren und Blinddärme der Vögel. Weniger reich sind die folgenden: *Ej.* de animalibus insectis, lib. VII. ibid. 1602, fol. *Ej.* de piscibus, lib. V. de cetis, lib. I. ib. 1613. fol. *Ej.* de quadrupedibus bisulcis, ib. 1613. fol. *Ej.* de quadrupedibus solidipedibus, ibid. 1616. fol. *Ej.* de quadrupedibus digitatis viviparis, lib. III. ibid. 1637, fol. zusammen mit de quadrupedibus oviparis. lib. II. *Volcher Koyter* Externarum et internarum humani corporis partium tabulae, atque anatomicae exercitationes, Noribergae, 1573. fol., worin die Knochen des Menschen, mehrerer Säugethiere und des Foetus verglichen werden. *Ej.* diversorum animalium sceletorum explicationes. Norib. 1575. fol.

§. 31.

Die seit Erasistratus Entdeckung vergessenen aufsaugenden oder Milchsaft-Gefaſse des Darmkanals fand *Caspar Aselli* aus Cremona († 1626) an Hunden 1622. Noch wichtiger aber für vergleichende Anatomie, Physiologie und die ganze Heilkunde ist die vollstandige Entdeckung und Bestätigung des Blutkreislaufs durch *William Harvey*, Leibarzt Karl des I. von England, im Jahre 1616. Durch die Untersuchungen des *Fabricius ab Aquapendente*, *Harvey's* Lehrer, war diese Entdeckung vorbereitet, und durch *Serveto* *) († 1553) und *Cesalpini* **) († 1603) zum Theil schon gemacht, aber nicht beachtet; erst *Harvey* hat sie durch eine groſse Zahl von Versuchen und vergleichenden Zergliederungen mit solcher Klarheit bewiesen, daſs sie noch vor seinem Tode allgemein als Thatsache angenommen wurde. Er starb 1657, 80 Jahre alt.

Anm. *C. Asellii* de lactibus seu lacteis venis. Mediol. 1627 4. Er glaubte, die Milchgefaſse führten den Chylus nach der Leber.

Guil. Harveji exercitatio anatomica de motu cordis et sanguinis in animalibus. Francof. 1628. 4. Das 4te und 17te Kapitel enthält vorzüglich vergleichend-anatomische Beobachtungen über das Herz, die jedoch nicht frei von

---

*) *Michaël Servetus* Christianismi restitutio. 1553 im 5. Buche.

**) *Andr. Caesalpinus* Quaestionum peripateticarum lib. V. Lugd. 1588. p 528, und *Ej.* de Plantis lib. XVI. Florent. 1583, pag. 3. S. auch Sprengel Gesch. der Arzneikunde. Thl. 3. pag. 544-49.

Irrthümern sind, wie z. B., dafs die Schlangen, Eidechsen und Schildkröten nur eine Vorkammer und Kammer haben. Er kennt das Herz der Krebse, Insecten und Schnecken. Als vorzüglicher Beförderer der vergleichenden Anatomie mufs auch *Franz Bacon von Verulam* († 1626) betrachtet werden. Vor Allem gehört hierher De augmentis scientiarum. Amstelod. 1652, das 4te Buch; und Sylva sylvarum, seu historiae naturalis Centuriae X. Lond. 1638.

Dritte Periode,

von Severinus bis Cuvier, von 1645 bis 1799.

§. 32.

Marcus Aurelius Severinus, Professor zu Neapel († 1656) ist der erste, der ein Lehrbuch der vergleichenden Anatomie unter dem Titel: Zootomia Democritaea. Noriberg. 1645. 4. herausgab. In einer grossen Zahl von kurzen Thier-Anatomieen enthält es viele Entdeckungen, die sich zum Theil spätere Schriftsteller angemafst haben. Mit wahrer Begeisterung und grofser Gewandtheit schildert er den Nutzen der vergleichenden Anatomie für allgemeine Bildung und für alle Theile der Heilkunde. Die Verschiedenheiten der Pflanzen und Thiere (besonders S. 57. f.) und die Verschiedenheiten des Menschen von den Thieren, so wie ihre Aehnlichkeiten (im 2ten Theile) hat er ausführlicher dargestellt, als alle seine Vorgänger und Zeitgenossen.

In seinen übrigen zootomischen Schriften, de viperae natura etc. Patav. 1651., Antiperipatias seu de respiratione piscium. Neapoli 1659., de piscibus in sicco viventibus, Phoca illustratus. Neapoli 1655., ist neben manchem Verdienstlichen, wie z. B. über den Unterschied der Respirations-Organe der Wallthiere von den eigentlichen Fischen, auch mehreres Falsche.

Anm. Die Grundzüge der meisten in neuerer Zeit aufgestellten sogenannten Bildungsgesetze finden sich in den drei ersten Theilen der Zootomia Democritaea vorzüglich im ersten und zweiten Kapitel des zweiten Theiles: de animantium inter se similitudine atque analogia, und de utilitate ac necessitate conferendi ad unum varii multigenique animantium opificii. Wenn daher *Geoffroy* (philosophie anatomique I. 1818, Preface) diese philosophische Richtung der vergl. Anat. als sein Werk betrachtet, und *Meckel* (System der v. A. I. 1821. Vorrede S. XI.) ihn zwar bitter tadelt, doch *Vicq d'Azyr* als denjenigen bezeichnet, der diese Bahn gebrochen habe, so vergessen beide die grofsen Verdienste *Bacon's*, *Harvey's* und vorzüglich des *Severinus*, der zwar oft benutzt, aber selten und nur tadelnd genannt worden ist: ein in der Literatur nicht seltenes Beispiel. Unrichtig ist der Vorwurf, den ihm *Haller* und seine Nachfolger machen, dafs er die Thieranatomie für wichtiger als die Menschenanatomie erkläre, er sagt ausdrücklich pag. 92. — *ego nil minus quam hoc curo aut contendo. Quinimo si Zootomae faveo, Andranatomae primas deferri volo, vel, ut dicam verius, utramque amplectendam arbitror*, — —. Siehe §. 3. Anm. 1.

§. 33.

Noch mehr als die Entdeckung des Blutkreislaufs gehört die der einzelnen Theile des Lymphgefäfs-Systems der vergleichenden Anatomie und den Versuchen an lebenden Thieren an. Was *Erasistratus* (§. 21), *Eustachi* (§. 29) und *Aselli* (§. 31) angefangen, berichtigten *Pecquet* († 1674), *Rudbek* († 1702) und *Thomas Bartholin* († 1680). Der Erste entdeckte 1647 an Hunden den Milchbrustgang und dessen Zusammenhang mit den Chylusgefäfsen und der Schlüfselvene. Die beiden andern streiten sich um die Entdeckung der übrigen und eigentlichen lymphatischen Gefäfse, die in das Jahr 1651 fällt. Am welschen Hahn fanden *Wirsung* und *Moritz Hofmann* zuerst den Ausführungsgang der Bauchspeicheldrüse 1642, dessen eigentlichen Zweck aber erst *Möbius* bestimmte *). Ein eifriger Thierzergliederer war aufser diesen *Joh. Vesling* aus Minden, Professor zu Padua († 1649). Seine Observationes anatomicae, von *Thom. Bartholin* zu Koppenhagen 1664 herausgegeben, enthalten die Anatomie vieler besonders in Afrika von ihm beobachteten Thiere.

Anm. *Jo. Pecquet* experimenta nova anatomica, quibus incognitum chyli receptaculum etc. deteguntur. Paris 1651. 4. *Olaus Rudbek* de circulatione sanguinis. Arosiae 1652. 4. *Ej.* nova exer-

*) Thomae Bartholini Anatome quintum renovata. Lugd. Bat. 1686. pag. 116.

citatio anatomica, exhibens ductus hepatis aquosos et vasa glandularum serosa. 1653. *Thom. Bartholinus* de lacteis thoracicis in homine brutisque nuperrime observatis. Hafniae 1652. und mehrere andere Dissertationen über denselben Gegenstand. Seine zahlreichen vergleichend anatomischen Arbeiten sind vorzüglich in historiae anatomicae Centuriae VI; meistens Säugethiere betreffend.

§. 34.

Um diese Zeit entstanden die für die Heilkunde und Naturwissenschaft überhaupt höchst förderlichen ersten Academieen der Wissenschaften, naturforschenden und medicinischen Gesellschaften, in deren Schriften bis jetzt die schätzbarsten vergleichend-anatomischen Arbeiten niedergelegt sind.

Ein Deutscher, *Theodor Haak*, stiftete 1645 die königliche Societät der Wissenschaften in London, welche von 1665 an die Philosophical Transactions herausgegeben hat.

1652 entstand die Academie der Naturforscher in Deutschland, durch *Lorenz Bausch*, Arzt zu Schweinfurt, anfangs als Privat-Gesellschaft, später den Namen der *kaiserlich-Leopoldinischen* annehmend. Ihre Abhandlungen erschienen von 1670 an unter verschiedenen Titeln.

Die Academie der Wissenschaften zu Paris wurde 1666 von *Colbert* gestiftet. Von 1699 an gab sie Histoire de l'academie royale des sciences, avec les Mémoires heraus.

Anm. Der erste Titel der Abhandlungen der Academie der Naturforscher ist: Miscellanea curiosa seu ephemerides medico-physicae germanicae naturae curiosorum. Lips. Decas I. 1670. 4. Decas II. 1683. III. 1694. Der zweite: Ephemerides Academiae Caesareo-Leopoldinae. Francof. 1712-22. X Centuriae. 4. Der dritte: Acta physico-medica Academiae C. L. Vol. I-X. Noriberg. 1727-1754. 4. Der vierte: Nova acta phys. med. Acad. C. L. Tom. I-VIII. Norib. 1757-91. Tom. IX. Erlang. 1818. Tom. X-XI. Bonnae 1820-23. 4. Die 3 letzten an vergleichend anatomischen Arbeiten vorzüglich reichen Bände auch unter dem Titel: Verhandlungen der kais. Leopold-Karolinischen Academie der Naturforscher. 1-3r Band.

§. 35.

Nächst der Gefafslehre verdankt die Zeugungslehre dem 17ten Jahrhundert die gröfsten Bereicherungen durch vergleichende Anatomie. *William Harvey* steht auch hier durch seine Exercitationes de generatione animalium. Lond. 1651. 4. und Amstel. 1651. 12., voran. Sie enthalten aufser vielen allgemeinen Bemerkungen über Geschlechts-Theile, Zeugung und Geburt bei Insecten, Fischen, Amphibien, Vögeln und Säugthieren, specielle, doch nicht ganz täuschungsfreie Beobachtungen über die Entwickelung des Hühnchens im Ei, des Hirsch-Embryo und des menschlichen. Hieran schliefst sich *Walther Needham* de formato fetu. Londini 1667. und *Regner de Graef* († 1673) de virorum organis generationi inservientibus. Leid. 1668. und *Ej.* De mulierum organis generationi inservientibus. Leid. 1672, letzteres besonders reich an vergleichenden Untersuchungen, z. B. über die von ihm zuerst so benannten Eier im Eierstock der Säugethiere, und über die gelben Körper. *Harvey's* Eiertheorie unterstützte *Franz Redi*, Leibarzt zu Florenz († 1697) in seinen Esperienze intorno alle generatione degli insetti. Florenz 1668 und den Osservazioni intorno a gli animali viventi, che si trovano negli animali viventi. Flor. 1684. Die richtigsten Beobachtungen am bebrüteten Ei lieferte unter allen diesen *Marcellus Malpighi*, Profess. zu Bologna und Pisa († 1694), de formatione pulli in ovo. Londini 1673. 4. Auch die dissertatio epistolica de bombyce. Londini 1669. 4. gehört hierher, und aufserdem enthalten fast alle Schriften des unsterblichen Mannes interessante vergleichend-anatomische Bemerkungen, wobei er sich der Vergröfserungs-Gläser bediente.

Anm. *Harvey* stellte die Eiertheorie nicht in dem engen Sinne auf, den ihm seine Nachfolger und viele Neuere unterlegen. Er nennt jede lebensfähige Substanz Ei; z. B. im Anfang der Exerc. 62. „His autem omnibus (animalibus), sive sponte, sive ex aliis, sive in aliis, vel partibus vel excrementis eorum putrescentibus oriantur, id commune est, ut ex principio aliquo ad hoc idoneo, et ab efficiente interno in eodem principio vigente, gignantur. — — Liceat hoc nobis *primordium vegetale* nominare etc. — — omnes (generationis modi) in hoc uno conveniunt, quod a *primordio vegetali* — — oriantur." Doch ist nicht zu läugnen, dafs er sich an manchen Stellen seines gefeierten Werkes wenigstens scheinbar widerspricht. *De Graef* (*Graafius*) trug besonders zur Vervollkommnung der Gefäfs-Einspritzungen mit Wachs und Quecksilber bei. *Redi* schrieb aufser dem oben angeführten: Osservationi intorno alle vipere. Florenz 1664. 4., worin *Sozzi's* Versuche über die Unschädlichkeit des verdauten Schlangengiftes; und Esperience intorno a diverse cose naturali. Florenz 1671. 4., worin die Anatomie des Zitterrochen. Denselben Gegenstand behandelt das treffliche Werk von *Lorenzini*, *Redi's* Schüler, Osservationi intorno alle torpedini. Florenz 1678. 4.

§. 36.

Die Holländer zeichneten sich durch geschickte Benutzung der Gefäfsinjectionen und der neuerfundenen Microscope zur Vervollkommnung der Thiergeschichte und Thieranatomie aus. Eine anatomische Gesellschaft bildete sich zu Amsterdam, deren Mitglieder, *J. Swammerdam* († 1686), *Gerard Blaes* († 1682) und Andere, Observationes anatomicae selectiores Collegii privati Amstelodamensis. Amst. 1667-73. 12. P. I. II. herausgaben. *Swammerdam's* wichtigstes Werk ist Biblia naturae, Leid 1773, von *Boerhave* lange nach des Verfassers Tode herausgegeben. Erst in den neuesten Zeiten sind die Insecten mit ähnlicher Geschicklichkeit zergliedert — die Anatomie der Laus, der Biene, des Nashornkäfers, der Schnecken und mehrerer Andern ist musterhaft. *Blaes* (*Blasius*) gab in seiner Anatome animalium. Amstelod. 1681. 4. eine verdienstliche Sammlung der besten vergleichend-anatomischen Abhandlungen und Auszüge nebst mehrerem Eigenen und Neuen. Berühmt durch seine mikroskopischen Untersuchungen ist *Anton van Leeuwenhoek* aus Delft. Seine Arcana naturae, Lugd. Batav. 1685 — 1702 8. und Epistolae physiologicae, Delft 1719. 4. enthalten, neben manchem Fehlerhaften und Lächerlichen, vortreffliche Entdeckungen über Blutkügelchen, Aufgufsthiere, Saamenthierchen, und den feinern Bau vegetabilischer und thierischer Theile. *Leeuwenhoek's* Zeugungstheorie hat vorzüglich *Vallisnieri*, Professor zu Padua († 1730), widerlegt in der Istoria della generazione dell' uomo e degli animali. Venezia 1721. 4. Unter seinen vielen Schriften, welche zootomische Notizen enthalten, verdient besondere Erwähnung: Istoria del Cameleonte africano e di varii animali d'Italia. Venez. 1715. 4.

§. 37.

Unter den Engländern bearbeiteten die vergleichende Anatomie vorzüglich *Thomas Willis*, Professor zu Oxford, später Arzt in London († 1675), in seiner Cerebri anatome. Lond. 1664. 4. und de anima brutorum. Oxon. 1672. 4.; ferner *Rob. Hooke* († 1702) in Micrographia restaurata. Lond. 1665. fol. *Martin Lister* bearbeitete die Anatomie der Mantelthiere: Exercitatio anatomica de cochleis. Londini 1694. 8. Von den beiden Zoologen *Willughby* und *Ray* lieferte vorzüglich der letzte schätzbare Untersuchungen in der Synopsis methodica quadrupedum et serpentum. Lond. 1692. 8. und Wisdom of God manifested in the

Works of the creation. Lond. 1691. 8. Mit ihm gemeinschaftlich arbeitete *Edward Tyson*, Professor der Anatomie zu London, und die Philosophical Transactions enthalten viele seiner zootomischen Arbeiten. Sein schönstes Werk ist die History of a pygmy, compared with a monkey, an ape and a man. Lond. 1699. 4., reichhaltig für die Anatomie der Säugethiere überhaupt. Vorzüglich ist gleichfalls *Ej.* Phocaena, or an anatomy of a porpess. Lond. 1680. 4. Großen Antheil hat *Tyson* auch an *Samuel Collins* System of anatomy relating of the body of man, beasts, birds, insects and plants. Lond. 1685. fol. Tomi II. Das erste Originalwerk über die ganze vergleichende Anatomie nach Severinus, übertrifft es durch Reichhaltigkeit an Thatsachen, wie durch Schönheit der Kupfer, die Meisten gleichzeitigen. Das Werk des berühmten Botanikers *Nehemias Grew* († 1711) the comparative anatomy of the guts Lond. 1681. fol. enthalt eine Menge genauer Beschreibungen und Abbildungen der Verdauungsorgane. *Jacob Douglass* gab in seinem Myographiae comparatae specimen. Lond. 1707; lateinisch Leiden 1729 u. 1738, eine noch immer brauchbare Vergleichung der Muskeln des Menschen und Hundes.

§. 38.

Unter den ersten Mitgliedern der Pariser Academie fand auch die vergleichende Anatomie treffliche Bearbeiter. *Claude Perrault* († 1688) und *Jos. Guichard*

Duverney († 1730) gaben die Mémoires pour servir à l'histoire des animaux. Paris 1671 - 76. 2 Bde. fol. max. heraus; ein Prachtwerk über die Anatomie des Elephanten, Kameels, Bibers, Löwen, Leoparden, mehrerer Antilopen und Affen-Arten, des Straufses, Kasoars, Lämmergeiers, Flamingo, Pelikans und vieler andern seltenen, meist ausländischen Thiere. Deutsch von *G. L. Huth.* Nurnberg 1754. 2 Bde. 4. und (nach einer spätern Ausgabe) von *Schwabe.* Leipzig 1757. 4. 3 Bde. mit den Originalkupfern. Vortreffliche Beobachtungen über das bebrütete Hühnchen enthalt *Maître Jan* (Wundarzt in Mary sur Seine) Observations sur la formation du poulet. Paris 1722. 12.

Anm. An den vergleich. anatomischen Arbeiten der Pariser Academie nahm *Joh. Mery* (Wundarzt am Hotel-Dieu, † 1722) vorzüglichen Antheil, und sowohl die Mémoires avant 1699 als die spätern enthalten viele Beiträge von ihm. Berühmt ist sein Streit mit *Duverney* über das Schildkröten-Herz und den Kreislauf im menschlichen Foetus. *Perrault* Essays de Physique. Tom. I-III. 1680. T. IV. 1688. 8. und *Duverney* Oeuvres anatomiques, lange nach seinem Tode von Senac und Bertin herausgegeben, Paris 1761. 2 Vol. 4. enthalten viele schöne Beobachtungen aus der Anatomie und Physiologie der Thiere.

§. 39.

Die vergl. anatomischen Arbeiten der Deutschen, Schweizer, und Dänen am Ende des 17ten und Anfang des 18ten Jahrhunderts sind vorzüglich in den Miscellaneis und Ephemeridibus der Academie der Naturforscher und in den Actis medicis et philosophicis Hafniensibus. Hafniae 1773 - 1779 5 Vol. von *Thom. Bartholin* herausgegeben, enthalten. Die besten Beiträge sind von *Joh. Jac. Wepfer* (Würtembergischen Leibarzt, † 1695) über die Anatomie des Bibers etc.; von *Joh. v. Muralt* (Stifter des anatomischen Theaters in Zürich), Anatomieen einzelner Thiere aus allen Klassen, besonders Saugethiere und Insecten; von *Joh. Jac. Harder* (Prof. zu Basel, † 1711) und *Joh. Conr. Peyer* (Arzt in Schafhausen, † 1712) über das Murmelthier, den Hasen, die Gemse und Andere; von *Georg Seger* in Thorn die Anatomie der Schlangen, des Maulwurfs, Igels, Seehundes u. s. w.; von *Phil. Jac. Hartmann* (Prof. zu Königsberg, † 1708) und *Günth. Chr. Schellhammer* (Prof. zu Helmstadt, Jena und Kiel, † 1716) Anatomieen des Schwerdtfisches und Seehundes, die auch besonders gedruckt sind, und mehrerer Andern. In den Ephemeriden sind von Moritz Hoffmann (Prof. zu Altdorf, † 1689) Beiträge zur Anatomie des Wolfs, Eichhorns, Wasserhuhns, einer trächtigen Hirschkuh und anderer Thiere. Die Acta Hafniensia enthalten die schönen Arbeiten von *Nicolaus Stenonis*, *Oliger Jacobaeus*, *Olaus Borrichius*, *Thom. Bartholinus* und seinem Sohne *Casp. Bartholinus*.

Harder und *Peyer* bearbeiteten vorzüglich die vergleichende Anatomie des Darmkanals und der Drüsen in den unter den Namen *Paeon* und *Pythagoras* herausgegebenen Exercitationibus anatomico - medicis. Basil. 1682. 8., ferner in *Peyer* Merycologia seu de ruminantibus. Basil. 1685. 4. Von *Harder* ist das Examen anatomicum cochleae terrestris. Basil. 1679. 8. und Apiarium. Basil. 1687. 4. von besonderem Werth, letzteres für die Anatomie der Fötushüllen. Eine gründliche Untersuchung gegen die Eiertheorie enthalt *Hartmann's* de generatione viviparorum ex ovo. Regiomonti 1699. 4. Genaue Amphibien-Zergliederungen lieferten *Wurfbain* in Salamandrologia. Altdorf 1675. 4. und *Oliger Jacobaeus* De ranis observationes. Paris 1676. 8. vermehrt. Hafniae 1686. 8. Letzterer besonders über die Verwandlung. Einiges Hierhergehörige enthalten auch die in jeder Hinsicht ausgezeichneten Kupferwerke der *Maria Sibylla Merian*, verehlichte *Graeffin* aus Frankfurt († 1717): Wunderbare Verwandlung der Raupen. Nürnberg 1679-83. 2 Bde. 4. und Metamorphosis insectorum Surinamensium. Amstelodam. 1705, und vermehrt ib. 1719. fol. max.

Die vorzüglichsten Arbeiten seiner Zeitgenossen (von *Severinus* an) sammelte *Mich. Bernh. Valentin*, Prof. in Giefsen, in dem Amphitheatrum zootomicum. Francof. a. M. 1720. fol. II. partes. ed. 2. ib. 1742.

§. 40.

In Italien blühte das Studium der vergleichenden Anatomie in dieser Zeit noch wie früher. Aufser den schon genannten, *Redi*, *Vallisnieri* und *Malpighi*, machte sich *Joh. Alphons Borelli*, Prof. zu Pisa, († 1680), durch sein Werk De motu animalium. Rom. 1680. 4. berühmt; die anatomischen Schriften *J. Fantoni's*, Prof. zu Turin († 1758). besonders die Dissertationes anatomicae. Turin 1701, 8. enthalten viele vergl. anat. Beobachtungen; desgleichen die Adversaria anatomica des unsterblichen *J. Baptista Morgagni*, Prof. zu Padua († 1771) Patav. 1719. 4. z. B. die quinta: die Anatomie des Schildkrötenherzens.

§. 41.

Im Jahr 1700 wurde die Gesellschaft der Wissenschaften zu Berlin gestiftet, und von 1710 an gab sie Miscellanea Berolinensia heraus. Zur Academie 1744 umgestaltet, liefs sie ihre Abhandlungen französisch erscheinen: Histoire de l'Academie des sciences et belles lettres. Von 1770 an erschienen Nouveaux Mémoires bis 1704, und seit 1815 deutsch: Abhandlungen der königl. Academie der Wissenschaften.

Peter I. errichtete am Schlusse seiner ruhmvollen Regierung 1724 die Petersburger Academie der Wissenschaften, deren Commentarii von 1726 an erschienen. 1747 wurde der Titel in Novi Commentarii, 1773 in Acta, 1787 in Nova Acta, und 1809 in Mémoires de l'Academie impériale verwandelt.

Graf F. Ferd. Marsigli stiftete das Institut der Wissenschaften zu Bologna, dessen Commentarii von 1731 bis 1791 in 7 Banden erschienen.

Die Societät der Wissenschaften zu Upsala, 1725 gegründet, gab 1741-51 ihre Acta in 5 Bänden heraus, und seit 1773 nova Acta.

Die 1739 errichtete Academie der Wissenschaften zu Stockholm gab seit diesem Jahr Svenska vetenskaps Handlingar und seit 1780 Nya Handlingar heraus, die bis zum Jahr 1792 von Kästner und Brandis, zusammen 53 Bände, ins Deutsche übersetzt sind.

Die meisten der aufgeführten Societätsschriften enthalten in ihren ersten Banden wenig für unsern Gegenstand, dagegen sind die spätern Bände höchst reichhaltig. In den ersten Banden der Petersburger Commentarien sind die verdienstlichen Arbeiten *J. Georg Duvernoy's* über die Chylusgefäfse der Thiere, das fliegende Eichhorn und Mehreres.

Anm. *Marsigli's* Werke, vorzüglich Danubius Pannonico-Mysicus. Amsterdam 1726. fol. max. enthalten viele Thierzergliederungen.

§. 42.

In der Mitte und am Ende des 18ten Jahrhunderts zeigten sich die schönen Folgen des eifrigeren Studiums der vergleichenden Anatomie in der unabhangigeren Stellung der Physiologie, der, neben den mathematischen und chemischen Folgerungen aus der unorganischen Natur, eine ergiebigere Quelle der Analogie zum Menschen in den lebenden Körpern geöffnet war. Was zunächst die Arbeiten der Niederlander betrifft, so steht der berühmte *Bernhard Siegfried Albinus* aus Frankfurt a. d. O., Prof. zu Leiden († 1770), mit seiner Oratio inauguralis de anatome comparata. Leiden 1719. 4. oben an. Seine Annotationes anatomicae. Leiden 1754-68. 8 Bände. 4. beweisen seinen Eifer für vergleichende Anatomie. *Job Baster*, Arzt zu Ziriksee in Seeland († 1775) lieferte treffliche Untersuchungen über Insecten und Würmer in Opuscula subcisiva. Harlem 1759-65. 4. 2 Thle. Ein würdiger Nachfolger *Swammerdam's* in der Insecten-Anatomie war *Peter Lyonnet*, Secretär der General-Staaten († 1789), durch seinen Traité anatomique de la Chenille du saule. La Haye 1760. 4., ein bis jetzt unübertroffenes Werk in Feinheit der Zergliederung und Abbildung besonders der Nerven der Weidenraupe. Zu den geistreichsten Bearbeitern der vergleichenden Anatomie gehört *Peter Camper* aus Leiden, Prof. zu Amsterdam und Groningen, später privatisirend († 1789). *1. Ej.* Oratio de analogia inter animalia et stirpes. Groning. 1764 4. *2. Desselben* Naturgeschichte des Orangutang. Düsseldorf 1791 4. *3. Dess.* Kleinere Schriften, herausgegeben von Herbell. 3 Bde. Leipzig 1782-90, eine Sammlung von anatomischen Abhandlungen, besonders über Säugethiere und Vögel, die in den Schriften holländischer und anderer europäischer Societäten zerstreut waren. *4. Dess.* Ueber den natürlichen Unterschied der Gesichtszüge, übersetzt von S. T. Sömmerring. Berlin 1792. und *5.*

Dess. Description anatomique d'un éléphant, herausgegeben von seinem Sohne. Paris 1802. Nr. 2, 3, 5 und einiges Andere ist in den Oeuvres de P. Camper, qui ont pour objet l'histoire naturelle, la physiologie et l'anatomie comparée. Paris 1803, zusammen in 3 Bänden. 8. nebst Kupferatlas.

Unter Camper's Einflufs ist *M. Jan Busch* de mechanismo organi vocis. Groning. 1770. 4. gearbeitet.

§. 43.

Nicht weniger reich ist die englische Literatur des 18ten Jahrhunderts. Die fast in alle Sprachen übersetzte Physico-theology von *William Derham*. London 1713. 8., deutsch zuletzt 1664. 8. ist vorzüglich vergleichend-anatomischen und oft neuen Inhalts, mit der im Titel angegebenen Tendenz. Specielle Untersuchungen des frommen Geistlichen über die Geschlechtstheile der Wespen enthalten die Philosophical Transactions, in welchen sich aufserdem die Arbeiten von *W. Cowper, G. Mackenzie, P. Blair, J. J. Scheuchzer, Ch. Mortimer* und *E. Home* über Anatomie der Säugethiere, von *R. Waller* und *J. Ranby* über Vogelanatomie, und die vorzüglichen von *John Hunter* über electrische Fische und Luftzellen der Vögel, und *William Hewson* über Blut und lymphatische Gefäfse der Thiere finden.

In *William Cheselden's* (Chirurg zu London † 1752) Osteography. Lond. 1733. fol. max. ist eine grofse Zahl Thierskelete neben den menschlichen Knochen schön abgebildet. Von *Alexander Monro dem Aelteren*, Prof. der Anatomie zu Edimburg († 1767), erschien ohne seinen Namen Essay on comparative Anatomy. London 1744. 8. übersetzt Göttingen 1790, worin er den Bau des Hundes, der Kuh, der Vögel und Fische mit dem menschlichen vergleicht. *Alex. Monro der Jüngere*, des vorigen Sohn, schrieb seine Inaugural-Dissertation De testibus et semine in variis animalibus. Edimb. 1755. 8. und spater Vergleichung des Baues und der Physiologie der Fische mit dem Baue des Menschen und der übrigen Thiere, aus dem Engl. von *J. G. Schneider*. Leipzig 1787. 4. Er wetteiferte mit *William Hewson* in der Entdeckung der lymphatischen Gefäſse bei Vögeln, Amphibien und Fischen. Der letztere, Chirurg zu London († 1774), eignet sich die Entdeckung zu in seinen Experimental inquiries. London 1771-77. 3 Thle. 8. deutsch Nürnb. 1780, der erste Theil. Wichtig sind die Schriften *Henry Baker's*: Employment for the microscope. London 1753. 8. und Essay on the natural history of the polype. London 1743. 8. französisch von Demours. Paris 1744. für die Anatomie der niedern Thierklassen; und ebenso *Turberville Needham* Microscopical discoveries containing observations on the calamary and its miltvessels, etc. London 1745. 8. für Zeugungs- und Reproductions-Erscheinungen.

Durch Druckschriften sowohl, als durch Anlegung einer der reichsten Sammlungen vergleichend-anatomischer Praparate hat sich *John Hunter*, zuletzt erster Generalchirurg in London († 1793), unsterbliche Verdienste um die Naturwissenschaften erworben. Seine Observations on certain parts of the animal oeconomy. London 1786. 2te Ausgabe London 1792. Uebersetzt mit Anmerk. von *Scheller*. Braunschweig 1802, und A treatise on the blood, inflammation and gun-schot-wounds, ed. *Everard Home*. Lond. 1794. 4. Uebersetzt von *E. B. G. Hebenstreit*. Leipzig 1796-1800. 2 Thle. 8. sind, wegen der vielen aus vergleichenden Untersuchungen gezogenen Resultate, für menschliche Physiologie unentbehrliche Quellen.

1796 erschien A System of comparative anatomy and physiology, by *B. Harwood*. Cambridge. 4. das, von C. R. W. Wiedemann mit Anmerk. übersetzt. Berlin 1799. 4. herauszukommen anfing.

Mehr geistreiche Bemerkungen als gründliche Untersuchungen über den thierischen Haushalt enthalt Zoonomia, or the laws of organic life, by *Erasm. Darwin*. London 1794-95. 2 Bde. 8. Uebersetzt von *Brandis*. Hannover 1795-99. 3 Bde.

§. 44.

Die meisten Bereicherungen verdankt die vergleichende Anatomie am Schlusse dieser Periode den Franzosen, und unter ihnen vorzüglich *Daubenton* und *Vicq-d'Azyr*. Der Erstere, Professor am Museum der

Naturgeschichte zu Paris (geb. 1716, † 1800) lieferte die anatomischen Untersuchungen über Saugethiere und Vögel zu der Histoire naturelle générale et particuliere, par Buffon et d'Aubenton. Paris 1749-89. 36 Vol. 4. Treffliche Abhandlungen über einzelne Saugethiere und allgemeine Vergleichungen gab er in die Mémoires de l'Academie; die vom Jahr 1764 enthalten die besonders berühmte sur les differences de la situation du grand trou occipital dans l'homme et dans les animaux. *Felix Vicq-d'Azyr*, Mitglied der Academie († 1794), bearbeitete die vergleichende Anatomie der Fische, Vögel und mehrerer Saugethierfamilien geistreicher als seine Zeitgenossen, nach dem Muster der Alten. Seine Abhandlungen zieren die Memoiren der Pariser Academie; sein Système anatomique, Theil der Encyclopédie methodique, ist, leider, unvollendet bei den Nagethieren stehen geblieben. Paris 1792. Er hat zuerst versucht, die verschiedenen Formen der Organe zu klassificiren (Oeuvres, Tome IV. p. 223), aber der Versuch ist nie ausgeführt worden, so wie er auch den Grundsatz, dafs von den einfacheren Organismen in der Beschreibung angefangen, und zu den vollkommneren fortgeschritten werden müsse, ausgesprochen, aber nicht befolgt hat, Tome IV. p. 238 der Oeuvres de *Vicq-d'Azyr*, recueillies par *F. L. Moreau*. Paris 1805. VI Tomes. 8. I Vol. Planches. 4.

Einer der fleifsigsten Mitarbeiter an den Memoiren der Pariser Academie war *Réné Ant. Ferchault de Réaumür* († 1757), der sich aufserdem um die Anatomie und Naturgeschichte der Insecten in seinen Mémoires pour servir à l'histoire des insectes. Paris 1734-42. 4. die gröfsten Verdienste erworben hat. Aufser den 3 genannten lieferten schätzbare vergleichend-anatomische Beitrage in die Pariser Memoiren: *Hunauld, de la Peyronnie, Herissant, F. Petit, du Hamel, Broussonet, Portal* und einige Andere. Besonders verdienstliche Werke sind *Joh. Herrmann's* (Prof. zu Strafsburg, † 1800) Tabula affinitatum animalium. Strafsb. 1783. 4. und *P. F. Barthez* nouvelle mécanique des mouvemens de l'homme et des animaux. Carcassonne an VI. 4. übersetzt von *K. Sprengel*. Halle 1808. 8.

Die beiden Genfer *Abraham Trembley* († 1784) und *Carl Bonnet* († 1793) können den Franzosen beigezählt werden. Dem Ersteren verdanken wir das vortrefliche Mémoire pour servir à l'histoire naturelle d'un genre de polypes d'eau douce. Leid. 1744. 4. Deutsch von Göze. Quedlinburg 1775. 8. Denselben Gegenstand behandelte auch *Bonnet* in Verbindung mit den Reproductions-Erscheinungen an andern Thieren, worüber er viele Versuche bekannt machte. Sein Traité d'insectologie. Paris 1745. 12. 2 Bände. Deutsch von Göze. Halle 1773. 8., ferner die Considérations sur les corps organisés. Amsterdam 1762. 8. 2 Bde. und vorzüglich die Briefe in den Werken der natürlichen Geschichte und Philosophie, aus dem Französischen. Leipz. 1783. 2 Theile, enthalten das hierher Gehörige.

Unter den am Schlusse dieser Periode in Frankreich erscheinenden Zeitschriften lieferte besonders das Bulletin des sciences par la societé philomatique (1r Bd. 1791.) schöne vergleichend-anatomische Untersuchungen von *G. Cuvier*, *Dumeril*, *Draparnaud*, *P. A. Latreille*. Einige Bereicherungen enthalten die verschiedenen Fortsetzungen der Buffonschen Naturgeschichte.

§. 45.

In Deutschland hat sich das Studium der vergleichenden Anatomie allgemeiner verbreitet, als anderswo, und besonders auf die Untersuchung einheimischer Thiere, vielleicht nothgedrungen aus Mangel an fremden, aber darum nicht weniger verdienstlich, gerichtet. Ein vortreffliches Werk lieferte *Aug. Jo. Rösel von Rosenhof*, Miniaturmaler in Nürnberg († 1759), Natürliche Historie der Frösche hiesigen Landes. Nürnberg 1758. fol. Auch seine Monatliche Insecten-Belustigungen. Nürnb. 1746-61. 4 Bde. 4. enthalten mehrere Zergliederungen, z. B. des Krebses, der Spinne, Heuschrecke und des Polypen. In den zahlreichen naturhistorischen Werken *Jac. Theod. Klein's* (Stadtsecretär zu Danzig, † 1760) ist mehreres Anatomische, besonders in den Historiae piscium promovendae missus V. 1740-49, dem Tentamen herpetologiae. 1755, und den Stemmata avium.

1758. Eine brauchbare Züsammenstellung sehr vieler Abbildungen von Thierskeleten lieferte *Joach. Dan. Meyer*, Maler in Nürnberg, in der Betrachtung curiöser Vorstellungen allerhand kriechender etc. Thiere, als auch ihrer Skelete. Nürnb. 1748-56. 3 Bande. fol.

Albrecht von Haller ist nicht blos unter den Deutschen und seinen Zeitgenossen, sondern unter allen Naturforschern aller Zeiten und Nationen derjenige, der am umsichtigsten und erfolgreichsten die vergleichende Anatomie und die Versuche an Thieren für die Physiologie des Menschen benutzt hat. In den Elementa physiologiae corporis humani. Lausan. 1757-66. 8 Bde. 4. hat er auch das Vergleichend-anatomische der früheren Schriftsteller meist vollständig gesammelt; und in vielen Theilen eigene Entdeckungen hinzugefügt, besonders in der Zeugungs- und Entwickelungsgeschichte der Thiere. Die einzeln, oder in Gesellschaftsschriften zerstreut, erschienenen zootomischen Abhandlungen *Haller's*, wie über die Bildung des Herzens im Hühnchen, über die Bildung der Knochen, über das Hirn der Vögel und Fische und über die Augen der Fische, sind gesammelt und mit neuen Arbeiten verbunden als Opera anatomica minora. Lausannae 1762-68. 3 Bde. 4. herausgekommen. Ueber die vergleichend-anatomischen Arbeiten seiner Vorganger und Zeitgenossen gab er genauen Bericht in der Bibliotheca anatomica. Tiguri 1774-76. 2 Bde. 4. *Haller* ist am

16. October 1708 zu Bern geboren, 1736 ward er Professor an der neu errichteten Universitat Göttingen, und 1753 kehrte er in sein Vaterland zurück, wo er die ersten Staatswürden bekleidete, bis er 1777 starb.

Hermann Samuel Reimarus, Prof. in Hamburg († 1768), machte genaue und unbefangene Beobachtungen über die Sinnen- und Geistes-Thätigkeit der Thiere bekannt: Allgemeine Betrachtungen über die Triebe der Thiere. Hamburg 1760. 8. Dritte Ausgabe, Hamb. 1773. *Desselben* Angefangene Betrachtungen uber die thierischen Kunsttriebe gab sein Sohn, *J. A. H. Reimarus* († 1814) mit einer eigenen schönen Abhandlung von der Natur der Pflanzenthiere heraus, Hamb. 1773. *J. Bapt. Bohadsch*, Professor zu Prag († 1772) lieferte meisterhafte Arbeiten in der schwierigen Anatomie der unvollkommneren Seethiere in Dissertatio de veris sepiarum ovis. Prag 1752. 4. und De quibusdam animalibus marinis. Prag 1761. 4. Eine genaue Anatomie des Hamsters lieferte *J. Georg Sulzer*, Versuch einer Naturgeschichte des Hamsters. Göttingen 1774. 8., mit interessanten Versuchen über den Winterschlaf.

Einer der ausgezeichnetesten Naturforscher und Zootomen ist *Peter Simon Pallas*, in Berlin 1741 geboren, und daselbst 1811 gestorben, seit 1768 Mitglied der Petersburger Academie und in russischen Diensten *).

---

*) Sein denkwürdiges Leben ist in *K. A. Rudolphi's* Beiträgen zur Anthropologie, Berlin 1812. beschrieben.

Seine disputat. inaug. de infestis viventibus intra viventia. Leiden 1760. 4., sein Elenchus zoophytorum, Haag 1766. 8., seine Miscellanea zoologica, Haag 1766. 4. sind für die Anatomie der niederen Thierklassen, so wie die Spicilegia zoologica. XIV fascic. 4. Berlin 1767 - 80. und die Novae species quadrupedum e glirium ordine. Erlangen 1778. für die höheren, reichhaltige Quellen. Von den übrigen Schriften Pallas's erwähne ich noch die Fauna Rossica, 3 Bde. 4. Petersburg 1811 — 12.

Caspar Friedrich Wolff, in Berlin 1735 geboren, † 1794, trat gleichfalls 1769 in russische Dienste als Academiker und Prof. der Anatomie und Physiologie, nachdem er in seiner trefflichen Inauguralschrift: theoria generationis. Halae 1759. 4., deutsch mit Zusätzen, Theorie der Generation. Berlin 1764. 8., die Einschachtelungstheorie siegreich bekämpft hatte.

Dieselbe Theorie widerlegte *Joh. Fr. Blumenbach* in seiner Schrift über den Bildungstrieb. Göttingen 1789. Fast alle Werke des ehrwürdigen Veteranen der jetzt lebenden deutschen Naturforscher enthalten interessante Beiträge zur vergleichenden Anatomie; in diese Periode gehören De generis humani varietate nativa, Götting. 1775. Specimen physiologiae comparatae inter animantia calidi et frigidi sanguinis. Gött. 1787. Specimen phys. comp. inter animantia calidi sanguinis vivipara et ovipara. Göttingae 1789. Handbuch der Naturgeschichte. Göttingen 1779. (Eilfte Auflage 1825.) und die Abbildungen naturhistorischer Gegenstände. Gött. 1796-1810. 10 Hefte.

Unter den zoologischen Werken enthalten die von *Marc. Elieser Bloch* (Arzt in Berlin, † 1799) und vorzüglich seine Naturgeschichte der Fische. Berlin 1785-96. 12 Bände in 4. u. fol.; ferner *Joh. Aug. Ephraim Göze's* (Prediger zu Quedlinburg, † 1793) Versuch einer Naturgeschichte der Eingeweidewürmer. Leipz. 1782. 4. viel Zootomisches. Von dem berühmten Philologen *Joh. Gottl. Schneider* in Breſslau besitzen wir die Allgemeine Naturgeschichte der Schildkröten. Leipzig 1783. 8., Sammlung vermischter Abhandlungen zur Aufklärung der Zoologie und Handlungsgeschichte. Berlin 1784. 8. Amphibiorum physiologiae Specimen I.–II. Trajecti ad Viadr.. 1790 – 97. und Historiae Amphibiorum naturalis et literariae Fascic. I. et II. Jenae 1799 - 1801. und vieles andere, für die Geschichte der vergleichenden Anatomie und die Anatomie besonders der Fische Wichtige.

Eine Vergleichung der Zähne in den meisten Thierklassen lieferte *S. J. Kober*: Anatomiae comparatae specimen osteologicum de dentibus. Argentorati 1770. 4., der Schlüsselbeine *J. G. Haase*: Zootomiae specimen, comparatio clavicularum brutorum cum humanis. Lipsiae 1766. 4., des

Gehirns *Joh. Gottfr. Ebel*: Observationes neurologicae ex anatome comparata. Züllichoviae 1788. 8., die Knochenlehre der Affen *W. Josephi*: Anatomie der Saugethiere. 1 Bd. Göttingen 1787. 8., und Beitrag zum ersten Bande. Göttingen 1792. Die berühmten Anatomen *Georg Prochaska* († zu Wien 1820) und *Sam. Th. Sömmerring* breiteten ihre Untersuchungen über Muskel und Nervensystem auch auf die Thiere aus, der Erstere in De carne musculari tractatus anatomico physiologicus. Viennae 1778. 8., der Letztere besonders in De basi encephali et originibus nervorum. Götting. 1778. 4. und Vom Hirn und Rückenmark. Mainz 1788 8. Ueber beide Gegenstände finden sich vortreffliche Bemerkungen in *Alexand. v. Humboldt's* Versuchen über die gereizte Muskel- und Nerven-Faser. Posen und Berlin 1797. 2 Bände. 8.

M. C. G. Lehmann de sensibus externis animalium exsanguium. Gottingae 1798. 4. *F. J. Schelver* Versuch einer Naturgeschichte der Sinneswerkzeuge bei den Insecten und Würmern. 1798.

Die Acta Academiae naturae curiosorum enthalten die Arbeiten von *J. A. Kuhn* Anatomie des Seehundes, von *J. J. Scheuchzer* des Dachses, und von *P. H. G. Moehring* der Fischotter. Die Mémoires de Berlin 1792 enthalten von *Joh. Gottl. Walter* Mém. sur le blaireau. Vorzügliche vergleichend-anatomische Abhandlungen von *Haller, Blumenbach, H. A. Wrisberg* und *J. G. Zinn* sind in den Commentarii societatis regiae scientiarum Gottingensis. 1752-55. 4 Bände. 4. Novi Commentarii. 1769-78. 8 Bde. 4. und Commentationes 1778 seq. In den Abhandlungen der böhmischen Gesellschaft vom Jahre 1785 ist die Anatomie des Meerkalbes von *G. Prochaska.* Die Beschaftigungen der Berlinischen Gesellschaft naturforschender Freunde. Berlin 1775-79. 4 Bde. 8., die Schriften derselben. 1780-91. 11 Bde. 8. und die neuen Schriften 1795 u. f. enthalten anatomische Beitrage von *Bloch, O. F. Müller, J. E J. Walch, Peter Camper* u. A.

Viele interessante Notizen enthalten die naturgeschichtlichen Aufsatze im Naturforscher, Halle 1774 – 1804. 30 Stücke. 8. Das Leipziger Magazin für Naturkunde und Oekonomie, Leipz. 1781 – 84. 4 Bde. 8., enthalt besonders von *Joh. Gottl. Schneider* vergleichend anatomische Aufsätze.

F. Alb. Ant. Meyer's Magazin für Thiergeschichte, Thieranatomie und Thierarzneikunde. Göttingen 1790-94 ist weniger reichhaltig, als *Joh. Chr. Reil's* (Prof. in Halle und Berlin, † 1813) Archiv für die Physiologie. Halle 1796-1815. 12 Bde. 8. Doch enthalten die ersten Bande des Letztern mehr Uebersetzungen fremder als Original-Arbeiten in der vergleich. Anatomie.

§. 46.

In Schweden bereitete *Karl von Linné*, in Smaland 1707 geboren, als Professor zu Upsala 1778 gestorben, eine Reformation des Systems der Naturgeschichte und der Zoologie, die auf die vergleichende Anatomie nicht ohne Einflufs blieb. Zwar enthalten die Schriften des unsterblichen Mannes wenig eigene anatomische Untersuchungen, aber er gründete die Clafsification der Thiere wenigstens in den Hauptabtheilungen auf anatomische Merkmale, wodurch er, wenn sie auch zum Theil unrichtig waren, die Wichtigkeit unserer Wissenschaft in ein helleres Licht setzte, als er selbst vielleicht dachte. Das Hierhergehörige enthalten vorzüglich die verschiedenen Ausgaben seines Systema naturae. Zuerst Leid. 1735. fol. Die zwölfte: Stockholm 1766-68, 3 Bde. 8., ferner Amoenitates academicae. Holm. 1749-90. 10 Bde. 8. Eifriger betrieb sein Zeitgenosse und Landsmann *Karl Baron de Geer*, Hofmarschall und Mitglied der Academie zu Stockholm († 1778) die vergleichende Anatomie, besonders der Insecten. Aufser mehreren Aufsatzen in den Abhandlungen der Stockholmer Academie schrieb er die vortrefflichen Memoires pour servir à l'histoire des Insectes. Stockholm 1752-78. 7 Bde. 4. Deutsch von Göze. Nürnberg 1778 — 81. 4.

§. 47.

Der dänische Staatsrath *Otto Fr. Müller* († 1784) lieferte genaue Beobachtungen und Versuche über Anatomie und Physiologie der niedrigsten Thierklafsen in der Vermium terrestrium et fluviatilium, seu animalium infusoriorum, helminthicorum et testaceorum succincta historia, Hafniae 1773-74. II Vol. 4. Von Würmern des süfsen und salzigen Wassers. Koppenhag. 1771. 4. Zoologiae danicae prodromus. Hafniae 1776. 8. Zoologia danica. Lipsiae 1779-84. II vol. 8. Zoologiae danicae icones. Hafniae 1777. fol. Kleine Schriften aus der Naturhistorie. Dessau 1782. 8. und vorzüglich in Animalcula infusoria fluviatilia et marina. Hafniae 1786. 4. *P. C. Abildgaardt*, Professor in Koppenhagen († 1808) setzte die Zoologia danica fort, und lieferte einzelne Abhandlungen.

In Rufsland trugen die Novi Commentarii, die Acta und Nova Acta der Petersburger Academie durch die Arbeiten der zum Theil schon genannten meist deutschen trefflichen Zergliederer — *C. F. Wolff* über die Entwickelung des Huhnchen, die Anatomie des Löwen etc., *P. S. Pallas* über Saugethiere, *P. Camper* über Rhinoceros-Schedel, Hippopotamus Zahne und über Skelete, *G. W. Steller* über sirenenförmige Seethiere und Fische, *Joh. Theoph. Koelreuter* über Fischanatomie, und *Anders Sparrmann* über die Geschlechtstheile des Rhinoceros — zur Erweiterung der vergleichenden Anatomie bei.

§. 48.

Auch in Italien erschienen in der Mitte und am Ende des 18. Jahrhunderts einige ausgezeichnete Werke. *Lazaro Spallanzani*, Professor zu Reggio, Modena und Pavia († 1799) ist berühmt wegen seiner Versuche und zum Theil microscopischen Beobachtungen über Erzeugung, Wiedererzeugung, Blutkreislauf und Verdauung in den Thieren, die jedoch nicht alle durch spätere Beobachter bestätigt sind. Seine wichtigsten Schriften sind: Saggio di osservazione microscopiche concernenti il sistema de S. Needham e Buffon (Mutinae 1765) 4. Prodromo di un opera da imprimersi sopra la reproduzione animali. Modena 1768. 8. Reproductionsversuche an Regenwürmern, Schnecken, Froschlarven und Tritonen. Deutsch mit dem Vorigen und einigen Andern unter dem Titel: Physicalische und mathematische Abhandlungen. Leipzig 1769. 8. De fenomeni della circolazione osservata nel giro nuiversale de' vasi etc. Modena 1776. 2 Bde. 8. Treffliche physiologische Beobachtungen über Aufgufsthiere, ihre Entstehung, Vermehrung, Lebenstenacität in verschiedenen Wärmen und Medien, und über dasfelbe bei andern Thieren. Versuche über das Verdauungsgeschäft des Menschen und verschiedener Thierarten, übersetzt von *C. F. Michaelis*. Leipzig 1785. 8. Versuche über Erzeugung der Thiere und Pflanzen. Nebst *J. Senebier's* Geschichte der organisirten Körper vor ihrer Befruchtung. Uebersetzt von *C. F. Michaelis*. Leipzig 1786. 2 Thle. 8. Die ausführlichste Vertheidigung der praformirten Keime.

Gründlicher und zuverlafsiger ist *Felix Fontana*, Prof. zu Pisa und Leibarzt des Grofsherzogs von Toskana. Alle seine Werke enthalten vergleichend-anatomische Beobachtungen; vorzüglich diesen gewidmet ist: Ricerche fisiche sopra il veleno della vipera. Lucca 1765. 8. aus der französischen vermehrten Ausgabe ins Deutsche übersetzt: Abhandlung über das Viperngift, die amerikanischen Gifte etc., nebst einigen Beobachtungen über den ursprünglichen Bau des thierischen Körpers, über die Wiedererzeugung der Nerven und der Beshreibung eines neuen Augenkanals. Berlin 1787. 2 Bde. 4.

Philipp Cavolini, Arzt zu Neapel, lieferte in den Memorie per servire alla storia de' Polipi marini. Neapel 1785., übersetzt von *W. Sprengel*. Halle 1813. 4., die besten physiologischen Untersuchungen über diese Thierklasse, und in Sulla generatione dei Pesci e dei Granchi. Neapel 1787, übersetzt von *E. A. W. Zimmermann*. Berlin 1792. 8. vieles Neue neben manchem Irrigen über die Erzeugung der Fische und Krebse.

Zu den vorzüglichsten vergleichend anatomischen Werken gehört *Anton Scarpa's*, Professor in Pavia

Anatomicae disquisitiones de auditu et olfactu. Ticini 1789. fol., worin beide Organe von ihren ersten Anfangen in den Krebsen, Dintenwürmern und Fischen bis zum Menschen hinauf meisterhaft beschrieben und abgebildet sind. Weniger zuverlassig ist *A. Comparetti* Observationes anatomicae de aure interna comparata. Patavii 1789. 4. Schöne, doch nicht ohne Vorsicht zu benutzende anatomische Darstellungen der vielschaligen und zweischaligen kopflosen Mantelthiere lieferte der Neapolitaner *Poli* in dem Prachtwerke Testacea utriusque Siciliae. Parma 1791—95. 2 vol. fol. Um die Anatomie des Nervensystems machten sich *Vincenz Malacarne*, Encefalotomia di alcuni Quadrupedi. Mantua 1795, und *Jos. Mangili*, Prof. der Naturgeschichte zu Pavia, de systemate nerveo hirudinis, lumbrici aliorumque vermium. Ticini 1795., verdient. Zuweilen etwas paradox ist *P. Moscati* delle corporee differenze essentiali, che passano fra la struttura de' bruti e la umana. Brescia 1771. 8. Deutsch von Beckmann. Göttingen 1771.

Unter den italienischen Societätsschriften dieser Periode enthalten die Bologner Commentarien vergleichend anatomische Abhandlungen von *Bibiena*, *Covolo*, *Galvani*, *Brunelli* und Andern; die Memorie della societa italiana — von *Malacarne* und *Spallanzani*; die Memorie di Verona von *Spallanzani*, *Girardi*, *Olivi*, *Caldani* und Andern.

§. 49.

Am Schlusse dieser Periode finden wir die vergleichende Anatomie so weit ausgebildet, dass man anfing, sie in den letzten Jahrzehenden des 18ten Jahrhunderts als nothwendigen Theil vorzüglich der ärztlichen Bildung auf einigen Universitäten in eigenen Vorträgen zu lehren. *Blumenbach* in Göttingen, *Kielmeyer* in Tübingen und *Cuvier* in Paris sind hierin mit einem Beispiel vorangegangen, wodurch sie dem wissenschaftlichen Studium der Naturkunde und der Heilkunst insbesondere den ausgebreitetsten Nutzen gestiftet, sich selbst aber den Dank und die Nachfolge ihrer Zeitgenossen und der Nachwelt gesichert haben.

Anm. *Blumenbach* war der Erste: er trug seit 1777 vergleichende Knochenlehre, und seit 1785 die ganze anatome comparata vor. Ihm folgte *Kielmeyer*, Prof. an der hohen Karlsschule in Stuttgart, seit 1796 in Tübingen, jetzt wieder in Stuttgart, Director der königlichen Naturalien-Sammlungen. Von seinen vergleichend anatomischen Arbeiten ist nur eine Rede Ueber die Verhältnisse der organischen Kräfte in der Reihe der verschiedenen Organisationen. Stuttgart, 1793. und Tübingen, 1814. erschienen; der Mittheilung der in seinen Vorlesungen nachgeschriebenen Hefte verdanke ich vielfache Belehrung.

Vierte Periode,

Neueste Fortschritte der vergleichenden Anatomie von 1800 bis jetzt.

§. 50.

Das Bedürfniss einer systematischen Anordnung des durch so vielfache einzelne Arbeiten gewaltig aufgehäuften Stoffes, das um so dringender gefühlt werden musste, je inniger die Verbindung der vergleichenden Anatomie sowohl mit der Zoologie, als besonders mit der Physiologie geworden war, befriedigte *George Cuvier*, damals Mitglied des Nationalinstituts und Professor, jetzt Secretar der Academie und Staatsrath zu Paris, geb. 1769 zu Montbeillard. Er liess seine Leçons d'anatomie comparée durch seine Schüler *C. Dumeril* und *G. L. Duvernoy*, von ihnen bearbeitet und bereichert, herausgeben. Paris 1800 — 1805. 5 Bde. 8, Uebersetzt von Froriep und Meckel, und mit vielen Zusatzen, besonders von dem Letzteren, vermehrt, Leipzig 1809—10. 4 Bde. 8.

Dieses, eigentlich der Vorläufer eines grösseren, schon damals angekündigten, aber bis jetzt vergeblich erwarteten Werkes, enthält das Meiste des damals Bekannten über den Bau der Thiere im vollkommenen Zustande (die Entwickelungsgeschichte ist ausgeschlossen), durch eine grosse Zahl von eigenen Untersuchungen bestatigt, berichtigt und sehr vermehrt, in Verbindung mit der Anatomie des Menschen und den nöthigsten physiologischen Erläuterungen. Die Anordnung ist die in allen neuern Werken über vergleichende Anatomie beobachtete, daſs die Formen der Organe nach einem zoologischen Systeme abgehandelt werden.

Von einem zweiten allgemeinen Werke: De l'organisation des animaux ou principes d' anatomie comparée par *H. Ducrotay de Blainville* (Professor in Paris) ist 1823 der erste Band erschienen.

Unter den zoologischen Werken der Franzosen enthält *G. Cuvier's* Le Règne animal distribué d'après son organisation. Paris, 1817. 4 Bde. 8. die meisten und wichtigsten zootomischen Bemerkungen. Im Dictionnaire des sciences naturelles (Strassburg, seit 1816 bis jetzt 35 Bde. 8.) ist die vergleichende Anatomie in einigen Artikeln, besonders von *Blainville* berücksichtigt. Ebenso im Dictionnaire des sciences médicales. Paris 1812 — 22. 60 Bde. 8., und im Journal complémentaire du dictionnaire des sciences médicales. Paris, seit 1818. Die Description de l' Egypte (2te edit. Paris 1821 — 25), und die Voyage de decouvertes au terres australes von *Franc. Peron* († 1810) Paris, 1807 1 vol. 4. avec atlas, sind reich an wichtigen Mittheilungen.

In besondern Abhandlungen ist die Anatomie einzelner Thiere und Organe vorzüglich wiederum von *G. Cuvier* bearbeitet. Seine Recherches sur les ossemens fossiles de quadrupèdes. Paris, 1812. 4 voll. 4. 2de edit. 1821. 5 voll. 4. enthalten auch mehrere allgemeine Darstellungen Viele Werke und Aufsätze über einzelne Gegenstande von ihm, seinem Bruder *Frédéric Cuvier* (Aufseher der Menagerie des Nationalmuseums in Paris), den Mitgliedern der Pariser Academie: *Graf Lacépède, Geoffroi St. Hilaire, Latreille* und *Duméril*; von *de Blainville, Savigny, Audouin, Desmoulins, Hippolyte* und *Jules Cloquet, Desmarest* (Professor der Zoologie zu Alfort), *Marcel de Serres* (Professor der Mineralogie zu Marseille) und mehreren Andern sind bei den Abschnitten, die sie betreffen, angeführt. Unter den Gesellschafts- und Zeitschriften, worin sich die Meisten derselben finden, ist die ausgezeichnetste: Annales du Muséum d'histoire naturelle par les professeurs de cet établissement. 20 voll. 4. Paris 1802 — 13, fortgesetzt als Mémoires du Muséum etc. von 1815 — 25. 12 Bde. 4. Ausser diesen haben die Mémoires de l'institut national (seit 1818 wieder de l' Academie des sciences), die Fortsetzungen des Bulletin des sciences par la société philomatique und des Journal de physique, de chimie, d'histoire naturelle etc. die Mémoires de la société médicale d' émulation, die Mémoires de la société d'histoire naturelle de Paris. Tom. I. 1799. 4. und ein unter demselben Titel 1823 angefangenes, aber verschiedenes Werk T. I. Paris 1823 — 24;

das Journal de Physiologie expérimentale et pathologique par *F. Magendie.* Paris, seit 1821 5 Bde.; endlich die Annales des sciences naturelles par *Audouin*, *Brogniart* et *Dumas.* Paris, seit 1824 5 Bde., schatzbare Beiträge mitgetheilt.

§. 51.

Bei den Englandern scheint das Studium der vergleichenden Anatomie gegenwartig weniger verbreitet zu seyn, obgleich sie durch Lage und Verbindung die günstigste Gelegenheit zu interessanten Untersuchungen haben. Einige vortreffliche Arbeiten, die vorzüglich in den Philosophical Transactions und in den Transactions of the Linnean society, dann in den Annals of philosophy by *Th. Thomson*; dem London medical and physical journal by *Sam. Fothergill*, und einigen andern Zeitschriften enthalten sind, haben sie auch in diesem Jahrhunderte geliefert. Die meisten und besten rühren von *Everard Home*, Leibarzt des Konigs, her; er hat einen Theil seiner in den philosophical Transactions zerstreuten Abhandlungen und Abbildungen nach der Hunterschen Sammlung (vorzüglich von den Verdauungsorganen der Thiere und den Bewegungswerkzeugen der Schlangen) mit neuen vereinigt, als Lectures on comparative anatomy. London, 1814 2 Bde. 4. herausgegeben, wovon die Fortsetzung erwartet wird.

William Lawrence, Professor der Anatomie und Chirurgie in London, hat in seiner Introduction to comparative anatomy and physiology, London, 1816 8., eine bei englischen Aerzten seltene Bekanntschaft mit der auswärtigen Literatur gezeigt. Die Abhandlungen von *Carlisle*, *Clark*, *Blake*, *Macartny* und einigen Andern werden bei ihren Gegenständen genannt werden.

§. 52.

Unter den Arbeiten der Dänen, Schweden und Russen sind einige musterhafte, wie von *Jens Weibel Neergard*, Lehrer der Thierarzneikunde in Koppenhagen: Beiträge zur vergleichenden Anatomie, Thierarzneikunde und Naturgeschichte. Göttingen, 1806 8, und Vergleichende Anatomie der Verdauungswerkzeuge der Säugethiere und Vögel. Berlin, 1806. 8.; von *Ludwig Jacobson*, Professor in Koppenhagen; die zoochemischen von *J. J. Berzelius*, Secretär der Academie der Wissenschaften und Professor der Chemie in Stockholm; von *Chr. Pander*, Adjunct der Petersburger Academie; von *J. F. Eschscholz*, Professor der Naturgeschichte in Dorpat; und vorzüglich von *L. H. Bojanus*, einem Deutschen, Professor der Thierheilkunde und vergleichenden Anatomie zu Wilna, dessen Untersuchungen über die Fötushüllen und Anatome testudinis europaeae. Vilnae, 1819 — 21. Fol., einen schönen Beweis liefern, wie viel ergiebiger an werthvollen Entdeckungen die oft wiederholte genaue Zergliederung der einheimischen und gemeinsten Thiere seyn kann, als das freilich weniger Ausdauer erfordernde einmalige Anatomiren vieler auslandischen.

§. 53.

In Italien ist besonders die Anatomie der Seebewohner aus den niedern Thierklassen und die Entwickelungsgeschichte der vollkommneren Thiere auch in dieser Periode durch einige Beiträge bereichert worden.

In Verbindung mit Physiologie des Menschen bearbeitete *Giuseppe Jacopi*, Professor zu Pavia, die vergleichende Anatomie ganz nach Cuviers Vorlesungen: Elementi di Fisiologia e Notomia comparativa. Milano, 1808 — 9. 3 Bde. 8.

Eigene Untersuchungen stellten an: *J. Mangili* (s. §. 48.); *Dom. Viviani*, Professor der Naturgeschichte zu Genua; *A. Risso*, Apotheker zu Nizza; *A. Alessandrini*, Professor der vergleichenden Anatomie und Thierheilkunde in Bologna; *Alex. Moreschi*, Professor der Anatomie eben da, früher in Pavia; *P. Configliachi*, Professor der Physik, und *Mauro Rusconi*, Repetitor, beide in Pavia. Das Giornale di fisica, chimica, storia naturale etc. *da G. Brugnatelli*, die Memorie della società medica di emulazione di Genova und die Opuscoli scientifici di Bologna sind die für unsere Wissenschaft wichtigsten neueren Zeitschriften der Italiener.

Die Holländer haben in der neuesten Periode wenig vergleichend anatomische Arbeiten geliefert. Ausser

Munniks, Bonn, *Gerard Vrolik*, Professor der Anatomie in Amsterdam, und *Gerbrand Bakker*, Professor in Groningen, sind es besonders zwei Deutsche, die das Studium unserer Wissenschaft in Holland eifrig befördert und betrieben haben: *H. Moriz Gäde*, Professor der Naturgeschichte in Lüttich, und *Heinrich Kuhl*, als Reisender für die holländische Regierung 1821 auf Java, 25 Jahr alt, gestorben. Ein Beweis der rastlosen Thätigkeit des Letzteren sind die Beiträge zur Zoologie und vergleichenden Anatomie, Frankfurt 1820. 4., welche er gemeinschaftlich mit *van Hasselt* herausgegeben hat. Die Annales générales des sciences physiques par *Bory de St. Vincent*, *Drapiez* et *van Mons*, Bruxelles, 1819 — 21. 8., enthalten einige vergleichend anatomische Aufsätze, besonders von Franzosen.

§. 54.

Was endlich den gegenwärtigen Zustand der vergleichenden Anatomie in Deutschland betrifft, so dürfte sie wohl bei keiner Nation in gleicher Blüthe seyn; besonders seit der Paroxysmus einer gewissen die Natur meisternden Naturphilosophie sich zu lösen beginnt, und einem bescheidenen Streben nach allgemeinen Wahrheiten weicht.

An allgemeinen, die ganze Wissenschaft umfassenden Werken besitzen wir: *Joh. Fr. Blumenbach's* Handbuch der vergleichenden Anatomie. Göttingen 1805. 2te Auflage, Gött. 1815. 3te 1825. 8. Eine treffliche Auswahl der Hauptsachen, mit vielen eigenen

Untersuchungen ausgestattet. Ferner Lehrbuch der Zootomie von *Carl Gutsav Carus*, (Prof. der Entbindungskunde zu Dresden). Leipzig 1818. 8., nebst einem Hefte Kupfertafeln in 4. Eine geistreiche, an neuen Ansichten und Thatsachen sehr reichhaltige Zusammenstellung zum Theil nach naturphilosophischen Principien. Von demselben erscheint gegenwärtig: Erläuterungstafeln zur vergleichenden Anatomie. Fol 1stes Heft 1825. Von *Johann Friedrich Meckel's* (Prof. der Anatomie zu Halle) System der vergleichenden Anatomie. Halle 1821—24. sind die beiden ersten, die allgemeinen Betrachtungen und einen Theil der Osteologie enthaltenden Bände erschienen.

In fruchtbarer Verbindung mit der Physiologie des Menschen wurde die vergleichende Anatomie nach Hallers Beispiel von mehreren Deutschen behandelt; die vorzüglicheren sind folgende: *Curtii Sprengel* (seit 1789 Prof. der Heilkunde, seit 1797 auch der Botanik zu Halle) Institutiones physiologicae. Amstelodami 1809—10. 2 Bde. 8. Mediolani 1816. 3 Bde. 8., *Michael v. Lenhossék* (Prof. der Physiologie früher in Pesth, seit 1820 in Wien) Physiologia medicinalis. Pesth 1816—18. 5 Bde. 8., und am meisten nach eigenen Untersuchungen *Karl Asmund Rudolphi* (Prof. früher in Greifswald, seit 1810 in Berlin) Grundriss der Physiologie. Berlin 1821—23. bis jetzt 2 Bände, die allgemeine Physiologie und die der Empfindungs-

und Bewegungs-Organe enthaltend. Von *J. C. G. Jörg's* (Prof. der Entbindungskunst zu Leipzig) Grundlinien zur Physiologie des Menschen ist nur der 1ste Theil, Leipzig 1815. 8., erschienen, welcher die Beschreibung und Abbildung der weiblichen Zeugungstheile und Eier der Thiere enthält.

Eine Vergleichung der Thätigkeiten und des Baues in allen Naturkörpern lieferten *Gottfried Reinhold Treviranus*, Arzt und Prof. zu Bremen, mit vorzüglicher Rücksicht auf Physiologie des Menschen, in der Biologie, oder Philosophie der lebenden Natur. Göttingen 1802 — 22. 6 Bde. 8., und *E. Daniel August Bartels*, Prof. der Heilkunde zu Marburg, seit 1811 zu Breslau, und seit 1822 wieder in Marburg, in den Anfangsgründen der Naturwissenschaft. Leipzig 1821 — 22. 2 Bde. 8., als ein ausgeführtes Bild des ganzen „Naturorganismus". Eine ähnliche Aufgabe stellte sich *Graf Georg von Buquoy* zu Prag in den Skizzen zu einem Gesetzbuche der Natur. Leipzig 1817. 4., und zwei Nachträgen. Leipzig 1819 — 20. 4.

Von den eigentlich zoologischen Werken enthalten vorzüglich folgende vergleichend-anatomische Zusammenstellungen und Bemerkungen: *Friedrich Tiedemann*, (Prof. früher in Landshut, jetzt in Heidelberg) Zoologie. Landshut, 1808 — 1814. 3 Bände; fast blos anatomischen Inhalts über Saugethiere und Vögel. *Oken*, (Prof. in Jena, jetzt privatisirend) Lehrbuch der Zoologie. Jena 1815 — 16. 2 Bde. 8. 1 Heft Kupfer 4.

F. S. Voigt, (Prof. der Botanik zu Jena) Grundzüge einer Naturgeschichte als Geschichte der Entstehung und Ausbildung der Naturkörper. Frankfurt, 1817. 8. *Georg August Goldfuss* (Prof. der Zoologie zu Bonn), Handbuch der Zoologie. Nürnberg, 1820. 2 Bde. 8. Endlich *August Friedrich Schweigger* (seit 1809 Prof. der Botanik in Königsberg, ermordet 1821 auf einer naturwissenschaftlichen Reise bei Palermo), Handbuch der Naturgeschichte der skeletlosen ungegliederten Thiere. Leipzig, 1820. Dieses die reichste und beste Sammlung über Anatomie und Physiologie aller zu den *Linné*ischen Würmern gehörigen Thierklassen.

Eine Vergleichung des feineren Gewebes aller Theile im gesunden und kranken Zustande in allen Thieren hat *Carl Fr. Heusinger* (seit 1824 Prof. der Anatomie in Würzburg) in dem System der Histologie. Eisenach, 1822 – 23. angefangen. In den bis jetzt erschienenen beiden ersten Heften dieser interessanten Arbeit ist die allgemeine Einleitung und die Betrachtung des Bildungs- und Horn-Gewebes enthalten.

Eben so reich sind wir an Sammlungen vermischter Aufsätze, deren Inhalt ganz oder zum Theil hierher gehört. *Johann Abraham Albers* (Arzt in Bremen, † 1821) Beiträge zur Anatomie und Physiologie der Thiere. Bremen 1802. 1 Heft. 4. und desselben Icones ad illustrandam anatomen comparatam Lipsiae 1818 – 22. fasc. I. – II. fol. *K. A. Ru-*

dolphi Anatomisch-physiologische Abhandlungen. Berlin 1802. 8. *Alexander v. Humboldt* Beobachtungen aus der Zoologie und vergleichenden Anatomie. Tübingen 1806. *I. F. Meckel* Abhandlungen aus der menschlichen und vergleichenden Anatomie. Halle 1806. 8. und desselben Beiträge zur vergleichenden Anatomie. Leipzig 1808 – 12. 2 Bde. 8. *Gotthelf Fischer* (Prof. der Naturgeschichte früher in Mainz, seit 1804 in Moskau) Naturhistorische Fragmente. Frankfurt 1801. *Oken* und *Kieser* Beiträge zur vergleichenden Anatomie und Physiologie. Bamberg 1806 – 7. 2 Hefte. 4. *Franz v. Paula Gruithuisen* (Arzt und Lehrer zu München) Beitrage zur Physiognosie und Eautognosie. München 1812. 8. *G. R. Treviranus* und *C. L. Treviranus* Vermischte Schriften. Göttingen seit 1816. 3 Theile. 4. Die kleine aber reichhaltige Schrift von *Bernard Anton Greve* (Thierarzt in Oldenburg) Bruchstücke zur vergleichenden Anatomie und Physiologie. Oldenburg 1818. 8.

Unter den Zeitschriften und Sammlungen von Abhandlungen verschiedener Schriftsteller ist das Archiv für Zoologie und Zootomie, herausgegeben von *C. R. W. Wiedemann* (Prof. der Heilkunde früher zu Braunschweig, seit 1805 zu Kiel) 1ster Bd., Berlin und Braunschweig 1800., 2ter — 4ter, Braunschweig 1801 — 4. vorzugsweise der vergleichenden Anatomie gewidmet; von der Bibliothek für vergleichende Anatomie von *L. Fr. Froriep* (Prof. der Heilkunde zu Halle, dann zu Tübingen, 1815 Leibarzt zu Stuttgart, und seit 1816 Obermedicinalrath zu Weimar, Besitzer einer vortrefflichen vergleichend-anatomischen Sammlung), erschien nur der 1ste Band, Weimar 1802. 8. Derselbe giebt seit 1821 Notizen aus dem Gebiete der Natur- und Heilkunde heraus, bis jetzt 9 Bde., 4., worin auch die vergleichende Anatomie berücksichtigt wird. Die Beitrage für die Zergliederungskunst, herausgegeben von *H. F. Isenflamm* (Prof. zu Dorpat, jetzt Arzt in Erlangen) und *J. C. Rosenmüller* (Prof. in Leipzig, † 1820) Leipzig 1800—1803. 2 Bde. 8., enthalten mehrere zootomische Aufsätze. Vorzüglich reichhaltig sind die späteren Bände von *Reil's* und *Autenrieth's* Archiv für die Physiologie, das mit dem 12ten Bande 1815 schloss, und die Fortsetzung desselben als Deutsches Archiv für die Physiologie, herausgegeben von *J. F. Meckel*. Halle 1815 — 23. 8 Bde. 8. Auch in dem Magazin für den neuesten Zustand der Naturkunde, herausgegeben von *J. H. Voigt*. Weimar 1795 — 1806. 12 Bde. 8. finden sich mehrere zootomische Originalaufsatze. Ebenso in der von *Oken* seit 1817 herausgegebenen Isis, bis jetzt 9 Jahrgange. 4., worin sich besonders die Arbeiten von *Bojanus* auszeichnen.

Der berühmte Dichter *J. W. von Göthe* hat in 6 Heften Zur Naturwissenschaft überhaupt, besonders zur Morphologie. Stuttgart 1817 — 24. auf gründlicher Kenntniss beruhende allgemein zootomische und osteologische Bemerkungen von doppeltem Werthe bekannt gemacht. In der Zeitschrift für Natur- und Heil-Kunde, herausgegeben von den Professoren der medicinisch-chirurgischen Academie in Dresden, *Brosche*, *Carus*, *Ficinus* u. s. w. seit 1820. 4 Bande, sind besonders vergleichend-anatomische Arbeiten von Carus enthalten. Die Untersuchungen über die Natur des Menschen, der Thiere und der Pflanzen, herausgegeben von *F. Tiedemann*, *G. R.* und *L. C. Treviranus*, 2 Hefte. 1824 — 25., sind der Bekanntmachung deutscher Originalabhandlungen vorzüglich über vergleichende Anatomie bestimmt. Von den Gesellschaftsschriften sind die Abhandlungen der Berliner Academie der Wissenschaften, das Magazin und die Verhandlungen der Gesellschaft naturforschender Freunde zu Berlin, die neusten Schriften der naturforschenden Gesellschaft in Danzig, die Annalen der Wetterauischen Gesellschaft für die gesammte Naturkunde, und die Nova acta Academiae Leop. Carolinae naturae curiosorum (deren Sitz seit 1819 von Erlangen nach Bonn verlegt ist) vorzüglich wichtig.

Anm. Die grosse Zahl von Monographieen über einzelne Organe, Thiere, Familien und Klassen, welche in der neuesten Zeit in Deutschland erschienen sind, bilden die vorzüglichste Grundlage unserer Wissenschaft. Die eben genannten Schriftsteller haben sich fast Alle auch auf diese Weise verdient gemacht, und von vielen Andern, deren Schriften bei den einzelnen Abschnitten angegeben sind, will ich hier nur Einige anführen: *Heinr. Aug. Wrisberg*, Professor der Anatomie in Göttingen, † 1808; *Wilh. Gottlob Tilesius*, früher Arzt in Leipzig, begleitete von 1803 — 8 in russischen Diensten den Kapitän v. Krusenstern auf seiner Erdumseglung. *Karl v. Schreibers*, Director der kaiserlichen Naturaliensammlungen in Wien. *Joseph Wenzel*, Professor der Anatomie zu Mainz, † 1808. *Ignaz Döllinger*, früher Professor der Anatomie und Physiologie in Würzburg, seit 1823 Academiker in München. *Chr. Ludwig Nitzsch*, Professor der Naturgeschichte, früher zu Wittenberg, seit 1815 zu Halle. *Ad. Wilhelm Otto*, Professor der Anatomie zu Breslau. *Fried. Christian Rosenthal*, früher Prosector zu Berlin, seit 1820 Professor der Anatomie in Greifswald. *Joh. v. Spix*, Academiker in München, und Director der dortigen zoologischen und zootomischen Sammlung, die durch seine Reise nach Brasilien vorzüglich bereichert ist. *Karl August Ramdohr*, privatisirt zu Beichlingen bei Halle. *A. Ferd. Emmert*, Professor der Anatomie in Tübingen, † 1819. *Moriz Herold*, früher Prosector in Halle, dann in Marburg, jetzt Professor daselbst. *Albrecht Meckel*, früher Professor in Halle, seit 1821 in Bern. *Detmar Wilhelm Sömmerring*, praktischer Arzt in Frankfurt a. M. *Ernst Heinrich Weber*, seit 1821 Professor der Anatomie in Leipzig. *Moriz Ign. Weber*, Prosector in Bonn. *E. d' Alton*, Professor in Bonn. *Karl v. Baer*, Professor der Medicin in Königsberg.

§. 55.

Die vergleichend-anatomischen Arbeiten in den letzten 25 Jahren haben hauptsächlich dazu gedient, viele der älteren zu berichtigen; es ist zugleich durch neue Entdeckungen, besonders in der Anatomie der unteren Thierklassen, das ganze Material zu einer schwer zu beherrschenden Masse angewachsen, die vor Allem einer den Ueberblick erleichternden Anordnung bedarf, damit sie nicht abschreckend für den Anfänger werde, und sich mit Nutzen anwenden und erweitern lasse. Denn so gross auch die bisherigen Leistungen seit mehr als 2000 Jahren sind, so gering erscheinen sie im Verhältniss zu dem, was auf diesem unendlichen Felde noch geleistet werden kann und wird. Erst wenn der Bau der meisten Thiere genauer, als gegenwärtig der des Menschen, erforscht seyn wird, und wenn die allgemeinen Sätze, die Resultate dieser tieferen speciellen Kenntniss, nicht mehr Gefahr laufen, durch jede folgende Untersuchung erschüttert oder umgestossen zu werden, dann wird sie ihrem Ziele nahe seyn.

Anm. Ein Rückblick auf die durchlaufenen Perioden gewährt die erfreuliche Bemerkung, dass unter den zahlreichen Werken keines unverdienstlich ist, und es möchte nicht leicht eine andere Wissenschaft eine gleich glückliche Literatur aufzuweisen haben; eine Folge der Liebe, die sie ihren Bearbeitern einflösst, und des Vergnugens, womit der sichere Erfolg eine jede ernstliche Bemuhung in ihren leichteren und schwierigeren Theilen belohnt. Aus denselben Grunden erklärt sich aber auch die ungleichmässige Bearbeitung der einzelnen Theile, da sie mehr Neigungs- als Schulwissenschaft gewesen ist. Während die Untersuchung der Verdauungsorgane, Zeugungstheile, Stimmwerkzeuge, des Skeletes und Herzens in älterer und neuerer Zeit, des Nervensystems und der Sinnorgane besonders in der neueren Lieblingsgegenstand war, ist die Muskellehre, die Bänderlehre, die Lehre von der feineren Gefässvertheilung im Gewebe der Organe, endlich die Lehre von der Bildung der Häute weniger, zum Theil gar nicht bearbeitet worden.

Allgemeiner Theil.

Erster Abschnitt.

Grundsätze der Vergleichung.

§. 56.

I. Die Vergleichung muſs dem Zwecke der Wissenschaft entsprechen, nämlich auf wesentliche Punkte, und besonders auf die Bedeutung der Theile gerichtet seyn, damit sie zu einem treuen und zusammenhängenden Bilde der thierischen Organisation diene. (S. §. 1.)

Anm. In keinem Theile der Naturwissenschaften ist bisher die Behandlung des Stoffes weniger streng nach allgemeinen Grundsätzen eingerichtet, als in der vergleichenden Anatomie, und doch gestattet in keinem die Natur des Gegenstandes der Phantasie einen so grossen Spielraum, sich in Vergleichungen und Gleichnissen zu verlieren, und bei groſser Vielseitigkeit die rechte Seite zu verfehlen. Die Verschiedenheit der Meinungen, welche von den verschiedenen Schriftstellern über die einfacheren Formen eines jeden Organs vorgetragen sind, beweist die Nothwendigkeit festerer Grundsätze. Ich will nur an die Schedelknochen, Kiemendeckel und Kiemenbögen der Fische erinnern; diesen Theilen ist fast von jedem Zootomen eine andere Bedeutung zugeschrieben worden. Aber welche sind wesentliche Vergleichungspunkte? Die Beantwortung dieser wichtigen Frage ist in den folgenden Sätzen versucht.

§. 57.

II. Die wesentlichen Vergleichungspunkte sind bei den verschiedenen Organen und Systemen von Organen sehr verschieden; doch können im Allgemeinen folgende als die entscheidensten bei Characterisirung der Organe überhaupt, und besonders um auszumitteln, welche Theile sich bei verschiedenen Thieren entsprechen, betrachtet werden: 1) das Gewebe, 2) die Lage und Verbindung, 3) die Verrichtung. Diese behalten bei ein und demselben Organ, ungeachtet vieler und grofser Verschiedenheiten in den verschiedenen Thieren, doch meistentheils gewisse Hauptmerkmale bei. Organe, die sich in keiner dieser drei Hinsichten gleichen oder ähneln, sind als ganz verschiedene zu betrachten.

Anm. 1. Zuweilen ändert sich bei demselben Organ doch auch von diesen Punkten Einer oder der Andere gänzlich, dann müssen die Uebrigen entscheiden. Bei den Wirbelthieren ist z. B. die Lage, zum Theil auch die Verbindung vom Centraltheil des Nervensystems eine ganz andere als bei den übrigen Thieren, hier leitet das Gewebe und die Verrichtung bei Erforschung der niederen Formen. Die Lage und das Gewebe der Athmungsorgane ist in den niederen Thieren oft wesentlich verschieden, und nur die Verbindung mit Haut und Blutgefäfssystem oder die Verrichtung geben uber die Bedeutung Aufschlufs. Dagegen ändern manche Theile des Knochensystems,

z. B. die seitlichen Zungenbeinstücke und ein Theil der Kopfknochen der Fische bei den höhern Thieren so sehr ihre Verrichtunng und selbst ihre Verbindung mit den benachbarten Theilen, daſs nur eine genaue Vergleichung aller Uebergangsformen die Auffindung wahrscheinlicher Analogieen möglich macht.

Anm. 2. Das Gewebe der Organe ist von den dreien zwar der unbeständigste, aber doch der wichtigste Gegenstand, auf welchem die meisten untergeordneten Vergleichungspunkte beruhen; man kann es daher bei vielen Organen als Eintheilungsprincip für die Hauptabtheilungen benutzen, wie die specielle Betrachtung der verschiedenen Drüsen, des Wirbelknochensystems, der Sinnorgane u. s. w. beweist. Wenn *Meckel* (Syst. d. v. A. I. p. 17.) den Satz aufstellt: „Ein und dasselbe Organ hat überall, im Wesentlichen, wie dieselbe äuſsere Form, so auch dasselbe Gewebe,“ — so ist dieses in Beziehung auf Form für jedes Organ, hinsichtlich des Gewebes für sehr viele unrichtig, wie die obigen Beispiele beweisen.

§. 58.

III. Ein sehr wichtiges Merkmal der gröſseren oder geringeren Vollkommenheit eines jeden Organs oder Systems von Organen bei verschiedenen Thieren ist 4) die Zahl der dasselbe zusammensetzenden, verschiedenartigen Theile. Die Betrachtung dieses Gegenstandes fallt zum Theil mit der des Gewebes zusammen, insofern die Theile so innig zu einem Ganzen verbunden sind, daſs sie weder dem Baue noch der Verrichtung nach ganz von einander getrennt werden können, und ein einziges Organ bilden; zum Theil gehört sie in die Lehre von der Structur der Apparate, d. h. solcher Sammlungen verschiedenartiger Organe, welche gemeinschaftlich eine ganze Function in einem bestimmten Organismus vollziehen, und deſshalb in der Betrachtung nicht getrennt werden dürfen. (S. den dritten Abschnitt.)

§. 59.

IV. Gewöhnlich mehr untergeordnete Momente für die Vergleichung sind die Gröſse, die Gestalt, die Consistenz, die Farbung und die Mischung der Organe.

Die Gröſse und Gestalt hängt hauptsächlich von quantitativen Verschiedenheiten des Gewebes ab (doch möchten sich diese selten ohne einige qualitative finden). Beide Puncte sind für die Vergleichung der Function zuweilen von groſser Wichtigkeit, besonders bei den Organen, in deren Verrichtung das mechanische eine bedeutende Rolle spielt, wie bei den Bewegungsorganen und Schutzmitteln (den Schalen, Knochen und Muskeln), und den meisten äusseren Sinnen; oder bei denen, die im Verhaltniſs ihrer Masse wirken. Die Vergleichung der verhaltniſsmaſsigen Gröſsen der Theile ist schon deſshalb von Interesse, weil Kleinheit an das gänzliche Verschwinden der Organe granzt; Gröſse dagegen immer auf Stärke der Function deutet.

Die Consistenz der Organe, welche von dem flüssigen Zustande bis zu der groſsen Härte und Festigkeit der knöchernen Theile wechselt, ist ebenfalls, so wie die Färbung, nur eine Eigenschaft des Gewebes, die zugleich mit der Mischung in der nächsten Verbindung steht. Als Eintheilungsgründe lassen sich Consistenz und Färbung, wegen ihrer grofsen Veränderlichkeit sowohl in den verschiedenen Lebensperioden, als bei den meisten Thieren, nicht gut benutzen.

Anm. Bei der geringen Consistenz der flüssigen Theile verschwindet das Gewebe ganz, wenn man nicht den in ihnen enthaltenen mikroscopischen Kügelchen selbst Gewebe zuschreiben will.

§. 60.

V. Die Mischung der thierischen Substanzen wird in der Folge zur vollkommnen Characteristik der Organe in dem Grade mehr benutzt werden können, als sich die Kenntnifs derselben über den gegenwärtigen Zustand des Zweifels und der sehr grofsen Lückenhaftigkeit erhebt. Die feinen Mischungsverschiedenheiten, bei grofsen Verschiedenheiten des Gewebes, der Gestalt, Färbung und Verbindung derselben Theile in verschiedenen Thieren, sind bis jetzt noch sehr wenig bekannt, und man darf nur zweifelnd die Vermuthung wagen, dafs in Verschiedenheit der Mischung alle übrige der organischen Körper, und namentlich die Verschiedenheit der Form, die der Stoff annimmt, begründet sey. Aber mit Bestimmtheit läfst sich behaupten, dafs überall, wo die Mischung des Organs verschieden ist, auch die übrigen Eigenschaften, besonders das Gewebe bedeutend abweichen.

Anm. Die thierische Chemie steht kaum an der Schwelle des ganz unbekannten Feldes, und hat bis jetzt nur die Gewifsheit erlangt, dafs die Mischungen und Entmischungen in den lebenden organischen Körpern nicht nach denselben Verwandtschafts-Gesetzen erfolgen, die die unorganischen Mischungen bestimmen, denn diese wirken erst nach dem Tode frei thätig, durch Verwesung des Gestorbenen. Man sollte daher für die nicht chemische Sache auch nicht den chemischen Ausdruck gebrauchen, der Mifsverständnisse herbei führt. Daher kommt es wohl, dafs man als Grund des Lebens aufser der Mischung noch die organische Form angiebt, wie *Reil* (von der Lebenskraft, in seinem Archiv Bd. I.) und *Rudolphi* (Physiologie I. p. 244.), weil man mit Recht in der chemischen Thätigkeit allein nicht die Erklärung des Lebens finden kann. Aber die organische Form kann nicht Grund derjenigen Lebensactionen seyn, durch welche sie selbst erst entsteht. Der erste Lebensact des noch ungeformten, organisch gemischten Stoffes ist die Bildung der Form, durch welche die späteren höheren Lebensäusserungen möglich werden.

§. 61.

VI. Die verschiedenen Thiere stehen auf verschiedenen Stufen der Ausbildung und Vollkommenheit, daran zweifelt kein denkender Naturforscher; aber sie lassen sich nicht in gleichmäfsig fortschreitende Reihen bringen, weil die einzelnen Organe in ihrer Vervollkommnung nicht gleichen Schritt halten, sondern häufig, während Eines auf eine höhere Stufe gelangt, ein Anderes in demselben Thiere auf der tieferen stehen bleibt, oder gar zurücksinkt, und noch häufiger die Lebensverhältnisse des Thieres eine

Menge Abänderungen der Organe mit sich bringen, die nur als eine Uebung der bildenden Thätigkeit in den mannigfachsten Formen erscheinen.

Aus dem letzteren Grunde lassen sich auch die Formen der einzelnen Organe nicht durchgängig als sich vervollkommnende aneinander reihen; allein sie zeigen wegen ihrer Einfachheit weit deutlicher gewisse Stufen, als die ganzen Thiere.

Anm. Beweise für den obigen Satz bietet jede Thierfamilie dar. Die *Haifische* z. B. sind durch ihr knorpliges Skelet hinter den *Gräthenfischen* zurückgeblieben, obgleich sie durch Nervensystem, Athmungsorgane, Geschlechtstheile und fast die ganze übrige Organisation als eine vollkommnere Thierfamilie charakterisirt sind, als selbst einige Amphibien.

§. 62.

VII. Es ist daher durchaus nothwendig, die Formen der einzelnen Organe nach ihrem eigenen Wesen und davon hergenommenem Eintheilungsgrunde zu klassificiren, anstatt sie, wie es bisher allgemein geschehen ist, alle nach demselben zoologischen Systeme abzuhandeln. Wenn gleich dieses System, dessen man sich bedient, sich auf die Formen eines oder mehrerer der wichtigsten Organe stützt, so kann es gerade deſshalb nicht als Eintheilung auf alle Organe angewendet werden, weil nicht alle gleichen Schritt halten, sondern nur auf die, nach deren Formen es entworfen ist. Aber selbst auf diese kann es nicht durchgängig passen, denn der Zoolog kann bei seinen Unterabtheilungen nicht den feinen Verschiedenheiten eines einzigen Organs, z. B. des Gefafssystems folgen, wenn er auch die Hauptabtheilungen alle nach demselben gemacht hat, sondern mufs bald nach diesem, bald nach jenem hervorstechenden Merkmal eintheilen, um möglichst naturgetreu zu bleiben.

Anm. Man mag nun mit *Linné* nach dem Gefäfssystem, mit *Cuvier* nach den Bewegungsorganen, mit *Rudolphi* nach dem Nervensystem, oder mit *Schweigger* nach dem Athmungsorganen die Thiere eintheilen, immer wird man etwas Fremdartiges in die vergleichende Anatomie bringen, und unwissenschaftlich zu Werke gehen, wenn man die Betrachtung der Formen aller Organe, von denen jedes seinen eigenthümlichen Entwickelungsgang hat, nach dem Nervensystem, oder Gefäfssystem u. s. w. eintheilt. Es wird dadurch ein unübersehbar grofser Stoff in eine unpassende Form gezwängt, und die Uebersicht nicht erleichtert.

Wenn man dagegen auf die angegebene Weise systematisch verfährt, kann Vieles in engen Raum gedrängt werden, indem die wesentlichen Merkmale einer jeden Sammlung von Formen neben einander stehen, gleichviel welcher Klasse die Thiere angehören, in denen sie sich finden.

§. 63.

VIII. Die gröfsere oder geringere Vollkommenheit eines lebenden Körpers wird vorzugsweise durch die Energie seiner eigenthümlichen Lebensausserungen bestimmt, die eines Thieres also durch die Energie der thierischen Lebensäusserungen. Die anatomischen Merkmale der Vollkommenheit haben zwar an sich auch Beweiskraft, aber es ist eine untergeordnete, denn wir betrachten den zusammengesetztesten Bau nur dann als den vollkommensten, wenn mit ihm die vollkommensten Lebensäusserungen verbunden sind, und würden den einfachsten für den vollkommensten halten müssen, wenn mit ihm die höchste Lebensthätigkeit verknüpft wäre.

§. 64.

IX. Unter den thierischen Kraftäusserungen ist unbezweifelt die Nerventhatigkeit mit den geistigen Erscheinungen die höchste, und also derjenige Organismus der vollkommenste, dessen sammtliche Organe eine möglichst freie und hohe Thatigkeit des Nervensystems bewirken, dem Nervensystem am meisten untergeordnet sind.

Anm. 1. Es ist also im Allgemeinen die Ausbildung des thierischen Characters, der Empfindungs- und Bewegungsthätigkeit, nicht die Aehnlichkeit mit der menschlichen Form, wonach wir die Stufe der Vollkommenheit eines Thieres beurtheilen. Nicht die flügellosen Weibchen mancher Insecten, sondern die gefiugelten Männchen sind vollkommner, obgleich jene menschenahnlicher geformt sind, als diese.

Anm. 2. Nach dieser Ansicht können die Mantelthiere (Mollusca Cuv) nicht für vollkommner, als die Insecten gehalten werden, weil jene ein dem menschlichen ähnlicheres Blutgefässsystem haben. Die weit vollkommnere Sinnen-, Geistes- und Bewegungs-Thätigkeit stellt die Insecten hoch über die meisten Mantelthiere, ohne dafs man ihr Luftgefässsysem in Anschlag zu bringen nöthig hat.

Anm. 3. Einzelne Organe können daher bei niederen Thieren viel vollkommner seyn, als bei dem Höchsten, welches sich dagegen durch **die geistigste Beziehung aller Organe** auszeichnen mufs. Das Auge des Falken, das Gehör des Rehes, der Geruch des Hundes sind an sich ungleich vollkommner, als die des Menschen, allein im Umfange der Eindrücke, die sie im Gehirn bewirken, bleiben alle Sinnorgane der Thiere weit hinter denen des Menschen zurück. Ebenso werden seine Bewegungen wohl in verhältnifsmäfsiger Kraft, aber nicht in geistiger Beziehung, wie sie die Sprache darbietet, übertroffen.

§. 65.

X. Die höhere Stufe der Vollkommenheit eines jeden Organs bei verschiedenen Thieren zeigt sich: 1) in **der Verrichtung**: jemehr dieselbe gewissen Centraltheilen untergeordnet ist (Herz, Gehirn); 2) in der **gröfseren Zahl der verschiedenartigen Theile**, welche das Gewebe desselben bilden (§. 58.); 3) in der **verhältnifsmäfsig gröfseren Bildung** der Centraltheile gegen die daraus entspringenden peripherischen; 4) in **der Mischung** dadurch, dafs sie sich bei den vollkommneren Thieren immer mehr von den Verhältnissen in der unorganischen Natur und den Pflanzen entfernt.

Anm. 1. Alle Organe werden in dem Grade ihrer Ausbildung abhängiger von Gehirn und Herzen, und concentriren sich zugleich selbst mehr aus einzelnen gleichartigen Theilen zu Ganzen (S. *Meckel* über den Character der allmähligen Vervollkommnung der Organisation, in den Beiträgen zur vergl. Anat. II. p. 61.) Hierin zeigt sich wohl die Vervollkommnung des Lebendigen, aber nicht der Character des Lebens überhaupt, wie ihn *Mayer* angiebt (deutsches Archiv für Physiologie III. p. 92.) denn den einfacheren Organismen fehlen alle Centraltheile.

Anm. 2. Die Masse des Gehirns nimmt im Verhältnifs zum Rückenmark und den aus beiden entspringenden Nerven vom Menschen an abwärts ab, ebenso die Masse des Herzens.

Anm. 3. Es ist zu bedauern, dafs wir noch keine durchgehende Vergleichung der Mischung irgend eines Organs durch die Hauptabtheilungen der Thiere besitzen; doch deuten viele einzelne Thatsachen den obigen Satz an, wie z. B. die fast unorganischen, krystallartigen und bald absterbenden Ablagerungen kohlensauren Kalkes in den meisten niederen Thieren, an deren Stelle bei den höheren die durchaus lebendige, faserige Knochenbildung mit meist phosphorsaurem Kalk tritt. Die brennende Hautaussonderung der Seeblasen und Meernesseln, und die Giftabsonderung bei den niederen Thieren überhaupt gehört ebenfalls hieher.

§. 66.

XI. Die Vergleichung mufs mit den einfachsten Formen der Organe anfangen, zu den zusammengesetzteren fortschreiten, und mit der vollkommensten endigen.

Zwar läfst sich für die ältere und gewöhnlichere Methode, mit dem Menschen anzufangen, und zu den unvollkommneren Bildungen herabzusteigen, besonders das sagen, dafs man in der menschlichen Anatomie am weitesten ist, von ihr alle oder die meisten Benennungen hergenommen hat, und sie also auch als historische Grundlage des Ganzen betrachten mufs. Für die entgegengesetzte Methode sprechen aber die wichtigeren Gründe: 1) dafs die einfacheren Formen die leichter verständlichen sind, und die Kenntnifs derselben zur richtigen Erklärung der zusammengesetzteren nothwendig ist; 2) dafs man auf diese Weise denselben Weg verfolgt, den die Natur beim Hervorrufen ihrer vielgestaltigen Gebilde eingeschlagen zu haben scheint. Denn theils unterliegt es keinem Zweifel, dafs die unvollkommneren Thiere früher als die vollkommneren existirt haben, da nur von jenen versteinerte Reste in den ältern, von diesen nur in den neueren Gebirgsarten, und von den vollkommnesten gar keine eigentliche Versteinerungen gefunden werden; theils ist es überhaupt wahrscheinlicher, dafs die Natur von jeher in einem beständigen Fortschreiten von dem Roheren und Einfacheren zu dem Höheren und Vollkommneren begriffen sey, als dafs sie den entgegengesetzten Weg eingeschlagen habe. (S. meine Abhandlung de primordiis systematis ossium. Halae 1818. p. 6.)

Anm. 1. Die ältere Methode war bis auf die neueste Zeit die einzig mögliche, denn die einfacheren Formen aller Organe waren bis zum Ende des vorigen Jahrhunderts so wenig bekannt, und die Anatomie der niederen Thiere auf einer so unvollkommnen Stufe, dafs man Bedenken tragen mufste, mit dem schwächsten Theile der Wissenschaft anzufangen. Die riesenmäfsigen Fortschritte der vergleichenden Anatomie in den letzten 30 Jahren haben den naturgemäfsen Weg möglich gemacht.

Anm. 2. Ein unvermeidlicher und bedeutender Nachtheil der vom Menschen absteigenden Methode ist der, dafs man in dem ganzen Reichthume thierischer Formen fast nur Verkrüpplungen und Verkümmerungen der edleren menschlichen Bildung sieht, eine unwürdige und gewifs falsche Ansicht. So sagt selbst Cuvier, der übrigens jede voreilige Meinung zu vermeiden weifs, von dem Schuppentheil des Schlafbeins:

schon im Menschen zeigt die Schuppennath, daſs dieser Knochen aus der Reihe der Schädelknochen herausgedrängt werden werde.

Anm. 3. Die unverkennbare Aehnlichkeit der niedrigsten und in Beziehung auf das Alter unseres Planeten fruhesten thierischen Organisationen mit dem fruhsten Embryozustande der höhern Thiere, so wie das ähnliche Fortschreiten in der Entwickelung der Letzteren und des ganzen Thierreichs sind bedeutende Thatsachen fur den obigen Satz. So wenig man bei der Erklärung der Pflanzenbildung bei der Blüthe anfangen, und alle übrige Theile als Abänderungen und Verbildungen der Bluthe darstellen kann, sondern der Entwickelung des Keims bis zum vollkommensten Gebilde folgt, so lasse man auch den Menschen aus seinen vielfachen Wurzeln emporwachsen.

§. 67.

XII. Vielleicht lassen sich am passendsten drei verschiedene Bildungszustände der Organe annehmen. Es ist nämlich die Form entweder durch eine deutliche Annäherung an den vollkommneren Zustand bestimmt, die aufsteigende Entwickelung, die sich aus einer vorhergegangenen unvollkommneren erklart; oder es waltet das Streben vor, die erlangte höhere Form für den Wirkungskreis eines Thiergeschlechtes und einer ganzen Klasse möglichst auszubilden, und in den manchfaltigsten Gestalten passend zu machen, ohne daſs eine Annaherung an die menschliche Form statt findet, die Vermanchfaltigung. Diese beiden sind die häufigsten Bildungszustände. Selten scheint aber auch ein Rückschreiten einiger Organe von einer höheren

Stufe statt finden zu können, die **Rückbildung**, die sich auf eine vorhergegangene vollkommnere stutzt.

Anm. Ich habe diesen Satz mit einem **Vielleicht** hingestellt, weil mir die dafur anfuhrbaren Beweise noch nicht genugen, und weil überhaupt von diesem Stoffe der Schleier nicht leicht gehoben werden kann, folgende Beispiele durften jedoch wenige Einwürfe zulassen: Die Augen der meisten Mantelthiere, Fische und Amphibien sind aufsteigende Formen zur Bildung des Vogel- und Säugethier-Auges, wo, wie bei den Insecten eine Vermanchfaltigung statt findet, aber die Augen des **Maulwurfs** und der **Maulwurfsratten** unter den Säugethieren, des **Caledon** (Proteus), der **Coecilia** und **Typhlops** unter den Amphibien, und des **Ammocoetes** unter den Fischen sind Rückbildungen aus vorhergegangenen vollkommneren Zuständen.

§. 68.

XIII. Es können daher auch nur die Hauptabtheilungen der Bildung eines jeden Organs, als im Grade der Vollkommenheit verschieden, übereinander gestellt werden. Die meisten Unterabtheilungen begreifen Abanderungen jener Hauptstufen, bei denen sich eine Erhebung über, oder ein Sinken unter dieselben nicht deutlich wahrnehmen lafst, sondern häufig nur der Einflufs der verschiedenen Lebensarten, und oft auch dieser nicht, so dafs man nicht im Stande ist, den Sinn eines Jeden der vielen Gebilde zu fassen, bei deren Hervorbringung die Natur sich in der verschiedenartigsten Erreichung ihres Zweckes gefallen zu haben scheint.

Zweiter Abschnitt.

Vergleichung der Thiere, Pflanzen und Mineralien.

§. 69.

Die Thiere und Pflanzen unterscheiden sich als organische Körper, Organismen, von den unorganischen Körpern, den Mineralien und anderen einfachen Verbindungen der Elementarstoffe am allgemeinsten und wesentlichsten dadurch, daſs sie Theile besitzen, welche gewisse Stoffe aus der Umgebung mit Auswahl aufnehmen, und in ihre Natur verwandeln, verähnlichen (assimiliren,) das Unbrauchbare aber mit dem Verbrauchten wieder ausstoſsen.

Diese Theile heiſsen Organe (Werkzeuge), der Körper, der sie hat, Organismus, und die Erscheinung, die sie hervorbringen, der Stoffwechsel.

Anm. 1. Dieser anatomische Unterschied ist ganz durchgreifend, auch die einfachsten Organismen, die Aufguſs-Thiere und Pflanzen haben wenigstens zwei solche Werkzeuge zur Aufnahme, Verähnlichung und Ausstossung, die Haut und das davon eingeschlossene Gewebe, wodurch sie wachsen, und das Wasser, so wie die darüber stehende Luft verändern. Die Haut mit allen ihren Fortsätzen nach Innen ist aber noch in den vollkommensten Thieren und Pflanzen das Hauptorgan des Stoffwechsels.

Anm. 2. Wie in den Aufguſs-Thieren geht in den gröſseren und zusammengesetzteren diese beständige Veränderung der

Materie ebenfalls durch die ganze Masse, indem nicht blos die zur Aufnahme von Aussen vorzugsweise bestimmten Organe, sondern jedes Elementartheilchen, das ihm von der nächsten Umgebung Dargebotene aufnimmt und Anderes ausstöfst.

J. S. Doutrepont Ueber den Wechsel der thierischen. Materie; in *Reil's* Archiv IV. p. 460.

§. 70.

Die einzige Erscheinung in der unorganischen Natur, welche mit der Gestaltung organischer Körper einige Aehnlichkeit hat, ist der Krystallisationsprozefs, den man nicht ganz passend als eine äufsere und zufällige Anlagerung der einzelnen Theilchen dem organischen Wachsthum, als einer Anlagerung von Innen heraus, allgemein gegenüber stellt. Zwar wird aller Stoff von den Organismen in ihr Inneres aufgenommen, bevor er zur Vergröfserung ihrer Organe dient; aber in jedem einzelnen Theilchen selbst kann die Vergröfserung nur durch eine aussere Anlagerung des neuen Stoffes (wie beim Krystall) geschehen, nachdem er, wenn eigene Organe dazu da sind, durch diese vorher an die Stelle seiner Bestimmung geführt ist. Hierin also ist keine wesentliche Verschiedenheit; aber darin ist sie, dafs weder im Augenblick der Krystallisation, noch nach abgeschlossener Bildung, jemals eine Aussonderung von verbrauchter Substanz statt findet, wenn man ja etwas der Verähnlichung analoges darin finden will, dafs die einzelnen krystallisirenden Theilchen durch den schon gebildeten. Theil des Krystalls bestimmt werden können, dieselbe Form anzunehmen.

Anm. Man mag in der Durchführung der Aehnlichkeit beider Processe so weit gehen, als man will, für den jetzigen Stand unserer Kenntnifs bleibt es thatsächlich, dafs nur für die beiden ersten Factoren des Stoffwechsels, Aufnahme und Verähnlichung, nicht für den dritten, die Ausstossung des Verbrauchten, etwas Analoges in der Krystallisation gefunden werden kann.

Viele Maschinen nehmen Stoff auf, und stossen ihn verbraucht und verändert wieder aus, aber sie machen ihn nie ihrer eigenen Substanz ähnlich, verwandeln ihn nicht in ihre Natur.

§. 71.

Diese allgemeinste eigenthümliche Kraftäusserung aller organischen Körper, der Stoffwechsel, heifst in Verbindung mit vielen anderen, die sich weniger allgemein, in gröfseren und kleineren Abtheilungen der Organismen finden, das Leben. Sie wird ihrer Selbstständigkeit wegen von allen übrigen Kraftausserungen in der Natur, den physischen und chemischen, unterschieden, die im Gegensatz mit jener todte genannt werden.

Anm. Dieser Gegensatz ist bis jetzt nicht gehoben, wenn man dem allgemeinen prosaischen Sprachgebrauche treu bleibt, wonach zwischen Leben und Kraft, und zwischen Tod und absoluter Unthätigkeit ein Unterschied gemacht wird. Am grellsten zeigt sich der Gegensatz durch den Tod des Lebenden und die damit verbundene Umänderung der Thätigkeiten.

§. 72.

Leben ist ein Zusammenwirken von Kraften, wodurch eine flüssige Masse eigenthumlich geformt, und dadurch in den Stand gesetzt wird, diese Form nicht nur gegen den Einfluſs der todten Krafte in einem gewissen Grade zu schützen, sondern dieselben durch Stoffwechsel zu seiner Ausbildung auf eine bestimmte Stufe zu benutzen, nach deren Erreichung jenes Zusammenwirken schwächer wird, bis es mit der überwiegenden Einwirkung der todten Krafte im Tode endigt.

Anm. 1. Ich sage „ein Zusammenwirken von Kräften," weil ich mich nicht entschliessen kann, die höchst verschiedenen Thätigkeits-Aeusserungen der Organe in ein und demselben Körper, und in verschiedenen Zuständen und Altern desselben, einer einzigen, oder zwei mit einander streitenden Grundkräften zuzuschreiben, und eine einzige Lebenskraft anzunehmen. Zwar ist in den vollkommneren Thieren, aber auch nur in diesen, ein Vorwalten besonders zweier Thätigkeiten, nämlich des Gefäſs- und Nerven-Systems, uber die übrigen, nicht zu leugnen; aber es fragt sich, ob in diesen Systemen die Quelle aller Lebensthätigkeit zu suchen, und die übrige Masse des Organismus fur an sich todt zu halten sey, oder ob sie sich nicht vielmehr mit Hohlspiegeln vergleichen lassen, die die auffallenden parallelen Strahlen in einen Brennpunkt vereinigen, und die von diesem ausgehenden parallel zurückwerfen.

Anm. 2. Es ist nicht blos die Widerstandskraft der Alten, worin die Unabhängigkeit lebender Körper von den allgemeinen Agenten der Natur besteht, sondern die todten Kräfte spielen eine sehr wichtige, aber dienende Rolle bei der Erhaltung des Lebens, das sie später selbst zerstören, sobald sie die Herrschaft bekommen. *Baco* sagt daher ebenso richtig als sinnreich: *„In omnibus animatis duo sunt genera spirituum; spiritus mortuales quales insunt inanimatis et superadditus spiritus vitalis.“* Historia vitae et mortis. Canon IV.

Anm. 3. Eine kritische Zusammenstellung der vorzüglichsten Definitionen von Leben, welche ich vor einiger Zeit in der hiesigen naturforschenden Gesellschaft vorgetragen habe, werde ich nächstens dem Druck übergeben.

Im allgemeinen läfst sich gegen die meisten Begriffsbestimmungen von Leben und Organisation einwenden, dafs sie blos auf den jugendlichen und gesunden Zustand passen, und eins der wesentlichsten Merkmale des Lebens, dafs es mit dem Tode endigt, auslassen. Dies Letztere ist so allgemein und ebenso der Erfahrung gemäfs, als irgend ein Anderes. Die Periode der Entwickelung, der Reife und der Abnahme sind gleichfalls mit dem Wesen aller lebenden Körper so unzertrennlich verbunden, so auszeichnend vor jedem unorganischen Körper, und zugleich in dem Grade schärfer hervortretend, als sich das Leben kräftiger und höher entfaltet, dafs sie in keiner Definition desselben fehlen dürfen.

Anm. 4. Dafs das Wachsen der lebenden Körper auf dem Festwerden und der Gestaltung flüssiger Masse beruhe, unterliegt keinem Zweifel; dafs es auch mit dem ersten Entstehen der Fall sey, ist nicht so unangefochten. Die Narbe im Vogelei wird für die feste Grundlage des Embryo gehalten, doch ist es wahrscheinlicher, dafs auch diese flüssig werde, ehe sie sich gestalten kann, wie es die Nahrungsmittel werden müssen, ehe sie zur Ernährung dienen können — wenn man nicht präformirte Keime annimmt — und in jedem Falle hat sich die Narbe aus Flüssigem gebildet.

§. 73.

Die Grundgestalt aller organischen Körper ist zu diesem Zwecke die Zelle, Blase oder Röhre, ein Behälter, der in der Regel mit Oeffnungen versehen ist, um aufzunehmen und auszustossen. Bei den Mineralien dagegen ist Solidität der Masse allgemein, und Blasen- oder Röhren-Bildung kommt nur zufällig vor.

Anm. Nur wenige Thierpflanzen, die den Uebergang zu den Mineralien bilden, machen hiervon eine Ausnahme, wie die *Nulliporen*, die aus einer fortwachsenden dichten Kalkmasse bestehen. Die meisten einfacheren Organismen bestehen blos aus Zellen oder Röhren, und in den vollkommneren behalten wenigstens die vorzüglichen Organe des Stoffwechsels diese Gestalt.

§. 74.

Aufserdem haben die meisten, vielleicht alle Organismen vor den unorganischen Körpern die Fähigkeit voraus, ihres Gleichen zu erzeugen, damit die Art nach ihrem Tode fortbestehe. Das Wesen dieses merkwürdigen Lebensactes besteht, so verschieden auch die Mittel dazu sind, immer darin, dafs ein Theil des zeugenden Organismus sich ablöst, und zu selbstständigem Daseyn entwickelt.

Anm. Die allgemeine Zeugungskraft der Natur reicht nur bei den einfachsten Organismen zu elternloser Zeugung (generatio spontanea) hin, und für diese ist die selbstständige Fortpflanzungsfähigkeit von so geringer Bedeutung, dafs sie Einigen vielleicht gänzlich fehlt, bei Anderen sich durch blofse Theilung des ganzen Körpers oder periodisches Sprossentreiben zeigt. Die über die unterste Stufe sich erhebenden Pflanzen und Thiere haben eigene Fortpflanzungsorgane.

§. 75.

Da die (§. 70 – 74) aufgeführten Lebenserscheinungen Thieren und Pflanzen gemein sind, das Pflanzenleben aber allein ausmachen, so hat man sie organische, vegetative oder pflanzliche Lebenserscheinungen, und diejenigen Organe der Thiere, welche sie vorzugsweise bewirken, Organe des Pflanzenlebens genannt. Dagegen heifsen die Erscheinungen, welche den Thieren ausschliefslich zukommen, nämlich Empfindung und willkührliche Bewegung, das thierische Leben, und die Theile, wodurch sie vorzüglich hervorgebracht werden: Organe des thierischen Lebens.

Anm. Diese jetzt ziemlich allgemein angenommene Eintheilung ist nicht ganz vorwurfsfrei, denn anatomisch läfst sie sich in den Thieren gar nicht durchführen, weil beide Thätigkeiten bei diesen überall im Organismus verschmolzen sind, und nur einige Hautproductionen, wie die Haare, Federn, Schuppen, Nägel und Hörner ein rein pflanzliches Leben, ohne alle Beimischung von Empfindung und Bewegung zeigen. Denn es vegetiren nicht nur alle Organe des thierischen Lebens, weil ihre Thätigkeit auf dem Stoffwechsel beruht, sondern alle Organe, die der Aufnahme und Aussonderung vorzugsweise bestimmt sind, haben zugleich Empfindungs- und oft auch Bewegungs-Vermögen. Uebrigens verdient diese Eintheilung desswegen den Vorzug in physiologischer Hinsicht, weil in dem Resultat aller Functionen der Gegensatz von pflanzlicher und thierischer Thätigkeit sehr deutlich ist, und sich mit dem Verstande leicht sondern läſst, was in Concreto vermischt ist.

§. 76.

Empfindung und willkührliche Bewegung sind die einzigen durchgreifenden Unterscheidungsmerkmale der Thiere von den Pflanzen, und die Schwierigkeit der Entscheidung in wenigen zweifelhaften Fällen beruht theils darauf, daſs es zuweilen auf den tiefsten Stufen nicht ganz klar ist, welche Bewegung Ausdruck der Empfindung und Willkühr, und welche blos Folge mechanischer Einflüsse oder bewuſstloser Reizempfänglichkeit ist; andern theils beruht sie auf dem gänzlichen Mangel eigener Empfindungs- und Bewegungs-Organe in den einfachsten Zoophyten, so daſs man bei einigen nur so lange sie leben darüber entscheiden kann, ob sie dem Thierreich oder dem Pflanzenreich angehören; ein allgemeines anatomisches Kennzeichen fehlt gänzlich.

Anm. 1. Schon hier bewährt sich, wie vorzüglich wichtig die Beachtung der Function in allen zweifelhaften Fällen ist. Wer sich nicht an die Empfindungs- und Willkührs-Aeusserungen hält, wird nie über die Gränze beider Reiche ins Reine kommen, ja es kann auſserdem gar keine Untersuchung über Infusorien statt finden. Die Bewegung des Ganzen und der einzelnen Theile ist hier das einzige Kriterium.

Anm. 2. Bei den einfachsten Thieren und Pflanzen verläſst uns die Anatomie, wir können in beiden kein Organ auſser der gemeinsamen Schleimmasse unterscheiden, oder doch nur wenige, und nicht die characteristischen: Muskel und

Nervenfaser. Ist es eine Pflanze, so wächst und stirbt — vegetirt — sie blos; ist es Thier, so zeigt die ganze Masse desselben aufserdem noch Empfindung und willkuhrliche Bewegung. Der von *Rudolphi* (Anatomie der Pflanzen. Berlin 1807. p. 25.) aufgestellte anatomische Unterschied, dafs die Pflanzen ein starres, zelliges Grundgewebe, die Thiere dagegen ein weiches, schleimiges haben, ist für die ausgebildeteren Thiere und Pflanzen sehr characteristisch, bei den einfachsten aber verschwindet er ganz.

§. 77.

Empfindung besteht in der Wahrnehmung von Eindrücken nach ihren verschiedenen Eigenschaften, besonders den angenehmen und unangenehmen. Sie kann nur aus willkührlicher Bewegung, d. h. solcher, deren Richtung im voraus nicht bestimmbar ist, erkannt werden, und der allgemeinste Ausdruck dieser ist die empfundene Lust oder der Schmerz, das Wohlbehagen oder Mifsbehagen. Auf diese Weise bedingen sich beide thierische Thatigkeiten, wenigstens für unser Erkenntnifsvermögen, wechselseitig. Nur in seltenen krankhaften Zustanden findet sich Empfindung ohne Bewegung und umgekehrt.

Anm. 1. Wenn man wie *Schweigger* (Naturgeschichte p. 67.) das Wesen der Sensibilität in „Mittheilung des Reizes durch die Substanz eines Körpers" setzt, so mufs man freilich diese Gränze der beiden Reiche umstossen, und den Pflanzen auch Sensibilität zuschreiben. Dann ist nicht blos die Mimosa pudica, deren untere Blätter zusammen fallen, wenn man eine obere Blüthe verbrennt (*Schweigger* l. c. p. 67.), dann sind alle Pflanzen, deren ganzer Korper von dem Reize des Lichtes durchdrungen wird, die wachen und schlafen, und sich damit an verschiedene Zeiten gewöhnen lassen (*Decandolle* Flore françoise I. p. 199. , als mit Empfindlichkeit begabt zu betrachten. Ja es würde nicht inconsequent seyn, hiernach jeden Magneten oder electrischen Leiter für sensibel zu erklären.

Uebrigens ist die Bewegung der Mimosen auf den ersten Blick weit thierischer als die zur Fortpflanzung gehörigen der Vallisnieria, Berberis, Impatiens oder die des Hedysarum, der Drosera und Dionaea. Man würde eine ähnliche Bewegung, wenn sie in Verbindung mit mehreren Merkmalen des thierischen Characters, z. B. bei einer Spongia, statt fände, für Folge der Empfindung halten. Da sich aber in der Mimosa der pflanzliche Character in Bau und Verrichtungen so unzweideutig ausspricht, so ist eine ihr inwohnende Empfindung höchst unwahrscheinlich.

Anm. 2. Ist in §. 76. und 77. der thierische Character richtig bezeichnet, so können auch solche Zoophyter, wie die Ceratophyta spongiosa Schweigger und die Nullipora informis Lamarck, nicht zu den Thieren gezählt werden. Denn Thiere, die blos wachsen, mit kaum oder gar nicht wahrnehmbarer Bewegung Wasser aufnehmen und ausstossen, ohne ein Zeichen von Empfindung zu geben, wenn sie mit Nadeln oder auf andere Weise gereizt werden, sind Pflanzen, wie jede Andere. Die Gattungen Spongilla Lam., Achilleum Schw., Tragos Schw. und Scyphia Oken sind ganz bewegungslos, Manon Schw. Tethya Lam. und Geodia Lam. zeigen einen kaum merklichen und durch äufsere Reizung unabänderlichen Wechsel von Contraction und Expansion. Ihre Fotpflanzung, wenn sie eine haben, gleicht ganz der der Tremellen und Flechten, vermittelst durch die ganze Masse des Körpers zerstreuter Körner. S. *Schweigger* l. c. pag. 370 — 82. und *Olivi* Zoologia adriatica. Bassano 1792. p. 209—94.

§. 78.

Weniger allgemein, und nur auf Organismen mit ausgebildetem thierischen und pflanzlichen Character passend sind folgende Unterschiede:

1) Die meisten Thiere haben eigene für Empfindung und Bewegung bestimmte Organe, die äufseren Sinnorgane, das Nervensystem und die Muskeln.

2) Für die willkührliche Bewegung, besonders für die Ortsveränderung haben die meisten Thiere freie äufsere Bewegungswerkzeuge, Füsse, Flügel und Flofsen. Doch mangeln auch Thieren aus obern Klassen alle aufsere Bewegungswerkzeuge.

3) In Beziehung auf Ernahrung unterscheiden sich alle über den Zoophyten stehende Thiere a) durch die Bildung eines einfachen, mit einem Munde, und fast immer auch mit einer entgegengesetzten Afteröffnung, versehenen Nahrungskanals von den vollkommneren Pflanzen, bei denen eine grofse Menge solcher Kanäle und aufnehmenden Oeffnungen vorhanden ist; b) durch die Nahrung von organischen Substanzen, die Pflanzen nähren sich dagegen vorzugsweise von einfachen unorganischen Stoffen.

4) Das Athmen der Thiere besteht in Aufnahme von Sauerstoff aus der athmosphärischen Luft, und Ausstossung von Kohlenstoffsaure und Wasser durch die Haut und eigene Respirationsorgane, das der Pflan-

zen umgekehrt bei Tage in Aufnahme von Kohlenstoff aus der Luft, wodurch der Sauerstoff der vorhandenen Kohlensäure frei wird.

5) Zur Fortpflanzung haben die meisten Thiere dauernde Geschlechtstheile, die bei einer mehrmaligen Begattung und Zeugung gebraucht werden können. Bei den Pflanzen, welche Geschlechtstheile haben, sind diese immer nur zu einer einmaligen Begattung und Zeugung fahig; nach dieser stirbt entweder die ganze Pflanze oder wenigstens das Zeugungsorgan.

6) Der chemische Unterschied der Thiere und Pflanzen ist ziemlich unbestimmt; doch herrscht im Allgemeinen in der Mischung der meisten thierischen Theile der Stickstoff, in der der meisten vegetabilischen der Kohlenstoff vor. Ferner leiten die thierischen Theile die Electricitat gut, die vegetabilischen schlecht.

7) Hinsichtlich der äufseren Gestalt zeigen die Thiere eine weit bestimmtere Zahl von Theilen; die Pflanzen dagegen änderen ihre aufsere Gestalt beständig, indem ihre Theile bald zu- bald abnehmen, ihr Wachsen ist überhaupt mehr ein äufseres Hervortreiben neuer Theile, während bei dem Wachsen der meisten Thiere, die frühsten Perioden ausgenommen, blos die schon vorhandenen Theile sich vergröfsern. Hiervon machen bei den vollkommneren Thieren nur einige blos vegetirende Theile eine interessante Ausnahme; die Federn Haare und Geweihe haben eine ähnliche unbeständig

Existenz wie die Blüthen, Blätter und kleineren Zweige der meisten baumartigen Pflanzen.

Anm. 1. Die Pflanzen haben durchaus nichts den Sinnen, Nerven und Muskeln Analoges. Die Spiralgefasse können zwar durch Ausdehnung und Zusammenziehung partielle Bewegung hervorbringen, (*Schweigger* Naturgeschichte p. 50.) aber diese hat den starren Character des Pflanzenbaues, und gleicht mehr Elasticitätswirkungen, als der geschmeidigen thierischen Bewegung.

Uebrigens haben viele Thiere aus den unteren Klassen nur partielle Bewegung; das Vermögen den Ort zu verändern, die totale Beweglichkeit ist in verschiedenen Abstufungen ein ausschliefsliches Vorrecht des gröfsten Theils des Thierreichs. Am ausgebildetsten ist es unstreitig in der Klasse der Insecten und Vögel.

Anm. 2. Der Unterschied durch Bildung eines Darmkanals bei den Thieren bleibt, wenn man auch die Gefäfse der Pflanzen nicht mit ihm, sondern mit den Gefäfsen der Thiere vergleicht, obgleich diese nur verarbeitete Säfte, jene aber, wie der Darmkanal, den rohen Stoff aufnehmen. Der Darm müfste dann der in das Thier hineingebildete nährende Boden der Pflanze genannt werden. Immer erscheint die Bildung des Thieres auch in diesen Theilen weit zusammengesetzter und zugleich vereinfachter durch Hervortreten von centralen Theilen.

Die sehr allgemeine Kothausleerung bei den Thieren ist ein mit der Darmbildung in Verbindung stehender (vielleicht noch in Zweifel zu ziehender) Vorzug.

Anm. 3. Die beiden Respirationsacte der Pflanzen, das Aufnehmen von Kohlenstoff im Licht und die Ausscheidung von Kohlensäure im Dunkeln, vergleicht *Schweigger* mit der Ein- und Ausathmung der Thiere; liefsen sich nicht beide Processe auch in dem gleichzeitigen Aufnehmen von Kohlenstoff durch die Blätter und Ausscheiden von Kohlensäure durch die Wurzeln, Stämme, Zweige und Blüthen finden? S. vorzüglich *Saussure* Chemische Untersuchung der Vegetation, übersetzt von Voigt. Leipzig, 1805.

Dieser Gegensatz in der Respiration ist fast allgemein; eine interessante Ausnahme machen jedoch die Schwämme, die nach *A. v. Humboldt* (Aphorismen aus der chemischen Physiologie der Pflanzen. Leipzig 1794. p. 107. 122.) im Licht und Dunkeln Wasserstoffgas ausscheiden.

Anm. 4. Als Ausnahme von dem angegebenen Fortpflanzungs-Unterschiede werden in der Regel die Insecten angeführt, die nur einer Begattung und Fortpflanzung, wie die einjährigen Pflanzen, fähig seyn sollen; indessen ist diese Uebereinkunft mit den Pflanzen keineswegs so genau. Die meisten Insecten begatten sich mehrmals, wie man an Fliegen, Schmetterlingen, Käfern mit einiger Aufmerksamkeit beobachten kann, ja sie pflanzen sich selbst mehrmals fort, wenn sie mehrere Jahre leben, wie es von der Bienenkönigin bekannt ist.

Anm. 5. Bei den vollkommneren Thieren zeigt sich ein späteres Hervorwachsen äufserer Theile, nachdem die Umrisse des Ganzen einmal gebildet sind, nur noch in einigen mit der Geschlechtsfunction in Verbindung stehenden pflanzenähnlichen Theilen; beim Menschen namentlich im Wuchs des Bartes, der Scham- und Achsel-Haare.

§. 79.

Die im vorigen §. angegebenen nicht ganz allgemeinen Unterschiede sind zugleich die Punkte, in welchen die auffallendsten Berührungen und Uebergänge zwischen beiden Reichen statt finden.

In den einfachsten Pflanzen verschwindet der zellige Bau und die Hauptmasse wird schleimig. In dem Stamm der Seefeder finde ich dagegen ein sehr regelmäſsiges, festes pflanzenähnliches Zellgewebe.

Das Vermögen den Ort zu verändern fehlt, auſser den im ganzen Habitus so pflanzenähnlichen Korall-gewächsen, auch vielen Mantelthieren und Ringelwürmern.

Die Korallen treiben eine Sprosse nach der Andern, wie die Pflanzen, und ebenso keimen im Embryo der höchsten Thiere die Extremitaten aus dem Stamme hervor.

Die unvollkommensten Thiere nehmen, wie die einfacheren Pflanzen, an der ganzen Oberflache Nahrung auf, ohne daſs bestimmte Oeffnungen dafür vorhanden wären; und ebenso ist es mit ihrem Athmen, das bei den grünen Thieren der *Priestley*schen Materie sogar durch Abscheidung von Sauerstoff im Licht und Dunkeln sich äussert, wie es bei den Pflanzen unter Einwirkung des Lichtes allgemein geschieht.

Hinsichtlich der Fortpflanzung findet bei den niedern Thieren die gröſste Uebereinkunft mit den Pflanzen statt. Die Vermehrungen durch freiwillige oder zufallige Theilung, durch Bildung Knollen-, Knospen- und Zwiebel- ähnlicher Eier ohne Befruchtung durch verschiedene Geschlechtstheile, sind rein vegetabilische Fortpflanzungsarten ohne thierischen Act, die von den Infusorien bis zu den Mantelthieren sehr allgemein vorkommen. S. *L. C. Treviranus* von der Entwickelung des Embryo und seiner Umhüllungen im Pflanzeney.

Berlin, 1815. und *Schweigger's* Naturgeschichte p. 17 – 49. Einen interessanten Beweis für die Analogie des Wachsens der Korallen mit dem der Pflanzen lieferte *Cavolini* durch den Versuch, Sertularien umzukehren, wobei die Wurzel Aeste mit Polypen trieb, wie die Wurzel umgekehrter Baume Blatter und Blüthen treibt. Abhandlungen über Pflanzenthiere. Nürnberg 1813. p. 72.

Dritter Abschnitt.

Charakteristik und Eintheilung der Organe.

§. 80.

Das Wort Organ wird in doppeltem Sinne gebraucht; im weiteren bedeutet es jeden zur Erhaltung des Lebens beitragenden und am Leben Theil nehmenden Bestandtheil des organischen Körpers, ohne Rücksicht auf Grösse oder Zusammensetzung. Im engeren Sinne bezeichnet man damit blos diejenigen aus den feinsten Bestandtheilen zusammengesetzten Massen, welche ein bei der Zergliederung in die Augen fallendes, abgeschlossenes Ganze bilden, das irgend eine Function für sich allein vollzieht.

Im weiteren Sinne ist das Blutkügelchen und die Sehnen- oder Muskel-Faser so gut ein Organ, als die Hand, die Haut und das Auge; im engeren Sinne unterscheidet man jene als Elementarbestandtheile, und diese als Apparate (aus mehreren, zu einer Gesammtfunction verbundenen Organen bestehende Ganze) von den einzelnen Organen, wie z. B. die Hornhaut, die Krystallinse, der Glaskörper, die Thränendrüse, jede Drüse, jeder Muskel mit seiner Sehne, jeder Knochen mit seiner Beinhaut u. s. w. Diese Unterscheidung lässt sich jedoch nicht streng durchführen, weil auch diese Organe bei fortgesetzter Zergliederung, wie die Apparate, aus mehreren Theilen zusammengesetzt erscheinen, welche Alle eine eigene Function vollziehen und selbst aus Elementartheilen zusammengesetzt sind. Es ist daher der weitere Begriff als der richtigere allein anzunehmen, und die Elementarbestandtheile sind als **einfache Organe**, deren Zusammensetzung durch verschiedene Grade bis zur Bildung der **Apparate** steigt, zu betrachten.

§. 81.

Die allgemeinste Eintheilung der einfachen Organe oder Formelemente ist die in **flüssige** und **feste**; die Ersteren enthalten immer einen oft bedeutenden und selbst bestimmt geformten Antheil fester Substanz beigemischt; die Letzteren dagegen enthalten Alle nach dem Grade ihrer Consistenz eine grössere oder geringere Menge Flüssigkeit.

Die festen sind:

1) **der Schleimstoff;**
2) **die darin sich bildenden Kügelchen, Fäden, Zellen und Blasen;**
3) **die Blut- und Lymph-Kügelchen;**

4) Die Milch-, Schleim- und Hautdrüsen-Kügelchen;

5) Die Pigment-Körper des Auges;

6) die Muskelfaser;

7) die Nervenfaser und das Nervenkügelchen;

8) die Sehnenfaser;

9) die Tracheenfaser und das Tracheenkügelchen;

10) die Gefässhautfaser;

11) das Knochenkorn, das Knochenblättchen und die Knochenfaser;

12) die Oberhaut- oder Horn-Substanz.

Die flüssigen Bestandtheile sind noch weit verschiedenartiger in den Thieren. Die wichtigsten sind:

1) Die Verdauungsflüssigkeiten: der Speichel, das Schlangen-, Spinnen-Gift und ähnliche, der Schleim, der Magensaft, die Galle, der Bauchspeichel und der Darmsaft.

2) die Ernährungsflüssigkeiten: der flüssige Theil des Blutes und der verschiedenen Lymphen, das Serum des Schleimgewebes und das Fett.

3) Die Empfindungsflüssigkeiten: Die Hautsalben und schleimigen Hautüberzüge der Thiere, das Ohrenschmalz, die Augenbutter, die Thränenfeuchtigkeit, der Nasenschleim, die wässerige und Glasflüssigkeit im Auge, das Labyrinthwasser und die Hirnhöhlenflüssigkeit.

4) Die Bewegungsflüssigkeiten: der Gelenkschleim, die Flüssigkeit der Schleimbeutel, und die

der serösen Haute; auch einige Vertheidigungsflüssigkeiten, wie das Bienengift, Scorpiongift und mehrere Andere, die besonders bei den Insekten vorkommen, ferner die Flüssigkeiten zu den verschiedenen Gespinnsten, zum Bart der Muscheln u. s. w. dürften hierher zu rechnen seyn.

5) Die Zeugungsflüssigkeiten: der männliche Same, die prostatische Flüssigkeit, die der Cowperschen Drüsen, der Moschus u. s. w.; die Flüssigkeit des Graafischen Bläschen, des Nabelbläschen, der Allantois, die Amniotische, die Flüssigkeit zwischen beiden Placenten, die Milch; der Eidotter, das Eiweiss und die aus beiden vermischte Flüssigkeit in den Eiern der niederen Thiere, endlich die schleimigen und klebenden Ueberzüge dieser Eier.

Die Auswurfsflüssigkeiten, wie der Harn, Schweiss, Haut- und Lungendunst, sind zwar organische Bestandtheile, so lange sie im Körper enthalten sind, aber keine Organe, da sie an keiner Function thätigen Antheil nehmen, obgleich ihre Ausstossung einen sehr wichtigen Einfluss auf die Erhaltung des Lebens hat.

Anm. 1. Die Eintheilung der Organe kann nach anatomischem oder physiologischem Princip geschehen; beide sind bei der gewöhnlichen in Knochen, Bänder, Muskeln, Gefässe, Nerven, Sinnorgane, Verdauungsorgane u. s. w. vermischt. Bichat war der Erste, der eine rein anatomische Eintheilung der Gewebe versuchte, er sonderte aber dabei nicht die einfachsten von den zusammengesetzten Organen, die er zusammen unter dem Namen tissus simples den vier-, sechs- und achtfachen Verbindungen derselben gegenüberstellt, welche er Organe nennt. *) Er führt 21 solche einfache Gewebe oder Systeme auf, die aber grösstentheils nicht einfache Elemente der Form sind, wie Wasserstoff, Sauerstoff u. s. w. in der Chemie. In dieser Beziehung ist die ältere *Haller*sche Angabe, obgleich unvollständig, weit richtiger; *Haller* nennt das Zellgewebe, die Muskelfaser und Nervenfaser als einzige Elementartheile des thierischen Körpers **). Noch mehr hat man sie in neuester Zeit auf einem ganz hypothetischen Wege reducirt, indem man nach *Gallini* ***) alle Theile aus Lamellen, nach *Pfaff* †) aus Fasern, Zellchen und ungeformter Verbindungsmasse, nach *J. F. Meckel* ††) aus Kügelchen und geronnener oder gerinnbarer Substanz, nach *Heusinger* †††) aus der Formation des formlosen Stoffs, der Kugel- und Blasen-Formation zusammengesetzt darstellt. Der Augenschein zeigt in allen vollkommneren Thieren weit vielfachere Elemente. Diese sind zum Theil schon richtig von *Fontana*, *Autenrieth* und besonders von *Rudolphi* angegeben, welcher in seiner Physiologie I. p. 71. folgende einfache feste Theile aufführt: das Zellgewebe, das Horngewebe, das Knorpelgewebe, das Knochengewebe, die Sehnenfaser, die Gefässfaser, die Muskelfaser, die Nervenfaser.

Anm. 2. Die Flüssigkeiten werden in der Regel sowohl in der Anatomie des Menschen im gesunden und kranken Zu-

---

*) Anatomie générale. nouvelle edit. par Béclard. Paris 1821. T. I. p. 48. — **) Elementa Physiologiae. T. I. pag. 22.

***) Betrachtungen über die neuen Fortschritte in der Kenntniss des menschlichen Körpers. Berlin 1794. p. 61.

†) Grundriss einer allgemeinen Physiologie und Pathologie. Koppenhagen, 1801. p. 61. — ††) Handbuch der menschlichen Anatomie. I. p. 4., und System der vergl. Anatomie. I. p. 43. — †††) System der Histologie. Erstes Heft. Eisenach 1822. p. 113. Dieses Werk verspricht die ausführlichste Vergleichung aller Gewebe zu werden.

stande, als in der vergleichenden Anatomie ganz übergangen; nichts desto weniger sind sie doch anatomische und sehr wichtige Bestandtheile, wenn sie sich auch nicht selbst zerschneiden lassen. Die physiologische Abtheilung derselben hat ihre Schwierigkeiten, weil die meisten mehrere Functionen haben; so sind z. B. Fett und Serum des Schleimgewebes wesentliche Erleichterungsmittel der Bewegung; aber ihr Antheil an der Ernährung ist wichtiger: doch ist sie immer noch anwendbarer, als die anatomische, nach dem Vorhandenseyn von Kugelchen und ähnlichen Körpern, oder dem Mangel derselben.

§. 82.

Der Schleimstoff, substantia mucosa, ist in den einfachsten Thieren der einzige, den ganzen Körper bildende Stoff und in den höheren die Grundlage, in welche alle übrige Elementartheile, mit Ausnahme der in Flüssigkeiten schwimmenden Kügelchen, entweder eingesenkt, oder durch welche sie wenigstens, wenn sie an der Oberflache liegen, mit den benachbarten verbunden sind, er bildet daher einen bedeutenden Bestandtheil aller zusammengesetzteren Organe. Er enthalt bei den vollkommneren Thieren ausser Gallerte Faserstoff bei den niederen Eiweiss; von ihm nehmen die übrigen Elementartheile in allen Thieren ihren eigenthümlichen Nahrungsstoff, und setzen in ihn das Verbrauchte ab. Er ist in den niederen Thieren mit allen Eigenschaften des thierischen Lebens begabt, zugleich Ernahrungs-, Empfindungs- und Bewegungs-Organ; in den höhern verliert er die Empfindlichkeit im gesunden Zustande ganz, und die Bewegungsfahigkeit beschränkt sich auf eine unbedeutende Contractilität, aber er bleibt Hauptorgan des Stoffwechsels.

In ihm zeigen sich bei den niedern Thieren meist etwas ovale, bei den höheren mehr rundliche Körperchen, wozu, die einfachsten Thiere ausgenommen, an vielen Stellen auch Bläschen kommen, welche eine abgeschiedene Flüssigkeit von wässriger oder fettiger Natur enthalten, und — wenn sie sich drängen — eckig werden und Zellen bilden. Auf diese Weise entstehen die Zellen, nicht aus aneinander gefügten und sich kreuzenden Lamellen, wie man häufig behauptete. *) Bei vermehrter Consistenz nimmt endlich der Schleimstoff auch bleibend die Gestalt von Fäden und Röhren an; jene sind von *Fontana* **) als geschlängelte ursprüngliche Cylinder, von *G. R. Treviranus* ***) als Elementarcylinder beschrieben, und scheinen der Sitz der Contractilität zu seyn; diese sind die feinsten Theile des Gefässsystems. Alle diese Stoffe, meist in Verbindung mit lymphatischen und Blutgefässen, bilden das Zellgewebe oder Schleimgewebe, das sich in den einfachsten Thieren und im zartesten Embryo nicht findet, sondern als ein zusammengesetztes Organ erst bei fortschreitender Entwickelung entsteht.

---

*) z. B. *Cuvier* im Artikel Animal im 2ten Bde des Dictionnaire des sciences médicales. p. 146.

**) Abhandlung über das Vipergift. Aus dem Französ. Berlin 1787. p. 389.

***) Vermischte Schriften. Bd. I. p. 125.

Anm. *Treviranus* beobachtete, dafs das flüssige Eiweifs, wenn man es zur Gerinnung bringt, die Gestalt von kleinen Kügelchen annimmt, diese nimmt er, in Verbindung mit den Elementarcylindern des Schleimgewebes, als die einzigen Elemente aller festen Bestandtheile aller thierischen Körper an, a. a. O. p. 133—34. Hierbei hat den sonst trefflichen Beobachter ein zu grofses Reductionsbestreben stark getäuscht.

§. 83.

Dieses Schleimgewebe der erwachsenen vollkommneren Thiere ist nicht blos das Bindemittel der meisten Elementartheile zu zusammengesetzteren Organen und ganzen Organismen, sondern einige der ersteren bestehen ganz, oder dem wesentlichsten Theile nach, daraus, nämlich folgende: die Lederhaut, die Schleimhäute, die serösen Häute, die Synovialhäute, die Gefäfshäute mit Ausschlufs der Faserhaut, die Knorpel mit Ausschlufs der Faserknorpel, die eigenthümliche Substanz jeder Drüse, die electrischen Organe der Fische, die Leuchtorgane und der Fettkörper der Insekten. Das allgemeine Verhältnifs dieser Theile wird weiter unten angegeben werden.

Anm. In diesen verschiedenen Zuständen zeigt das Schleimgewebe eine grofse Menge feinerer und gröberer qualitativer Verschiedenheiten, besonders in Beziehung auf die Kugeln, Fasern, Bläschen oder Zellen und die darin oder in seiner ganzen Substanz enthaltene Flüssigkeit, nicht allein jedes Organ desselben Individuums hat sein eigenthümliches Schleimgewebe, sondern bei verschiedenen Individuen derselben Species, Gattung, Familie u. s. w. finden sich geringere und bedeutendere Verschiedenheiten, wie die specielle Betrachtung der einzelnen Organe zeigt.

§. 84.

Das Schleimgewebe der Würmer mit Ausnahme einiger Mantelwürmer, ferner das sämmtlicher Panzerthiere besteht entweder blos aus gleichförmiger Masse, oder aus dieser und darin enthaltenen Kügelchen; die Bildung des Fettkörpers vieler Panzerthiere zeigt den Anfang der Zellenbildung durch weit von einander entfernte ovale Bläschen. Die Schleimfaserbildung tritt deutlich in der Haut der bauchfüssigen Mantelwürmer (z. B. *Limax*) und der kopffüssigen hervor.

Das Schleimgewebe der Fische und Amphibien ist da wo es sich zu Häuten gestaltet reichlich mit Fasern durchwebt, wo es die Zwischenräume der Organe ausfüllt, fehlen diese. In den Vögeln und Säugethieren ist die Schleimgewebsfaser vorherrschend entwickelt, und besonders elastisch und fest in den Vögeln; so finde ich sie sehr deutlich in der Gans, zwischen dem Oberschenkel und Thorax; diese ziehen sich, unter dem Mikroscop ausgedehnt, auf das vorige Volumen ohne Runzelung zurück.

Anm. Die Unterscheidung der Schleimgewebsfasern von den Muskelfasern ist bei den niedrigen Thieren schwierig, weil die letztern häufig nicht zu bündelförmigen Massen, wie bei den höhern Thieren, vereinigt, und farblos sind. Ich habe die parallel oder fast parallel laufenden Fasern, selbst wenn andere Kennzeichen mangelten, überall für Muskeln genommen, die unregelmäfsig durcheinander geworfenen dagegen für Schleimgewebsfasern, weil ich bei jenen ein Merkmal der Muskelfaser, die gerunzelte Oberfläche, zuweilen, bei diesen niemals gesehen habe, und weil die parallelen Fasern, wenn sie sich zusammenziehen, einem Muskelbauche ähnlich wirken, die verworrenen Fasern aber die Contraction des Schleimgewebes hervorzubringen scheinen.

Eine Vergleichung des Schleimgewebes in den verschiedenen Thieren hat neuerlichst *Heusinger* im 2ten Hefte seiner Histologie gegeben.

§. 85.

Von den Schleimgewebe-Kügelchen wesentlich verschieden sind die Blut- und Lymph-Kügelchen. Sie bestehen, besonders die Blutkügelchen deutlich, aus einer doppelten Substanz, dem Kern und der Schale. Der Kern ist immer kugelförmig und wahrscheinlich von festerer Substanz als die Schale, welche häufig, z. B. bei *Salamandra maculata* sehr auffallend, eine verschiedene Gestalt hat, wovon die Form des ganzen Blutkügelchens herrührt. Dieses ist meistens kugelig oval oder wickenförmig, wie beim Menschen und den meisten Säugethieren und Fischen, nach *Rudolphi* auch beim Taschenkrebs (*Pagurus*); oder mehr plattgedrückt (zwischen linsenförmig und kugelig, in der Mitte mit einer vom Kern herrührenden Erhabenheit), so bei den Vögeln und Amphibien. In den Schmetterlingen, Raupen, Flufskrebs und Schnecken ist die Gestalt fast linsenförmig, ohne deutlich wahrnehmbaren Kern.

Die Gröfse ist sehr verschieden; nach Rudolphi gehen von den Blutkügelchen der *Salamandra maculata*

700,000 auf die Fläche eines Quadratzolles; von gleicher Gröfse finde ich die des *Triton cristatus* und des *Flufskrebses.* Noch gröfser sind sie nach *Rudolphi* beim *Caledon* (Proteus) und nach *Hewson* bei *Raja;* etwas kleiner beim Frosch. Bei den Fischen rechnet *Rudolphi* 4,000,000 auf den Quadratzoll; die des Hechtes scheinen mir im Durchmesser $\frac{1}{3}$ von denen des Salamanders zu haben, es würden also 6,300,000 auf die Fläche eines Zolles gehen; von gleicher Gröfse sind sie aus dem Rückengefafs von *Sphinx Atropos*, um $\frac{1}{3}$ gröfser aus der Raupe des *Papilio Machaon.* Etwas gröfser als beim Hecht finde ich sie bei *Lacerta viridis*, bei der Gans ungefahr gleich grofs. Nach *Prevost* und *Dumas* sind sie bei den Vögeln im Allgemeinen elliptisch und in der Gröfse wenig verschieden; bedeutend kleiner und kugelig sind sie bei den Saugethieren, und zwar so, dafs von den menschlichen, die $\frac{1}{3000}$ — $\frac{1}{3500}$ Zoll im Durchmesser haben, 9,000,000 die Flache eines Quadratzolles füllen; die kleinsten sind die der Ziege, im Durchmesser $\frac{1}{2}$ der menschlichen, $\frac{2}{3}$ haben die der Gemse und nach *Magni* die des Eichhörnchens, $\frac{3}{4}$ die des Schafes, Pferdes und Stiers; gröfser als die des Menschen sind die der *Simia sabaea* nach *Prevost* und *Dumas.*

Ungeachtet der Kleinheit ist die Masse der Blutkügelchen in den warmblütigen Wirbelthieren weit gröfser als in den kaltblütigen, und das Blut der Panzerthiere und Würmer enthält sie nur einzeln.

Ihre Farbe ist beim Flusskrebs schwach gelblich,

bei den Raupen und Schmetterlingen grünlich gelb, bei den rothblütigen Thieren schwach röthlich, am dunkelsten sind sie bei den Säugethieren gefärbt. Diese Färbung gehört der Schale an; der Kern ist entweder ganz durchsichtig oder graulich gefärbt, das sieht man vorzüglich an schnell auf einem dünnen Glasplättchen getrockneten Kügelchen des Land-Salamanders.

Eine eigene Bewegung, wie sie *Döllinger*, *G. R. Treviranus* und *J. C. Schmidt* angeben, habe ich, so wie *Rudolphi*, niemals gesehen.

Anm. 1. Die meisten der im §. angeführten Thatsachen sind nicht einstimmig angenommen, jedoch nähern sich die Beobachtungen der meisten neueren Physiologen im Wesentlichen. Eine sehr gründliche Nebeneinanderstellung der verschiedenen Meinungen enthält die unter *Döllinger's* Einfluſs gearbeitete Inauguralabhandlung von *Joh Chrys. Schmidt* Ueber die Blutkörner. Würzburg 1822. Ausser dieser sind die reichhaltigsten vergleichend-anatomischen Arbeiten über die Blutkügelchen von *W. Hewson* Experimental inquiries. P. III. a. London 1777. 8. *Gius. Ant. Magni* Nuove osservazioni microscopiche sopra le molecole rosse del sangue. Mailand 1776. 8. *C. A. Rudolphi* Grundriſs der Physiologie. I. p. 141—148., und vorzüglich *Prevost* und *Dumas* Examen du sang in der Bibliotheque universelle 1821. Juillet et Aout. Uebersetzt in Meckel's Archiv. Bd. 8. p. 301. Die Letzteren fanden in gleichen Massen Blut die meisten Blutkügelchen bei den Vögeln, weniger bei den Säugethieren und zwar bei Fleischfressern mehr als bei Pflanzenfressern, bei den kaltblütigen Thieren endlich die wenigsten; in einer tabellarischen Uebersicht der Gröſsen haben sie die Kügelchen von 20 Säugethieren, 11 Vögeln, 10

Amphibien, 3 Fischen und der Weinbergschnecke verglichen, und hiernach ist der Langen-Durchmesser bei den Säugethieren von 1 bis 2, 5; bei den Vogeln von 3 bis 4; bei den Amphibien von 4, 5 bis 8, 5; bei den Fischen 4 und bei der Schnecke 3; doch finden sich einige offenbare Unrichtigkeiten in ihren Zahlen, wenigstens in der Uebersetzung, z. B. bei der Ziege, wo entweder die Zahl der ersten oder die der zweiten Kolumne falsch ist.

Ueber die Kügelchen im Blute der *Helix pomatia* und des *Astacus fluviatilis* finden sich gute Beobachtungen in *Carus* von den äussern Lebensbedingungen der weiſs- und kaltblütigen Thiere. Leipzig 1824. pag. 76, 81 und 86.

Anm. 2. Die Beobachtung der Blutkügelchen erfordert, wie jede mikroskopische, einige Vorsichtsmaaſsregeln um Täuschungen zu vermeiden, die so viele abweichende Meinungen hervorgebracht haben. Man kann weder Gröſse noch Gestalt richtig beurtheilen, wenn man nicht die Kügelchen auf dem Objectträger in Bewegung setzt durch Schiefstellen oder Anziehen mit dem Pinsel, und zugleich die Beleuchtung verändert. Auf diese Weise habe ich zwar zuweilen, aber durchaus nicht regelmäſsig, in ein und demselben Thiere Kügelchen von verschiedener Gröſse und Gestalt beobachtet, und es ist mir wahrscheinlich, daſs die von der Mehrzahl abweichenden nicht zu einer bestimmten Function, sondern aus Abnormität oder Spiel der bildenden Thätigkeit anders gebildet seyen.

Anm. 3. Die wegen der Aenderung beim Athmen und dem groſsen Eisengehalt besonders interessante Mischung der Blutkügelchen ist nur bei wenigen Säugethieren untersucht.

§. 86.

Die Kügelchen in der Flüssigkeit der lymphatischen Gefasse sind bei den Säugethieren wenig, besonders durch hellere Färbung von den Blutkügelchen verschieden. Dasselbe habe ich bei Fröschen und Eidechsen gefunden, in Vögeln und Fischen habe ich sie nicht untersucht. Schon im Chylus des Darmkanals beginnt die Kugelbildung, doch haben sie hier weder gleiche Gröſse noch regelmaſsige Form.

Auſserdem enthalten noch einige von Drüsen abgesonderte Flüſsigkeiten, wie die Milch der Säugethiere, der Schleim der Meibomschen Drüsen, der Schleim der Tonsillen, der Nasenschleim, der Schleim des Mastdarms, die Flüſsigkeit des Drüsenmagens der Vögel, die in den Hautbalgen der Salamander befindliche Milch, ferner die Bläschen der Insectentracheen, das schwarze Pigment des Auges und das Nervenmark eigenthümlich gebildete, wesentlich von einander verschiedene Körperchen, die man zwar bisher theils nicht als eigene Formelemente der thierischen Organisation betrachtet, theils gar nicht beachtet hat, die aber gewiſs für die Theile, in denen sie sich finden, von derselben Bedeutung sind, wie die Blutkügelchen für das Blut.

Anm. Es wird in der Anatomie, wenn sie ihre feineren Untersuchungen über das ganze Thierreich ausdehnt, wie in der Chemie gehen, die Zahl der Elemente wird schnell wachsen.

§. 87.

Die Milchkügelchen sind ganz rund (nicht wickenförmig, wie die Blutkügelchen der meisten Saugethiere), einzeln ganz farblos und durchsichtig, wahrscheinlich bei allen Säugethieren von gleicher Gröſse und werden durch Kochen der Milch gar nicht verändert. Bei der Ziege, deren Blutkügelchen nur die Hälfte des Durchmessers der menschlichen haben, sind die Milchkügelchen so grofs wie in der Menschenmilch. In der Katzen-, Kaninchen-, Meerschweinchen-, Ziegen-, Menschen- und Kuhmilch sind die Kügelchen nur in Beziehung auf ihre Menge und wahrscheinlich auch hinsichtlich der Mischung verschieden.

Die Schleimkügelchen aus der Mund- und Nasenhöhle der Wirbelthiere, und aus dem Drüsenmagen der Vögel sind den Milchkügelchen sehr ähnlich, immer rund, die Form der Blutkügelchen mag seyn, welche sie will, in Fischen, Amphibien, Vögeln und Säugethieren fast gleich grofs, in den drei erstgenannten Klassen viel kleiner als ihre Blutkügelchen, in den Säugethieren etwas gröfser; sie verändern ihre Gestalt im Wasser nicht, und lassen sich eintrocknen, mit Ausnahme der in den Bälgen des Drüsenmagens der Vögel befindlichen, welche sehr weich und zerfliefslich sind. Uebrigens enthält der Schleim aufser den angegebenen regelmäfsig rund gestalteten Kügelchen, immer eine Menge gröfserer und kleinerer Klümpchen, welche aus vereinigten Kügelchen entstanden zu seyn scheinen.

Die Kügelchen der Salamandermilch sind weifs, wenig durchsichtig, ganz rund und ungefähr noch einmal so grofs als die Schleimkügelchen und im Durchmesser $\frac{1}{5}$ vom längsten Durchmesser der Blutkügelchen desselben Thieres.

Ein merkwürdiges Verhalten zeigen die Tracheenkügelchen der Insecten: durchsichtige, farblose Kugeln von $\frac{1}{4000}$ — $\frac{1}{1000}$ Zoll im Durchmesser füllen die freiliegenden Säckchen an, in welche sich ein Theil der Tracheenäste des Hinterleibes verzweigt. Das Nähere hierüber in der speciellen Betrachtung des Tracheensystems.

Die Körperchen des schwarzen Pigmentes im Auge unterscheiden sich am auffallendsten von allen übrigen Formelementen. In den zusammengesetzten Augen der Schmetterlinge liegt hinter jeder Facette der Hornhaut ein keilförmiger, nicht weiter zerlegbarer ganz durchsichtiger Körper, der an der Basis, womit er die Hornhaut berührt, mit schwarzem, an sich formlosen Stoffe überzogen ist. Dieselben keilförmigen Körper finden sich auch in dem schwarzen Pigment des Fischauges, nur hier ganz mit schwarzem Stoffe überzogen, und durch Schleimgewebe zu einer Membran verbunden. In den Vögeln und Säugethieren sind die keilförmigen Körper verschwunden, statt ihrer finden sich vieleckige, fast kugelige Körperchen, die ebenfalls, wenn man sie mit einiger Mühe vom schwarzen Stoffe, der sie umhüllt, befreit hat, durchsichtig erscheinen. Diese Körperchen hängen unter einander durch Vorsprünge zusammen, welche von jeder Kante ausgehen, und dem einzelnen ein dorniges Ansehen geben. Der Durchmesser ist $\frac{1}{50}$ bis $\frac{1}{30}$ Linie.

Die Nervenkügelchen scheinen bei allen Thieren ganz rund zu seyn, die Blutkügelchen mögen rund oder elliptisch seyn, ferner bei allen gleich grofs, so verschieden auch die Gröfse der Blutkügelchen ist. Ich habe sie so bei der rothen Erdschnecke, dem Flufskrebs, der Kreuzspinne, der Feldgrille, dem Todtenkopfschmetterling, dem Hecht, dem Landsalamander, der grünen Eidechse, der Gans, der Taube, dem Kalbe, Kaninchen, Meerschweinchen, Hunde, der Katze und dem Menschen gefunden. Nur bei den Wirbelthieren findet sich eine kleine Verschiedenheit in der Gröfse, in so fern sie in dem Rückenmark kleiner als im Gehirn erscheinen, eine Beobachtung die schon von *della Torre* *) gemacht und von *Bauer* und *Home* **) neuerlichst bestatigt ist.

Anm. 1. Die Behauptungen, dafs alle Kügelchen in allen Theilen nur rundlich, nicht eckig seyen, und dafs in demselben Thiere nie längliche und rundliche zugleich vorkommen (Meckel Handbuch der menschlichen Anatomie I. p. 5.) werden, die erste durch die Untersuchung des Pigmentes im Auge der Säugethiere und Vögel, die 2te durch Untersuchung eines jeden Vogels oder Amphibiums widerlegt.

Anm. 2. *Joseph* und *Karl Wenzel* (Prodromus eines Werks über das Hirn des Menschen und der Thiere. Tübingen, 1806. p. 4) haben die Nervenkügelchen des Kaninchenhirns kleiner als die des menschlichen, und noch feiner die des Flachsfinken gefunden.

§. 88.

Die Nerven- oder Mark-Faser, *fibra medullaris*, ist für das Messer der feinste Bestandtheil der Nervensubstanz. Sie erscheint in allen Thieren als eine ein-

*) Nuove osservazioni microscopiche. Napoli 1776. p. 16

**) Philosophical Transactions. 1821. p. 25. Uebersetzt in Meckel's Archiv VIII. p. 293 u. 94.

fache Reihe der oben beschriebenen Nervenkügelchen, welche durch eine zahe durchsichtige Masse so fest zusammen gehalten werden, dafs nach *Prochaska* *) eine dreimonatliche Maceration noch keine Ablösung derselben bewirkte. Ich habe in den verschiedensten Thieren gar keine Verschiedenheit der Nervenfaser gefunden, aufser dafs in den höheren Klassen die Kügelchen dichter aneinander gereiht zu seyn scheinen, als in den unvollkommneren, und dafs die die Kügelchen verbindende Masse in dem Grade fester und weniger durchsichtig wird, als sich die Organisation vervollkommnet.

Anm. 1. In der Netzhaut des Auges fanden *Home* und *Bauer* **) eine 3 — 4tagige Einwässerung hinreichend, um selbst die Fasern ganz aufzulosen und die Kügelchen einzeln zu zeigen. Eine nicht sehr passende Darstellungsmethode fur die Faserung des Hirnmarkes geben sie an, nämlich von der 48 Stunden lang eingewässerten Substanz eine dünne Schicht auf eine feuchte Glasplatte zu legen, und einen Wassertropfen schief auffallen zu lassen. Jede Einwässerung verändert die feinsten Bestandtheile wesentlich, weil sie eine grofse Neigung haben, sich mit Wasser zu verbinden. Ein dünner Abschnitt, der nach der Richtung der Bundel genommen ist, die im Gehirn der Wirbelthiere mit blofsen Augen sichtbar sind, und Befeuchtung mit Eiweifs ist das Verfahren, welches ich zur unveränderten Darstellung der Gehirnfaser hinreichend finde.

Anm. 2. *Prochaska* (l. c. p. 344.) und die Gebrüder *Wenzel* (Prodromus p. 3.) gaben einen feinen Zellstoff als die

*) Opera minora. I. p. 343.

**) Meckels Archiv Bd. VIII. p. 292.

Verbindungsmasse der Kügelchen an, die Letzteren wollen sogar den Bau des Gehirns ganz faserlos und so, wie *Scarpa* den Bau der Knochen beschreibt, gefunden haben, Ich habe beide Angaben nicht bestätigt gefunden.

§. 89.

Die feinste Muskelfaser, *fibra muscularis minima*, oder der Muskelfaden, *filum musculare*, ist ein sehr feiner, rundlicher, halbdurchsichtiger, nicht hohler, sondern solider Faden, der im lebenden Zustande die Fahigkeit besitzt, sich mit wahrnehmbarer Runzelung, oder auch ohne dieselbe, stark zu verkürzen und wieder auszudehnen, und mit vielen gleichartigen parallel gelagert, und durch Schleimscheiden vereinigt gröbere Fasern, bei den vollkommneren Thieren auch ganze Bündel bildet, welche bei der Zusammenziehung gemeinschaftlich wirken. Die Dicke der Muskelfäden nimmt in den Thieren, je vollkommner sie werden, um so mehr ab, sie wechselt von $\frac{1}{2000}$ Zoll bis $\frac{1}{4000}$ Zoll. Weit mehr noch unterscheidet sich die Dicke der daraus gebildeten gröberen Fasern, die, wie Prochaska *) beschrieben und abgebildet hat, abgesehen von der Gröfse des Thiers von den Fischen bis zum Menschen kleiner werden.

Anm. 1. Die Dicke der Muskelfäden kann man nur dann richtig angeben, wenn man ganz frische Muskelfasern unter das Mikroskop bringt. Gekochte oder gar getrocknete Fasern sind beinahe um die Hälfte dünner, und daher rühren

*) De carne musculari, Tab. III. u. IV. Opera minora I. p. 192.

offenbar die kleinen Angaben von Prochaska, der den Durchmesser auf $\frac{1}{7}$ — $\frac{1}{8}$ von dem eines (menschlichen?) Blutkügelchen schätzt (l. c. p. 198.) Ich zerreibe ein Stückchen frische Muskelsubstanz auf einer dünnen geraden Glasplatte mit Wasser oder Eiweifs zu Brei, und bringe es dann unter die stärkste Linse. Bei diesem Verfahren habe ich noch nie vergebens nach den Muskelfäden gesucht, welche dabei gröfstentheils noch zu gröfsern Fasern vereinigt bleiben. Es wird dadurch zugleich das noch vorhandene Blut abgespült, und die Täuschung vermieden, welche die Blutkügelchen sehr leicht hervorbringen, wenn sie zwischen 2 Fasern in ein Gefäfs eingeschlossen liegen, und eine aus Kügelchen zusammengesetzte Muskelfaser zu bilden scheinen. Der Muskelfaden ist eine ganz homogene Masse, und bei keinem Thiere habe ich eine Spur der Kügelchen entdecken können, aus denen er nach *J. F. Meckel* *) und *Prevost* und *Dumas* **) zusammengesetzt seyn soll.

Anm. 2. Die Farbe der Muskelfäden hat im frischen Zustande immer etwas Röthliches, und ist im Allgemeinen am dunkelsten bei den warmblütigen Wirbelthieren, am hellsten bei den Fischen. Unter den Säugethieren habe ich sie am dunkelsten beim Delphin, unter den Vögeln bei Podiceps, unter den Amphibien bei der griechischen Schildkröte, unter den Fischen beim Lachs, unter den Insecten bei der Feldgrylle in den Schenkelmuskeln gesehen. Eine bedeutende Verschiedenheit der Farbe und der Verbindung der Fäden, Fasern und Bündel findet man auch in jedem einzelnen Wirbelthier zwischen den Muskeln aus verschiedenen Theilen, besonders des Herzens, Darmkanals und der Gliedmaassen.

---

*) Handbuch der menschlichen Anatomie I. p. 477.

**) Untersuchung des Blutes. Uebersetzt aus der Bibliotheque universelle T. 17. in Meckels Archiv VIII. p. 304.

§. 90.

Die Sehnenfaser, *fibra tendinosa*, ist ein bläulich-weifser, perlmutter-glanzender und schillernder, bedeutend elastischer und sehr fester Faden von $\frac{1}{4000}$ Zoll Durchmesser, der mit mehreren gleichen, parallel liegenden zu einem Bündel vereinigt ist. Die bläulich-weifse Farbe, der Glanz und die Festigkeit characterisiren die Sehnenfaser aller Thiere, sowohl bei der einfachen als bei der mikroskopischen Untersuchung, und ich halte sie daher nicht mit der Schleimgewebsfaser für identisch, obgleich beide in der Mischung, durch Auflöslichkeit in Gallerte, übereinkommen. Interessant ist das späte Erscheinen dieser Faser in dem Thierreich wie im menschlichen Embryo. Im Mantel der Ascidien und den Schliefsmuskeln der Muscheln findet sie sich zuerst deutlich, dann in den Gliedmassenmuskeln der Insecten, endlich bei allen Wibelthieren. Eine Verschiedenheit der Dicke der Fasern habe ich nirgends, wohl aber der Bündel, welche sie bilden, gefunden. Die Länge ist ganz unbestimmt und richtet sich nach der Ausbreitung des Organs, das sie bilden. Sie machen den Hauptbestandtheil der Sehnen, der Faserbänder und Faserhaute, und einer bedeutenden der Faserknorpel aus.

Anm. Der Angabe *Sömmerring's* (vom Baue les menschlichen Körpers. Thl. II. Frankfurt 1800. p. 67), dafs sich die Sehnen durch fortgesetzte Einwässerung in Zellstoff auflösen, kann ich nicht beitreten; ich finde daf die Fasern dadurch immer deutlicher, und bei fortschreitender Fäulnifs aus manchen Thieren selbst brüchig wie Glas werden. Sehr richtig giebt *Sömmerring* dagegen das eigenthümlich geknickte Ansehen der frischen Sehnenfaser an; dieses entsteht, wenn sehnige Bündel auseinander gezogen werden, worauf das die Fasern verbindende Schleimgewebe sich wieder zusammenzieht, die Sehnenfaser aber umgeknickt wird.

§. 91.

Die Tracheen- oder Spiral-Faser, *fibra spiralis*, ist ein silberweifser, elastischer, nicht hohler und zimlich fester Cylinder, der zwischen zwei Häuten eingeschlossen, um den Schlauch, welchen die innerste bildet, schraubenförmig gewunden verlauft. Sie findet sich nur in den Tracheen oder Luftgefafsen der Insecten. Die Zahl der Windungen, welche eine solche Faser macht, ist in den gröfseren Tracheenstämmen 3 bis 4; der Zwischenraum zwischen jeder Windung ist gleich dem Durchmesser der Faser, und dieser ist in den gröfsern Insecten und gröfseren Gefafsen bedeutender als in den kleineren, wo er bis zum gänzlichen Verschwinden abnimmt. Am dicksten finde ich sie in den Tracheenstämmen der Larve des *Hydrophilus piceus*, wo der Durchmesser ungefahr $\frac{1}{1000}$ Zoll beträgt. In der Mitte der Windungen der ersten Faser legt sich eine zweite mit freiem Ende an, und so fort; je zwei sind durch die äufsere und innere Haut etwas fester mit einander verbunden, und so kann sich ein weit längerer Faden, als die Länge einer Faser beträgt, abwickeln, indem wenigstens 2 Fasern verbunden bleiben.

Anm. Diesen Bau giebt schon *Swammerdam* (Bibel der Natur. Leipzig 1752. p. 32. Tab. I. F. 7. p. 106. p.

166. Tab. XXIV. Fig. 2. 3.) sehr richtig an, indem er die Fasern als einigemal umgeschlungene, lockenförmige Ringe beschreibt und abbildet. Auch *Sprengel* fand in der Cetonia aurata die Fasern nicht ununterbrochen fortlaufend: Commentarius de partibus quibus insecta spiritus ducunt. Leipz. 1815. p. 15. Tab. II. Fig. 19.

§. 92.

Die Gefafshautfaser, *fibra vasorum*, ist eine rundliche, kurze, sehr feine, elastische und brüchige Faser, die, unter spitzen Winkeln mit den benachbarten verbunden, platte, bandförmige Bündel bildet, welche die innerste Haut der Blutgefafse theils ringförmig, theils in der Langenrichtung verlaufend, umgeben, und in Verbindung mit sehr vielem dichten Schleimgewebe die Faserhaut der Arterien und Venen ausmachen. Farbe und Durchsichtigkeit der Gefafsfaser sind, so wie ihre Lebenseigenschaften, in den verschiedenen Thieren, und selbst in verschiedenen Theilen desselben Thieres sehr verschieden. Sie ist um so blasser, durchsichtiger, weicher und zusammenziehungsfahiger, überhaupt der Muskelfaser ahnlicher, je unvollkommner das Thier ist, welches man untersucht, und dieselben Eigenschaften hat sie an den Venen und feineren Arterienverzweigungen der vollkommneren Thiere. Die gröfseren Arterien der Letzteren sind dagegen mit Fasern versehen welche sich mehr den Sehnenfasern nahern, von diesen jedoch sich wesentlich durch Undurchsichtigkeit, Kürze und netzartige Verbindung zu Bündeln, so wie durch ganz eigenthümliche Mischung unterscheiden, indem sie weder den Faserstoff, wie die Muskeln, noch die Gallerte, wie die Sehnen-Faser, als vorzüglichen Bestandtheil enthalten.

Die Gefäſsfaser erscheint zuerst deutlich in den Arterien der Mantelthiere, und zwar die Längsfaser allein. Im Rückengefäſs der Insecten sind beide, Längs- und Ring-Fasern vorhanden, und so aufwärts bei den höhern Thierklassen. In der Faserhaut der Arterien finde ich sie bei den Säugethieren so mit einander verbunden, daſs die aus Ringbündeln bestehende Hauptmasse mit wenig Längsbündeln, die jene unter rechten Winkeln kreuzen, durchflochten ist; innen, zunächst an der innersten Haut, zeigt sich eine einfache Lage Längsbündel, welche man bei gröſseren Thieren, z. B. dem Menschen, Pferde, Rind, durch die innerste Haut hindurch schimmern sieht. In den Venen liegt dagegen eine Längsschicht nach auſsen, und die ringförmigen Bündel nach innen.

Anm. Die genaue Beachtung der anatomischen Verschiedenheit der Faserhaut in den gröſseren und kleineren Arterien und bei höhern und niederen Thieren ist von groſser Wichtigkeit für die Lehre von der Blutbewegung, wie dieser Abschnitt in der Physiologie des Menschen zeigt.

Die chemische Verschiedenheit der Gefäſsfaser von der Muskel- und Sehnen-Faser kenne ich nur aus der nicht sehr genauen Angabe von *Berzelius* in der Uebersicht des gegenwärtigen Zustandes der thierischen Chemie. Nürnberg 1815. p. 20., wonach die Gefäſsfaser in Essigsäure nicht, dagegen in verdünnten Mineralsäuren leicht löslich, und aus diesen

Lösungen durch Alkalien und blausaure Alkalien nicht fällbar ist.

Das angegebene Verhältnifs der Längs- und Kreis-Fasern in den Gefässen der Säugethiere zeigt die mikroskopische Betrachtung feiner Langs- und Querschnitte, vorzuglich, nachdem das Gefäfs der Länge nach aufgeschnitten ist, ein feines Segment von dieser Schnittflache, wobei zwischen den sehr kurz abgeschnittenen Kreisfasern in allen Hohen Langsfasern erscheinen.

§. 93.

Das Knochenkorn, das Knochenblättchen und die Knochenfaser, *granum*, *lamina* et *fibra ossea*, sind zwar in der menschlichen Anatomie nicht allgemein als Elementartheile angenommen, allein die vergleichende Anatomie zeigt den eigenthümlichen, ohne chemische Einwirkung unveranderlichen Character dieser Theile so deutlich, dafs man der Natur die gröfste Gewalt anthun würde, wenn man der *Scarpa*'schen Ansicht: die Knochensubstanz sey überall zellicht,*) treu bleiben wollte.

Das Knochenkorn, ein rundlicher, harter, undurchsichtiger, weifser Körper von $\frac{1}{5}$ bis $\frac{1}{12}$ Linie im Durchmesser, findet sich bei mehreren Knorpelfischen aus der Familie der Rochen und Haifische, und bei dem Sägefisch (*Pristis Antiquorum* Lath.) sehr deutlich in der Knorpelmasse des Schedels und der Wirbelsäule. Dieselbe, aber weit feiner kugelige Masse zeigen die

*) Vom inneren Bau der Knochen. Uebersetzt von Roose. Leipzig 1800. p. 5.

verknöchernden Ringe in dem Knorpelrohre des reproducirten Eidechsenschwanzes.

Das Knochenblättchen und die Knochenfaser sind die höheren, aus der Ersteren sich entwickelnden Bildungsformen des Knochensystems: sie finden sich von den *Plectognathen* an bei den Gräthenfischen, Amphibien, Vögeln und Säugethieren im reifen Zustande in allen Theilen des Knochensystems, bald die Eine bald die Andere vorherrschend entwickelt. Beide sind in ihrem Gewebe ganz gleichförmige, weifsliche, undurchsichtige, wenig elastische, harte und durch den grofsen Reichthum an phosphorsaurer Kalkerde in ihrer Mischung ausgezeichnete Theile von unbestimmter jedoch meistens mit blofsem Auge erkennbarer Gröfse, welche sich von einander blos dadurch unterscheiden, dafs in dem Blättchen die Längen- und Breiten-Dimension bedeutend über die Dicke, in der Faser nur die Länge über die beiden übrigen überwiegt, und dafs die Blättchen sich mit den benachbarten gleichartigen Theilen meist unter rechten Winkeln zu Zellen, die Fasern dagegen unter spitzen Winkeln zu einer dichten Masse verbinden. Beide machen eine auffallende Ausnahme von der Regel: dafs die Elementarbestandtheile im Allgemeinen um so kleiner werden, je vollkommner der Organismus wird, dem sie angehören, und daher bei den gröfsten Thieren absolut am kleinsten sind; — denn sie wachsen in demselben Verhältnisse wie der ganze Körper, und sind bei den gröfsten Thieren am gröfsten.

Die aus diesen Theilen zusammengesetzten Organe sind die Knochen der Wirbelthiere, und einige denselben entsprechende Organe der Panzerthiere, in denen sich sogar deutlich die Knochenfaser, wie z. B. in den Muskelknochen der Krebse, zeigt.

Anm. Das Knochenkorn scheint überhaupt die Krystallisationsform der Knochensubstanz (wenn man so sagen darf) zu seyn, Die Fasern und die Blättchen haben beim Embryo eine körnige Beschaffenheit, deſswegen schneiden sie sich sandig, wie *Sömmerring* richtig bemerkt, obgleich er der *Scarpa*'schen Ansicht beitritt. (Knochenlehre. Frankfurt 1800. p. 19. 20.)

Die regelwidrigen Verknöcherungen in einigen Theilen, z, B. in den Arterien, zeigen meistens nur diese erste Stufe der Knochenbildung: das körnige Gewebe; und in den reproducirten Knochenstucken der höheren Thiere entwickelt sich Faser- und Blatt-Bildung niemals so deutlich.

Am auffallendsten finde ich die Kornbildung in der *Raja asperrima* und dem erwachsenen Sägefisch, mehr mit Knorpelmasse vereinigt im Kiefer eines erwachsenen Haifisches. Groſse, aus fast glasharten Körnern bestehende Lagen zeigt die innere Substanz der Kiefern eines groſsen *Diodon*, an denen äuſserlich Faserbildung statt findet.

§. 94.

Die Oberhaut- oder Horn-Substanz, *sustantia cornea*, *epidermoidalis*, ist unter allen die vielgestaltetste, da sie am meisten dem Einfluſs auſserer Einwirkungen ausgesetzt, und zum Gegenwirken bestimmt ist. Man kann drei allgemeine Elementar-Formen ihrer Bildung annehmen, die sich mannigfach einander nähern, in einander übergehen und mit einander verbinden: das Blatt, die Zelle und die Faser.

Weder Gröfse, noch Farbe, noch Consistenz können zur Charakterisirung dieser Theile benutzt werden, da sie im höchsten Grade in den verschiedenen Organen und Thieren, in denen sie vorkommen, variiren; nur die Mischung scheint durchgängig ähnlich zu seyn, mit Ausnahme der dem Knochengewebe sich nähernden Zahn- und Schalen-Gebilde und Schuppen einiger Thiere. Es findet sich nämlich allgemein ein eigener thierischer Stoff, der Hornstoff, als vorzüglichster Bestandtheil der hierher gehörigen Gebilde.

Die Blattform herrscht vor in dem allgemeinen Ueberzuge der aufseren Körperfläche, in den Oberhaut-gebilden des Darmkanals, besonders des Magens der Vögel, in den Schalen der Mantelthiere, in den Schuppen und Schildern, welche an dem ganzen Körper der Fische und Amphibien sehr häufig, allgemein an den Füfsen der Vögel und selten bei den Säugethieren vorkommen, in den Nägeln und Krallen der Panzerthiere, der Amphibien, Vögel und Säugethiere, endlich in dem hornigen Ueberzuge des Vogelschnabels.

Die Hornfaser bildet vorzüglich die Hörner der Säugethiere, die Barten oder das Fischbein, die Borsten, und, in Verbindung mit der Zell- und Blatt-Form die Haare, Stacheln und Federn. In einigen Gebilden, z. B. im Horn des Nashorns, im Fischbein, in der Haut des *Balaena Mysticetus* wird die Faser zur Röhre. S. *Heusinger* l. c. Tab. II. Fig. 3. 6. 9.

Anm. 1. In *Heusinger's* Histologie (Heft 2. p. 150. 171. 207. und auf der Tabelle p. 270.) wird den Nägeln, Krallen, Hufen, Hörnern und Schuppen der Säugethiere, den Sporen, Fufsschuppen, dem hornigen Schnabelüberzuge der Vögel ein faseriger Bau zugeschrieben, allein oft wiederholte Untersuchung und die Beobachtung der krankhaften Veränderungen hat mich überzeugt, dafs mit Ausnahme der Hufe und Hörner hier nur ein blättriger oder schuppiger Bau statt findet. Die oberflächlichen Schichten erscheinen bei jeder Vergröfserung schuppig, und lassen sich frisch mit dem Messerstiel in Wasser zu Schuppen zerreiben, die tieferen Schichten erscheinen allerdings gestreift unter dem Mikroscop; die Streifen verlaufen aber immer in der Richtung, in welcher man das Messer beim Abschneiden geführt hat, und sind keine Fasern, sondern die Abdrücke der Biegungen und Unebenheiten, welche auch die feinste Klinge an der Schneide hat, und die von der frischen, weichen, gleichförmigen Hornmasse aufgenommen werden.

Auch die hohlen Hörner, welche auf knöchernen Zapfen sitzen, sind an der Wurzel mehr blättrig als faserig gebaut, an der Spitze dagegen umgekehrt.

Anm. 2. An die Bildung der Oberhaut und der dazugehörigen Theile ist sehr allgemein die Entwickelung mehr oder weniger lebhafter und glänzender Färbestoffe geknüpft, die sich in der Regel ohne bestimmte eigene Form, der ganzen Masse oder den obersten Lagen in den Zügen mittheilen, welche die Zeichnung verlangt. Nur in einigen Theilen, z. B. dem Wollhaar und den feinsten Federnfasern zeigt das Pigment häufig einen deutlichen Einflufs auf die Gestalt des Stoffes, der sich an den stärker gefärbten Stellen knotig, keilförmig, ringförmig verdichtet oder blattförmig ausbreitet. Genaue chemische Kenntnifs von diesen merkwürdigen Stofſen, die bald sehr flüchtig und am Sonnenlichte verbleichend sind, bald von so fixer Natur, daſs sie selbst bei der Versteinerung dauern, fehlt uns fast ganz.

Hinsichtlich der erdigen Ablagerungen in Oberhauttheilen und ihren Uebergang in wahren Knochen verweise ich auf die specielle Betrachtung der Haut.

Anm. 3. Die zellige Substanz zeigt sich vorzüglich schön und regelmäſsig in dem Marke des Federschaftes, und zwar bei der verschiedensten Färbung der Feder, so weit ich untersucht habe, immer glänzend weiſs. Sehr weite, ovale, kreisförmig stehende Zellen von brauner Farbe enthalten die Igelstacheln, und die meisten Haare der Säugethiere sind in ihrem Innern zellig gebaut. Die scharfbegränzten festen und regelmäſsigen Zellen dieser pflanzenähnlichen Gebilde beweisen ihre Annäherung an die Vegetabilien in dem wesentlichsten Punkte.

Ueber die Hornsubstanz ist, auſser *Heusinger*, l. c., *Rudolphi*: Ueber Hornbildung in den Abhandlungen der Berliner Academie der Wissenschaften von den Jahren 1814 — 15. und in seiner Physiologie Bd. I. § 76 — 78. und 113. vorzüglich lesenswerth.

§. 95.

Es ist wahrscheinlich, daſs die Samenthierchen, welche sich allgemein in der Zeugungsflüſsigkeit der vollkommneren männlichen Thiere, so lange sie zeugungsfähig sind, finden, einen Antheil an der befruchtenden Eigenschaft des Samen haben, und aus diesem Grunde könnte man sie vielleicht mit zu den einfachen Organen derjenigen Thiere rechnen, in denen sie gefunden werden, wenn es zulässig wäre, selbstständig sich bewegende und überhaupt in einem gewissen Grade selbstständig lebende Thiere als Organe Anderer zu betrachten. Sehr groſs ist jedoch der Abstand zwischen den Blutkügelchen und diesen Thierchen nicht. Sie haben im Allgemeinen eine ahnliche Gestalt bei allen Thieren, nämlich einen rundlichen mit einem langen Schwanze versehenen Körper, und unterscheiden sich nach *Prevost* und *Dumas* *) vorzüglich nur durch ihre Gröſse, indem sie, wie die Blutkügelchen, bei den warmblütigen Thieren am kleinsten sind: die des Hundes und des Entrichs $\frac{1}{60}$ Millimeter lang, die der Gartenschnecke $\frac{5}{6}$ Mill. Doch ist dieses Verhältniſs nicht durchgängig, denn die des Frosches sind nur $\frac{1}{38}$ Mill., die des Meerschweinchen und Iltis dagegen $\frac{1}{12}$ Mill. lang.

Anm. Sehr richtig bemerkt *Spallanzani* (Physicalische und mathematische Abhandlungen. Leipzig 1769 p. 127. 146.) daſs die Samenthierchen sich von den eigentlichen Infusionsthieren durch die Art ihrer Bewegung, wie sie *Buffon* beschrieben hat, wesentlich unterscheiden. Die Samenthierchen bewegen sich ohne allen auf Willkuhr deutenden Wechsel, ganz gleichformig, bis sie sterben, wie es schon *Leeuwenhook* (Anatomia seu interiora rerum. Lugd. 1687. p. 168.) angiebt; die Infusionsthiere dagegen schwimmen bald rascher bald langsamer, suchen und vermeiden sich etc., wie andere Tniere, wovon selbst einige Arten der Gattung Bacillaria keine Ausnahme machen (S. *Nitzsch* Beitrag zur Infusorienkunde. Halle 1817. p. 68. folg.)

---

*) Ueber die Samenthierchen. Uebersetzt in Meckels Archiv VIII. p. 454 — 466.

Diese kaum willkuhrlich zu nennende Bewegung veranlafste *Buffon* die Samenthierchen in Verbindung mit den Infusionsthieren von dem Thierreich auszuschliessen.

§. 96.

Die besonderen Eigenschaften der §. 81. aufgeführten Flüssigkeiten sind weiter unten, bei der speciellen Betrachtung der Organe, welche sie bereiten und enthalten, verglichen. Behufs einer allgemeinen Uebersicht gebe ich hier blos eine Zusammenstellung der sauren, alcalischen und indifferenten Flüssigkeiten, so weit ich dieses Verhaltnifs durch blaues und vermittelst schwacher Säuren gerötheter Lacmus-Papier, Curcuma-Papier, und die gleichen Tincturen ausmitteln konnte, nebst einigen Bemerkungen (die erste Tabelle).

Den Satz von *Berzelius* *), dafs alle abgesonderte Flüssigkeiten, welche noch einen Dienst im Körper leisten, alcalisch seyen, und nur die zur Ausstofsung aus dem Körper bestimmten, namentlich der Urin, die Ausdünstungsmaterie und die Milch, sauer — habe ich bei keinem Thiere bestätigt gefunden. Ich erlaube mir diesen Widerspruch gegen einen so grofsen Chemiker nur nach langer Prüfung und mehr als hundertfachen Versuchen. Dieselbe Flüssigkeit ist in der einen Thierspecies sauer, in der andern alcalisch, in der dritten indifferent, ohne dafs sich hierüber bis jetzt, wie es mir scheint, ein allgemeines Gesetz aufstellen liefse.

---

*) Ueberblick über die Zusammensetzung der thierischen Flüssigkeiten. Aus dem Englischen von *Schweigger*. Nurnberg 1814. p. 38.

§. 97.

Die §. 81. bis 94. beschriebenen einfachen festen Organe bilden durch manchfaltige eigenthümliche Verbindungen die Gewebe des thierischen Körpers, aus welchen die zusammengesetzteren, gewöhnlich vorzugsweise sogenannten Organe, bestehen. Der Grad der Zusammensetzung ist sehr verschieden nicht allein in verschiedenen Organen, sondern selbst in dem gleichen Organ an verschiedenen Stellen des Körpers und bei verschiedenen Thieren. So bestehen z. B. die grösseren Blutgefäfse der vollkommneren Thiere aus 3 verschiedenen Häuten, welche Ernährungsgefäfse und Nerven erhalten, die feinsten Verzweigungen haben dagegen nur eine Haut, ohne Nerven und Ernährungsgefäfse. Auf dieselbe Weise sind alle Blutgefäfse der niedrigsten Thiere gebildet.

Den höchsten Grad der Zusammensetzung zeigen, unter den Organen im engern Sinne, einige Drüsen bei den höheren Thieren; so besteht die Leber aus 7 verschiedenen Theilen: dem Schleimgewebe, den Leberpulsadern, Leberblutadern, Pfortaderästen, lymphatischen Gefäfsen, Gallengängen und Nerven, welche Alle wieder 2 — 5fache Zusammensetzungen der Formelemente sind, und 7 verschiedene Flüssigkeiten, nämlich Arterienblut, Venenblut, Pfortaderblut, Lymphe, Serum des Schleimgewebes, Fett und Galle enthalten. Die Leber ist ein Theil des Verdauungs-Apparates, wie die Niere ein Theil des Harn-Apparates und die Thränendrüse des Seh-Apparates. S. §. 80.

§. 98.

Die Gewebe, telae, lassen sich in mehrere Klassen zusammenstellen, die nach dem Grade ihrer Zusammengesetztheit, deren sie bei den vollkommensten Thieren fahig sind (bei den unvollkommneren sind Alle fast gleich einfach), so aufeinander folgen, wenn mit dem einfachsten angefangen wird:

I. Ganz einfache Verbindungen gleichartiger Elementartheile:

1) Hornplatten-, 2) Hornfaser-, 3) Hornzellen- und 4) Schmelz-Gewebe.

II. Zwei- bis dreifache Verbindungen verschiedener Elementartheile:

5) Tracheenfaser-, 6) Tracheenkugel- und 7) leuchtendes Gewebe.

III. Zwei- bis dreifache Verbindungen von Theilen, die selbst schon im ersten Grade zusammengesetzt sind:

8) Schleimgewebe, 9) Knorpelgewebe, 10) Krystalllinsen-, 11) Sehnenfaser-, 12) Faserknorpel-, 13) Knochen- und 14) seröses Gewebe.

IV. Drei- bis fünffache Verbindungen zusammengesetzter Theile des zweiten und dritten Grades:

15) Schleimhaut- und Gefafshautgewebe, 16) Nervengewebe, 17) electrisches, 18) cavernöses, 19) Gefäfsfaserhaut- und 20) Muskelfasergewebe.

V. Sechsfache Verbindungen zusammengesetzter Theile des zweiten bis vierten Grades:

21) Lederhautgewebe,
22) Choroidealgewebe und
23) parenchymatöses Gewebe.

VI. Siebenfache bis achtfache Verbindungen von zusammengesetzten Theilen des zweiten bis vierten Grades.

24) Kiemen-,
25) Lungen- und
26) Drüsen-Gewebe.

Die Zahl dieser die Gewebe zusammensetzenden Theile erscheint noch weit gröſser, wenn man die Flüssigkeiten mit ihren festen Elementartheilen, ohne welche die meisten Gewebe im lebenden Zustande nicht existiren können, dazu rechnet.

Anm. *Falloppia* hat das Verdienst, die Lehre von dem Gewebe der organischen Bestandtheile als eine eigene gegründet zu haben. (Lectiones Gabrielis Falloppii de partibus similaribus collectae a Volchero Koyter. Norimbergae 1575. fol.) Mehrere Gewebe des menschlichen Körpers sind von *Ruysch*,*) *Haller*,**) *Prochasca****) und besonders von *Sömmerring*****) mit musterhafter Genauigkeit beschrieben. Am weitesten dehnte *Bichat* seine Untersuchungen über diesen Gegenstand aus, doch hat er anstatt eine Beschreibung der Gewebe in allen Thieren zu liefern, wie er verspricht, (Anat. générale. nouv. ed. 1821. I. p. 48.) sich auf den

*) Responsiones in epistolas problematicas XVI. Amstelod. 1696 — 1708. 4. und De fabrica glandularum. Lugd. B. 1722. 4.

**) Elementa Physiologiae. Lausan. 1757 — 66. 8 Bde. 4.

***) Opera minora. Viennae 1800. 2 Bde. 8. und Disquisitio organismi corporis humani. Viennae 1812. 4.

****) Vom Baue des menschlichen Körpers. 2te Ausg. Frankfurt am Main. 1800 — 1801. 5 Bde. 8.

menschlichen Körper beschränkt. Hieran schliessen sich die Darstellungen von *F. Meckel* *); die von *Rudolphi* **) weichen bedeutend ab. Ueberhaupt ist dieser wichtigste Theil der allgemeinen Anatomie, der von *Maier* ***) und *Heusinger* ****) neuerlichst einen eigenen Namen „Histologie" erhalten hat, fast durchgängig ohne alle Rücksicht auf die wichtigen Thatsachen bearbeitet worden, welche die Anatomie der Thiere darbietet, und noch liefern kann.

§. 99.

Das allgemeinste von den aus diesen Geweben gebildeten Organen ist die Haut, die als die aufsere Hülle und Organ der Begränzung der ganzen Körperoberflache meistentheils leicht zu erkennen ist.

Der wesentlichste Theil derselben ist in allen Thieren eine Lage von Schleimgewebe, das dichter ist als in den übrigen Theilen, und vorzugsweise die Schleimgewebsfaser enthalt, wenn diese sich überhaupt im Körper findet. Diese Lage ist die Lederhaut. Auf ihr wird in den meisten Thieren durch Hornlagen von verschiedener Stärke, selten durch Knochensubstanz, die Oberhaut und die dazu gehörenden Organe, als Schalen, Panzer, Schuppen, Schilder, Stacheln, Haare, Nägel, Krallen, Hufe, Hörner u. s. w. gebildet, so dafs die

*) Handbuch der menschlichen Anatomie. 1ster Bd. 1815. und System der vergleichenden Anatomie 1ster Bd. 1821.

**) Programma de c. h. partibus similaribus Gryph. 1809. 4. und Grundrifs der Physiologie. Bd. 1. Berlin 1821. 8.

***) Ueber Histologie. Bonn 1819. 8.

****) System der Histologie. Eisenach 1822 — 23. 2 Hefte. 4.

Lederhaut die innerste, zunächst an die tieferen Theile gränzende Schicht ist.

Die Haut hat bei allen Thieren eine gemischte Function, eine pflanzliche, indem sie das Hauptorgan des Stoffwechsels durch die unmerkliche Hautausdünstung oder durch Schleimabsonderung ist, und eine thierische, als vorzüglichstes Empfindungsorgan. Häufig ist sie auch Bewegungsorgan und Waffe, in den einfachsten Thieren ausschliefslich, in den vollkommneren nur theilweise, durch ihre hornigen Ueberzüge und Fortsätze, wie bei den Vögeln vorzüglich.

Anm. Nur in wenigen Fallen, wo die Haut mit Knochensubstanz und Theilen des Skeletes innig verbunden ist, z. B. bei einigen Mantelthieren, den Krustern, Insecten und mehreren Fischen, ist es schwierig, überall die Gränze der Haut und des Knochensystems anzugeben. Die Auffindung und Verfolgung der Lederhaut mufs dabei entscheiden.

§. 100.

An die Haut schliefst sich, als eine Verlangerung derselben in das Innere des Körpers, der Darmkanal mit seinen absondernden Anhangen, oder der Verdauungsapparat an. Wie die Haut die äufserste, so bildet der Darm in allen Thieren die innerste Oberfläche des Körpers, in Gestalt eines Schlauches oder Rohres, das sich in gröfserer oder geringerer Ausdehnung durch den ganzen Körper oder einen Theil desselben zieht. Alle übrige Organe liegen zwischen beiden Oberflächen.

Der Verdauungsapparat ist vorzugsweise vegetativ thätig, nämlich zur Aufnahme der Nahrungsstoffe, oder der festen und tropfbar flüssigen Substanzen bestimmt, die der Masse des Körpers zum Ersatz des beständig verloren Gehenden angeeignet werden sollen, nachdem im Darm durch Beimischung eigener Absonderungen das Nahrhafte, der Speisesaft oder Chylus, vom Unbrauchbaren, dem Kothe, geschieden, ersterer zurückbehalten und letzterer ausgestossen ist.

Der wesentlichste Theil dieses Apparates ist eine Schleimhaut, welche fast immer an zwei einander entgegengesetzten Stellen sich nach aufsen öffnet, indem sie in die Haut übergeht, und dadurch Mund und After, jenen zur Aufnahme, diesen zum Ausstossen bestimmt, bildet. Selten findet sich nur eine, oder mehr Oeffnungen als zwei. Bei den Thieren, die sich über die unvollkommenste Stufe erheben, legt sich um die Schleimhaut ein thierischer Bewegungsapparat, Muskelfasern, die dem an sich pflanzlichen Prozefs einen mehr thierischen Character geben durch energischere, an den beiden Oeffnungen sogar willkührliche Bewegung. Sie bilden zugleich mit der Schleimhaut die Windungen, und mehrere Erweiterungen an bestimmten Stellen des Rohres, die einen längeren Aufenthalt und eigenthümliche Veränderungen der Nahrungsmittel bewirken, die Kröpfe, Mägen, Blinddärme u. s. w., deren Beschreibung in den speciellen Theil gehört.

§. 101.

Die absondernden Anhänge des Verdauungsapparates sind unmittelbare Fortsetzungen, Anhänge der Schleimhaut in Gestalt von Säcken oder einfachen und ästigen Röhren. Sie führen eine zur Verdauung nothwendige Flüssigkeit, welche sie selbst entweder in freiem Verlauf, oder, bei zusammengesetzteren Formen, in eigenen gefäfsreichen Massen von Schleimgewebe, Drüsen, aus der allgemeinen Nahrungsflüssigkeit abgesondert haben.

Nur in den niedrigsten Formen kann der Darm ohne alle Beihülfe solcher Absonderungs-Organe seine Function vollziehen. Die hierher gehörigen Schläuche, Bälge und Drüsen mit ihren Ausführungsgängen sind: 1) die gallabsondernden Schläuche in den weniger vollkommnen, und die Gallendrüse oder Leber in den höheren Thieren; 2) die Mund- und Bauch-Speichelschläuche jener und die Speicheldrüsen dieser, so wie 3) die an der ganzen inneren Oberfläche des Darmkanals verbreiteten, theils einzeln stehenden, theils zusammengehäuften Schleimbälge der vollkommensten Thierklassen.

Anm. Dafs die mit dem Verdauungsapparate in unmittelbarer Verbindung stehenden Verlängerungen seiner Schleimhaut nur dann als zu ihm gehörend betrachtet werden können, wenn die darin abgesonderte Flüssigkeit wesentlichen Einflufs auf die Function des Haupttheils, auf die Verdauung hat, ist eine nothwendige Einschränkung, denn sonst würden die, bei sehr vielen Thieren mit dem Ende des Darms in Verbildung tretenden Harnabsonderungsorgane und Geschlechtstheile, und die Anhänge der Schleimhaut des Rachens, welche bei den meisten Wirbelthieren in die Schleimhäute einiger Sinnorgane, und bei allen in die der Athmungsorgane übergehen, nicht ausgeschlossen seyn.

§. 102.

Das Gefäſssystem oder der Circulationsapparat erscheint immer in der Gestalt von ästigen Röhren, deren Wandungen entweder blos aus dem benachbarten verdichteten Schleimgewebe, oder aus einer eigenthümlichen Haut bestehen, die man die innerste oder gemeinschaftliche Gefaſshaut nennt. Ueber diese legt sich in den gröſseren Blutgefäſsen der vollkommneren Thiere die Faserhaut (s. §. 92.), welche auſsen von einer zellichten Haut bekleidet wird.

Das Gefaſssystem ist das Verbindungsglied zwischen dem die Nahrungsstoffe von Auſsen aufnehmenden Darm und den übrigen Organen, welche die im Darm vorbereitete Nahrungsflüssigkeit durch die Gefaſse zugeführt erhalten, und in sie diejenigen Stoffe absetzen, die ihnen unbrauchbar geworden sind.

Diese Flüssigkeit, die in den vollkommneren Formen den Namen Blut erhalt, muſs jedoch in den Gefaſsen, bevor sie zur Ernährung der Organe tauglich wird, mehr oder weniger Veranderungen erleiden, je nachdem das Thier auf einer höheren oder tieferen Stufe der Vollkommenheit steht. Und hiernach ist auch das

Gefäſssystem aus mehreren oder wenigeren verschiedenartigen Theilen zusammengesetzt.

Der wesentlichste und einfachste Theil sind Kanäle, die sich vom Darmkanal aus in die Substanz des Körpers nach der Haut zu verästeln. Die Vereinigung der vom Darm entspringenden Gefäſse zu Stammen, aus welchen die zu den Organen gehenden Aeste entspringen, also die Bildung eines Centrums zwischen dem zuführenden und ausführenden Theile, den Venen und Arterien, und die Verbreitung der ersteren über sämmtliche Organe, bezeichnet eine höhere Stufe, mit der die Entwickelung des Kreislaufes beginnt.

Durch den Hinzutritt eines Organs, das vorzugsweise aus Gefäſsen gebildet ist, und eine Umwandlung der Nahrungsflüssigkeit vermittelst der atmosphärischen Luft bezweckt, des Respirationsorgans, wird die Zusammensetzung noch gröſser. Sie endet bei den Wirbelthieren damit, daſs die uranfanglichen Theile des Gefaſssystems, die den Nahrungsstoff aus dem Darm aufnehmenden Kanale, sich von den übrigen blutführenden Gefaſsen trennen, kein eigentliches Blut mehr, sondern blos den Speisesaft aufnehmen, und in Verbindung mit ahnlichen aus allen übrigen Theilen des Korpers zurücklaufenden Gefaſsen das Lymphgefäſssystem bilden, das sich durch den gänzlichen Mangel der Faserhaut, durch eigenthümliche Verflechtung mit Blutgefaſsen in drüsigen Körpern, den Lymphdrüsen, durch die sehr groſse Zahl der Klappen an der innersten

Haut, und durch die enthaltene Flüssigkeit von den übrigen Theilen des Kreislaufsapparates sehr wesentlich unterscheidet.

Anm. Es findet zwar ein unmittelbarer Uebergang der innersten Gefäfshaut in die feinsten Verzweigungen der schleimhäutigen Ausführungskanäle der Drüsen (§. 101.) höchst wahrscheinlich statt, und in den feinsten Verzweigungen haben beide Arten röhrenförmiger Hautausbreitungen ein sehr ähnliches Gewebe; allein die innerste Haut der gröfseren Ausführungsgänge und der gröfseren Gefäfse bietet so wesentliche Verschiedenheiten in Bau und gesundem wie krankhaftem Lebensverhältnisse dar, dafs man jene als Schleimhaut, diese als Membran eigener Art betrachten mufs, die mit keiner anderen Abtheilung der Häute vereinigt werden kann. (S. Bichat Anat. generale II. 1821. p. 52.) Aus denselben Gründen, und weil die in den Ausführungsgängen enthaltenen Flüssigkeiten von denen des Gefäfssystems durch Beschaffenheit und Zweck ganz verschieden, ja ihnen entgegengesetzt sind, halte ich es für passender, beide Arten von Organen getrennt zu lassen, anstatt sie unter dem Namen Gefäfse in eine Klasse zu vereinigen.

Uebrigens hat die Entscheidung, was Ausführungsgänge, was Gefäfse seyen, in den einfachsten Formen, wo es kaum ein anderes Criterium als die Bewegung der darin enthaltenen Flüssigkeit giebt, ihre Schwierigkeiten.

§. 103.

Der Hauptstamm, aus welchem die ausführenden Gefäfse entspringen, und in den die zurückführenden sich öffnen, wird, wenn er sich sackförmig erweitert, Herz genannt. Dieses übernimmt, so wie es gebildet ist, das Hauptgeschäft bei dem Kreislauf des Blutes; seine innerste Haut ist zu diesem Zwecke mit Muskelfasern umgeben, die es zu kraftigen Zusammenziehungen fahig machen, und über die Muskeln legt sich eine seröse Haut, der Herzbeutel, der die Zusammenziehungen erleichtert, indem er das Herz mit elastischer Flüssigkeit umgiebt, und es von den benachbarten Theilen absondert.

Durch Abtheilung der anfangs einfachen Herzhöhle in mehrere, nur zum Theil, oder ganz von einander abgesonderte Sacke bezeichnen sich die höheren Stufen des Circulations - Apparates. Diese Sacke sind mit den verschiedenen Theilen des Gefáſssystems, den Körpervenen und Kiemen - oder Lungen - Arterien, und mit den Kiemen - oder Lungen - Venen und den Körperarterien mehr oder weniger ausschlieſslich verbunden, je nachdem die Oekonomie des Thieres zur Belebung der Theile ein Blut verlangt, das nur zum Theil, oder eines, das ganz durch den Einfluſs der Luft bei der Respiration verändert ist.

§. 104.

In den meisten Wirbelthieren ist mit dem Gefaſssystem eine Reihe parenchymatöser Organe verbunden, welche aus Arterien, Venen, Saugadern, Nerven und diese Theile zusammenhaltendem Schleimgewebe von verschiedener Consistenz bestehen.

Die Milz ist das am allgemeinsten verbreitete von diesen räthselhaften Organen; die Nebennieren, Schilddrüsen und Brustdrüse finden sich nur bei den eigentlich luftathmenden Wirbelthieren, und scheinen mit dem Athmen, der Blutbildung und zum Theil auch mit der Geschlechtsthatigkeit in naherer Verbindung zu stehen, während die Milz mehr auf die Verdauung einwirkt.

§. 105.

Der Athmungsapparat ist auf das innigste mit dem des Kreislaufs verbunden.

In allen Formen bildet eine feine Schleimhaut (wie die des Darms eine Verlangerung der äusseren Haut), den wesentlichsten Theil desselben. In dieser Schleimhaut verästeln sich entweder die blutführenden Gefafse in grofser Menge, um mit der Luft oder dem Wasser in Berührung zu kommen, oder sie führt selbst in Gestalt von Kanalen die Luft zu allen Organen des Körpers hin. Das Letztere ist die Tracheenbildung, das Erstere die Kiemenbildung, wenn das Wasser zum Athmen dient, die Lungenbildung, wenn Luft geathmet wird.

Die Kiemen bestehen zwar nicht allgemein, aber meistens aus Vorsprüngen, welche das Wasser bespült, die Lunge dagegen aus Höhlen oder Säcken, die mit Zellen besetzt oder ganz davon ausgefüllt sind, und in welche die Luft eingezogen wird. Beide sind immer die blutreichsten Organe des Körpers; beide verbinden sich in ihren höhern Formen mit bedeutenden Bewegungsapparaten, Muskeln und Knochen, die der pflanzlichen Athmungsfunktion thierischeren Charakter aufdrücken. Aber nur mit den Lungen verknüpft sich in den drei obersten Thierklassen der Stimmapparat, ein ganz thierischer, der zu einer der höchsten Funktionen bestimmt ist.

Anm. Das in allen Formen des Apparates gleiche Wesen des Athmungsprocesses der Thiere ist bereits im §. 78. angegeben. Daſs dabei eine Art von Verbrennung des Kohlenstoffes zu Kohlensäure statt findet, steht gegen alle Einwürfe fest.

§. 106.

So wie die Athmungsorgane in den vollkommneren Formen, in den Wirbelthieren, allgemein mit der vorderen Oeffnung des Darms, dem Munde, verbunden sind, so öffnet sich ein entgegengesetzter Aussonderungsapparat durchgängig in das Ende des Darms, oder nahe dabei; dies sind die Harnorgane, welche durch Absonderung und Ausstoſsung stickstoffreicher Substanzen, der Harnsäure und des Harnstoffes, einen merkwürdigen Gegensatz mit den Kohlenstoff aussondernden Respirationsorganen bilden.

Die einfachste Form dieses Apparates ist die von Schläuchen, welche sich in den hinteren Theil des Darms öffnen. Bei höherer Organisation treten die ausführenden Gänge aus drüsigen Verflechtungen, welche ihre feineren Zweige mit Blutgefäſsen, Saugadern und Nerven bilden, und die Nieren genannt werden, hervor, bekommen eine blasige mit Muskelfasern versehene Erweiterung zur Ansammlung und kräftigeren Ausstoſsung der abgesonderten Flüssigkeit, die Harnblase, und vereinigen sich mit den vom Darmende abgetrennten Geschlechtstheilen zu gemeinschaftlichen, vor dem After liegenden Oeffnungen.

Ueberall ist in diesen verschiedenen Formen der wesentlichste Theil wiederum eine Verlangerung der aufseren Haut, eine Schleimhaut, welche von der Oeffnung in den Darm oder nach Aussen bis in die feinsten Verzweigungen der harnabsondernden Kanälchen reicht.

Anm. Nach *Bérard* enthält die Harnsäure 39,23 Procent Stickstoff, der Harnstoff 45,2 Procent (*Gmelin* Handbuch der theoretischen Chemie. Bd. II. 2te Auflage. 1822. p. 1069 und 458.) Im Harn der Schlangen, Eidechsen und Vögel ist die Harnsäure in so bedeutender Menge, dafs sie oft 90 Procent und darüber beträgt. Den Harnsäuregehalt des Insectenharns finde ich ebenfalls bedeutend, und durch Umwandlung in Purpursäure leicht darstellbar. Im Harn der Säugethiere findet sich dagegen meistens der Harnstoff in sehr vielem Wasser, selten auch Harnsäure; im Kröten- und Froschharn beobachtete *John Davy* Harnstoff; der Harn der Fische ist noch nicht untersucht. Die Mischung des Harns charakterisirt sich also sehr allgemein durch das Vorkommen dieser stickstoffreichen Substanzen, und es ist gewifs nur Versehen, wenn *Carus* (Lehrbuch der Zootomie p. 555.) die Nieren als Aussonderungsorgane „der wasserstoffigen und sauerstoffigen Bestandtheile" betrachtet; diese herrschen vielmehr in der viel wässerigeren Haut- und Lungen-Ausdünstung vor.

§. 107.

Auch in den Zeugungstheilen ist die Schleimhaut, welche sich von der Mündung derselben an der äusseren Oberflache des Körpers bis in die Organe erstreckt, die die Zeugungsflüssigkeiten absondern, als der wesentlichste Theil zu betrachten; sie ist es wenigstens in den meisten, besonders den niederen Formen, und in dem männlichen Generationsapparat allgemein, nur in den vollkommneren Formen der weiblichen Zeugungsorgane trennt sich der Theil, in welchem die Grundlage des neuen Individuums gebildet wird, der Eierstock, von den schleimhäutigen Entwickelungsorganen und Ausführungsgangen. so dafs hier das wesentlichste Organ ohne Verzweigung schleimhautiger Röhren, kein drüsiges sondern ein parenchymatöses ist.

Ueberhaupt sind die Zeugungsorgane dreifach verschiedener Art, nämlich entweder 1) blos weiblich, aus eigenem Antriebe fruchtbringend; oder 2) zwitterhaft, wenn männliche und weibliche, befruchtende und fruchtbringende Theile in demselben Thiere vereinigt sind; oder 3) getrennten Geschlechts, wenn männliche und weibliche Theile in verschiedenen Thieren gebildet sind.

Die einfachste und Grund-Form in allen drei Klassen ist die von einfachen oder ästigen Schlauchen, welche sich auf die verschiedenste Art nach aussen öffnen. Diese füllen sich periodisch mit Eiern, wenn sie weiblich sind, oder mit Saamenflüssigkeit, wenn sie männlich sind; jene sind Eierstöcke, diese Hoden.

Die erste Klasse bleibt bei dieser einfachsten Form stehen.

Die zweite und dritte aber vervollkommnet sich auf ähnliche Weise, wie der Darmkanal, durch Bildung von absondernden Anhangen, Windungen und blasigen Erweiterungen, und durch Entwickelung eines eigenen, bei der Begattung thatigen Wollustapparates. Das Hinzutreten von Muskeln und Knochen beweist auch in diesem Apparat den Einflufs höherer thierischer Organisation.

So bilden sich die gewundenen Eierleiter, der blasige Fruchthälter, die absondernden Nebenschlauche der Insecten, die Scheide und Ruthe, endlich die Milchdrüsen im weiblichen Geschlechte, und die drüsigen Hoden, die gewundenen Samengange, die Samenblasen, die Vorsteherdrüsen, die Cowperschen und andere mit der männlichen Ruthe in Verbindung stehende Drüsen im männlichen Geschlechte.

Anm. Die grofse Manchfaltigkeit der Formen, in welchen die Zeugungsorgane besonders in den niederen Thieren erscheinen, gestattet kaum eine allgemein gultige anatomische Definition zu geben, nach der man in zweifelhaften Fällen entscheiden könnte. Die Function ist hier das allein anwendbare Criterium, wonach jeder Theil, der zur Hervorbringung und Entwickelung eines neuen Individuums unmittelbar beiträgt, als zu den Zeugungsorganen gehörig betrachtet werden mufs, wenn er dieser Function vorzugsweise oder ausschliefslich bestimmt ist.

§. 108.

Die Organe der Empfindung und Bewegung haben, sobald sie als eigene, von der Haut verschiedene Theile entstanden sind, eine ganz eigenthümliche, von der der bisher betrachteten Organe wesentlich abweichende Form und Zusammensetzung in den feinsten Theilen wie im Ganzen, und einen eigenen Entwickelungsgang.

Das Nervensystem, die Quelle beider Thätigkeiten in den über die unterste Stufe sich erhebenden Thieren, ist in allen Formen an den meistens geradlinig aneinander gereihten Markkügelchen (§. 88) zu erkennen, die auf diese Weise Fasern bilden, welche sich zu Bündeln oder Blattern vereinigen, aus denen in Verbindung mit Schleimgewebe in allen Thieren die Nervensubstanz besteht.

Die einfachsten Anhänge des Nervensystems erscheinen in doppelter Gestalt, entweder als gleichförmiger Faden, der der Lange nach durch den Körper verlauft, oder als Ring, der die Speiseröhre umgiebt. Diese Theile bleiben zwar im Allgemeinen auch in den höheren Formen das wesentlichste und Central-Organ, allein sie andern ihre Gestalt vielfach, theils durch Zusammensetzung mit kugeligen Markanhaufungen, wobei die Fadenform mehr oder weniger zurücktritt, theils durch Einflufs der ganzen Körperform, wenn in dieser die Langendimension nicht vorherrscht.

Von den kugeligen Markanhaufungen oder Knoten, ganglia, welche in strahliger Richtung ihre Aeste, die Nerven, aussenden, überwiegen sehr allgemein die vordersten, auf der Speiseröhre liegenden, und bilden das Gehirn, cerebrum, welches sich nach hinten entweder in das Bauchmark, medulla abdominalis, bei den Würmern und Panzerthieren, oder in das Rückenmark, medulla spinalis, dorsalis, bei den Wirbelthieren fortsetzt.

Diese Centraltheile des Nervensystems werden in den vollkommneren Formen von knorpliger oder knöcherner Hülle, dem Schedel und der Wirbelsäule umgeben, und gegen mechanische Nachtheile geschützt; denselben Zweck haben die innerhalb dieser Wande liegenden hautigen Hüllen des Hirns und Rückenmarkes, besonders die Spinnwebenhaut, tunica arachnoidea, ein seröser Sack, der auf ähnliche Weise die Bewegungen des Hirns und Rückenmarkes erleichtert, wie der Herzbeutel die des Herzens.

Der peripherische Theil wird durch die meistens baumförmig verzweigten Nerven gebildet, in welchen die Markfasern von sehnigen und Schleimgewebs-Scheiden, dem Neurilem, eingeschlossen sind. Er hat die merkwürdige Function die auf seinen äusserstem Puncten stattfindenden Eindrücke nach den entgegengesetzten Enden hinzuleiten; es werden nämlich die von aussen oder durch Wechselwirkung der Organe hervorgebrachten Einwirkungen auf die peripherischen Nervenenden nach dem Centrum fortgepflanzt, um dort Empfindung hervorzubringen; die im Gehirn und Rückenmark entstehenden willkührlichen oder unwillkührlichen Reize auf das Centralende der

Nerven werden dagegen nach der Peripherie geleitet, um Bewegung, Blutandrang, Absonderung u. s. w. in den verschiedenen Organen zu bewirken. Ueberhaupt stehen unter dem Einflusse des Nervensystems, sobald es einigermafsen ausgebildet ist, auch alle vegetative Lebensprocesse.

Für diese letzteren ist in den vollkommneren Thieren (fast allen Wirbelthieren) vorzugsweise, nicht ausschliefslich, eine eigene Abtheilung des Nervensystems, der grofse sympathische Nerve, oder der Ganglienerve bestimmt, der seine Aeste an einige der vorzüglichsten Organe des Stoffwechsels sendet, und in der Form auf eine auffallende Weise die tieferen Stufen des ganzen Nervensystems nachahmt, indem er aus zerstreuten, durch Zwischenhfäden verbundenen Knoten besteht, die ihre Aeste strahlenförmig aussenden.

§. 109.

Die Grundlage aller Empfindung ist das Gemeingefühl, coenaesthesis, oder das Gefühl des Daseyns des eigenen Körpers, seiner einzelnen Organe, ihres Wechselverhältnisses und ihrer Bedürfnisse. Es wachst daher die Zahl der Gemeingefühls-Empfindungen mit der Zahl der Organe, denn ein jedes Organ kann auf eigenthümliche Weise auf den innern Sinn wirken. Hieraus entstehen die verschiedenen Triebe und Instincte der Thiere, das Gefühl des Hungers, Durstes, der Sattigung, Müdigkeit, Kraft, Geschlechtslust, u. s. w. u. s. w.

Das Gemeingefühl fehlt keinem Thiere; sein Organ ist bei Allen der ganze Körper. Von den äufseren Sinnen unterscheidet es sich wesentlich, indem es keine Eigenschaften äufserer auf den Körper wirkender Gegenstände, sondern die Wechselwirkung der Organe selbst, gleichviel ob diese durch innern Antrieb, oder äufsere Veranlassung entstanden ist, zur Vorstellung bringt.

Anm. 1. Hinsichtlich der oft schwer zu ziehenden Gränze zwischen Gemeingefühl und Hautgefühl oder Tastsinn beim Menschen verweise ich auf das Lehrbuch der menschlichen Physiologie, wo man den Unterschied weiter ausgeführt finden wird, wie ihn die Gegensätze von Funkensehen ohne äufsere Veranlassung durch krankhafte Wechselwirkung der Theile des Auges, und dem gewöhnlichen Sehen, von Fühlen äufserer Wärme durch die Haut und dem inneren Wärmegefühl u. s. w. zeigen.

Anm. 2. Der Begriff des Gemeingefühls ist im Wesentlichen schon von *Perrault* Essays de Physique T. IV. und von Condillac Oeuvres T. III p. 124. unter dem Namen sentiment fondamental festgestellt. Später hat *Hübner* in seiner Inauguralabhandlung: Caenesthesis (praeside Reil) Halae 1794. diese Empfindungsart im gesunden und kranken Zustande betrachtet.

§. 110.

Aeufsere Sinnorgane sind die, welche, Kraft ihres eigenthümlichen Baues, von aufsen kommende Eindrücke so aufzunehmen vermögen, dafs diese, zu dem Organ des inneren Sinnes geleitet, Empfindungen von bestimmten Eigenthümlichkeiten der einwirkenden Gegenstände hervorbringen.

Sie sind zu diesem Zwecke in allen Thieren, welche ein Nervensystem besitzen, mit besonders starken Nerven versehen, deren peripherisches Ende in jedem Sinnesorgan auf eigenthümliche Weise mit Flüssigkeiten und festen Elementartheilen so verbunden ist, dafs es durch diese Vereinigung fahig wird, entweder die Einwirkung des Lichtes, oder des Schalles und ihrer Abänderungen, oder der riechbaren Stoffe, oder der schmeckbaren Substanzen, oder endlich der mechanischen Eigenschaften der Körper, wie der Schweere, Harte, Flüssigkeit, Glätte, Rauhigkeit u. s. w. zu empfinden.

Hiernach werden fünf verschiedene Arten von Sinnesorganen unterschieden, — nämlich 1) das Fühl- oder Tastorgan, die ganze Haut und einzelne vorzugsweise dazu bestimmte Stellen derselben; 2) das Geschmacksorgan, die Zunge; 3) die Geruchsorgane, Nasen; 4) die Hörorgane, Ohren, und 5) die Sehorgane, Augen.

Anm. Diese fünf Arten von Empfindung äufserer Eindrücke sind bei dem Menschen die einzigen; andere Sinne, welche man angenommen hat, wie z. B der Wollustsinn, geben keine Empfindung von äufserer Einwirkung eigenthümlicher Art, sondern nur von eigenthumlichen Wechselwirkungen der Organe selbst; sie lassen sich auf das Gemeingefuhl und den Tastsinn reduciren.

Ob aber nicht bei den Thieren noch andere Arten äufserer Sinne vorkommen, ist schwerer zu entscheiden, weil man ihre Empfindungen nur sehr unvollkommen kennt, und fast allein nach der Aehnlichkeit des Baues mit den Sinnorganen des Menschen schliessen mufs. Was *Spallanzani's* sechsten Sinn der Fledermäuse betrifft, so ist er wohl nichts Anderes, als ein sehr feiner, fur den Druck der Luft empfindlicher Tastsinn. Die Annahme *Stiebel's*, dafs das electrische Organ einiger Fische ein Sinnorgan sey, *) wird, wie ich glaube, dadurch widerlegt, dafs man das Organ offenbar nur als Waffe gebrauchen sieht. Keine einzige Erscheinung deutet an, dafs der Fisch dadurch besondere Wahrnehmungen von äufseren Dingen, oder überhaupt eine andere Empfindung erhielte, als der Mensch von seinen Muskeln, wenn sie thätig sind.

Das sogenannte Geruchsorgan der Fische und Krebse mufs dagegen als ein Sinnorgan eigenthümlicher Art betrachtet werden, das blos durch Form, Lage und Verbindung mit dem Nervensystem dem Geruchsorgan luftathmender Thiere entspricht *Carus* **) hat dafur den passenden Namen Witterungsorgan vorgeschlagen. Die scharfsinnige Meinung von G. R. Treviranus: ***) dafs dieses Organ wegen seines blättrigen, den Kiemen ähnlichen Baues, auf gleiche Weise wie diese, die dem Wasser beigemengten Lufttheile abscheiden, und so auf dieselbe Weise riechen könne, wie die Nase der luftathmenden Thiere, scheint mir defswegen ungegrundet, weil die meisten riechenden Bestandtheile an sich nicht luftförmig, sondern nur in der Luft fein zertheilt sind, und sich im Wasser lösen, wenn sie mit dem Wasser in Beruhrung kommen, und weil überhaupt dieser dem Geruch analoge Sinn die Fische nicht zu riechenden Körpern in die Luft locken soll, sondern zu ihrer Nahrung, die im Wasser ist, oder sie vor nachtheiligen, dem Wasser beigemischten Substanzen warnt, wie die Nase die luftath-

*) Ueber das Auge der Schnecken. In Meckel's Archiv Bd. V p. 206.

**) Lehrbuch der Zootomie p. 243.

***) Biologie. 6ter Bd. p. 306.

menden Thiere vor schädlicher Luft. Gewiſs ist die Empfindung, die das Organ hervorbringt, feiner als die des Geschmackes anderer Thiere, und deſswegen nicht mit diesem gleich zu stellen. Hierüber, so wie über die räthselhaften Hautkapseln und Röhren der Rochen und Haifische, welche *Jacobson* und *Treviranus* (vermischte Schriften III. p 142.) für eigene Sinnorgane halten, das Nähere im speciellen Theile.

§. 111.

Durch die Entwickelung einiger oder aller Sinnorgane um die Mundöffnung wird der Kopf gebildet, der durch die gleichzeitig stattfindende Vergröſserung des Gehirns an Ausdehnung und Einfluſs auf alle übrigen Functionen gewinnt.

Zwar hat der Tastsinn, der allgemeinste, bei allen Thieren seinen Sitz in der ganzen Haut; doch bilden sich bei den Meisten zu feineren Tastempfindungen eigene Fortsätze und Verlängerungen der Haut, vorzüglich in der Nähe des Mundes, wie die Polypenarme, Fühlfäden und Fühlhörner, Freſsspitzen, Bartfasern, Barthaare; selbst Lippen und Zunge oder Nasenspitze dienen diesem Sinne, und besonders entwickelt ist er bei den Händethieren, wo er seinen Sitz vorzüglich in der feingebildeten Haut der Fingerspitzen hat. Es sind die mechanischen Eigenschaften der Körper, ihre Gestalt, Consistenz, Gröſse, ihr Gewicht, Ortsverhältniſs, ihre Wärmecapacität etc., welche durch diesen Sinn erkannt werden.

§. 112.

Die **Zunge** ist durch ihre Function unabänderlich an die **Mundhöhle**, so wie das **Geruchsorgan** an die **Luftrespirationsöffnung** gebunden, welche bei den Luft athmenden Wirbelthieren zweifach über dem Munde liegt, bei den niederen Thieren dagegen an anderen Stellen des Körpers, bei den Insecten namentlich auf beiden Seiten desselben in vermehrter Zahl sich befindet.

Beide Sinnorgane sind vorzüglich zur Erkennung der Mischungsverhaltnisse der Körper bestimmt, welche durch den Verdauungs- und Respirationsapparat in nähere Wechselwirkung mit dem thierischen Körper treten sollen. Sie bilden zu diesem Ende schleimhautige meistens gefäfs- und nervenreiche Vorsprünge am Eingange zu diesen Apparaten; doch dient besonders die Zunge oft, selbst noch in den vollkommensten Thieren, zugleich als Ingestionsorgan, und ist zu diesem Zwecke mit oberhautigem, selbst hörnernen und stachlichen Ueberzuge versehen. Aus demselben Grunde erscheint sie in den tieferen Thierklassen zuweilen in Gestalt einer Röhre.

§. 113.

Die beiden edelsten Sinnorgane, die des **Gehörs** und des **Gesichtes**, erkennen die Eigenschaften der auf sie wirkenden Körper nicht durch unmittelbare Berührung der Substanz derselben, sondern durch Einwirkung unwägbarer Ausflüsse, des Schalles und des Lichtes, innerhalb bestimmter Entfernungen.

Das Gehörorgan, das bei allen Thieren, die es besitzen, doppelt vorhanden, und zu beiden Seiten der hintern Hirntheile gelegen ist, besteht seinen wesentlichsten Theilen nach aus einer mit Flüssigkeit gefüllten, nervenreichen, häutigen Blase, die mehr oder weniger fest in harte, knöcherne oder knorplige Theile eingeschlossen ist. In den vollkommneren Formen verbindet sich diese Blase mit drei halbkreisförmigen Kanälen, zu welchen noch ein schneckenförmig gewundener Anhang kommt. Zu diesen zur Empfindung des Schalles bestimmten Theilen, dem häutigen Labyrinth oder dem innersten Ohre, entstehen in den luftathmenden Wirbelthieren die vorbereitenden Theile, die Paukenhöhle, das Trommelfell und der äufsere Gehörgang mit der Ohrmuschel, oder das mittlere und aufsere Ohr.

§. 114.

Denselben Gang nimmt im Wesentlichen die Entwickelung des Auges, mit den Abänderungen, welche die Verschiedenheit des die Empfindung bewirkenden Mittels verlangt.

In Gestalt schwarzer Pigmentkügelchen sehen wir die einfachsten zur Lichteinsaugung bestimmten Organe bei den niedrigsten Thieren entstehen. Dieses schwarze Pigment ist auch in den vollkommensten Formen einer der wesentlichsten Bestandtheile des Auges, nur ist es von der Oberfläche der Haut in den Hintergrund des kugeligen Augapfels zurückgetreten, und bekleidet die hinter der Sehnervenausbreitung (Netzhaut) liegende Aderhaut. Zwischen diesen Häuten und der äufseren Oberflache haben sich hier die durchsichtigen, durch ihre Dichtigkeit und convexe Getsalt das Licht concentrirenden, vorbereitenden Theile gebildet: die Hornhaut, die wassrige Flüssigkeit, die Krystalllinse, und der Glaskörper. Eine doppelte, mit schwarzem Pigment versehene Blendung, die Regenbogenhaut und der Ciliarkörper, verhindert das Eindringen der Lichtstrahlen, die am Rande auffallen, oder die durch ihre Starke nachtheilig werden könnten; und in den vollkommensten Formen ist das Auge zu ganzlicher Abhaltung alles Lichtes mit willkührlich beweglichen undurchsichtigen Decken, den Augenliedern, versehen, mit denen ein drüsiger Befeuchtungs- und Reinigungsapparat verbunden ist, dessen wichtigsten Theil die Thranendrüse ausmacht.

Augenlieder und Augapfel werden durch vielfache und sehr thätige Muskeln bewegt, die sich zum Theil schon in den einfacheren Formen mit dem Sehorgan verbinden.

§. 115.

Mit den Centraltheilen des Nervensystems und den edleren Sinnorganen steht in den vollkommneren Thierklassen, welche unter dem Namen Wirbelthiere vereinigt sind, ein Apparat von harten kalkhaltigen

Theilen in Verbindung der jenen Organen als aufserste Hülle und Schutzmittel gegen Druck von den benachbarten Organen und von aufsen dient; dieser Apparat ist das Knochensystem im engeren Sinne, das Wirbelknochensystem oder Nervenknochensystem.

Dasselbe unterscheidet sich von dem in Mischung und Form nahe verwandten Hautknochensystem der tieferen Thierklassen wesentlich durch diese unmittelbare Verbindung mit den Centraltheilen des Nervensystems, welche es besonders von den benachbarten Muskeln absondert; denn diese würden bei ihren Bewegungen die Functionen der feineren Theile des Hirns und Rückenmarkes auf eine lebensgefahrliche Weise stören. Es richten sich daher die wesentlichen und Central-Theile des Wirbelknochensystems zusammen nach der Gestalt der Theile, welche sie einschliessen; sie bilden eine gröfsere Blase für das Gehirn, den Schedel, und einen langen Kanal für das Rückenmark, der in der Regel aus einzelnen, mehr oder weniger beweglichen Ringen, Wirbeln besteht, auf welchen, aufserhalb der für das Nervensystem allein bestimmten Höhle, die Muskeln aufsitzen. Zu diesem Behufe sind die Ringe mit nach aufsen gehenden Fortsatzen versehen. Diese bilden zum Theil wiederum gröfsere Höhlen für das Herz, die Respirationsorgane und die Geschlechtstheile, um auch sie vor jeder zu starken und störenden Einwirkung der benachbarten Muskeln zu schützen —

Rippen und Beckenknochen; — zum Theil dienen sie als Knochen der oberen, unteren, vorderen und hinteren Extremitaten blos der Ortsbewegung.

In dem Hautknochensysteme der Panzerthiere und Würmer bemerken wir zwar auch oft die Gestalt von Blasen, Ringen und Röhren, allein diese schliessen nicht die Centralmassen der Nerven allein ein, sondern sie dienen allen weichen Theilen des Körpers, welche innerhalb der Haut liegen, zu einer gemeinschaftlichen Hülle. Daher setzen sich die Muskeln innerhalb der Ringe und Röhren des Hautknochensystems an, und die Fortsatze dieser Ringe für den Muskelansatz gehen nach innen, wo sie freilich zuweilen, besonders bei den starkmuskeligen Panzerthieren, auch zur Absonderung einzelner Nervenknoten von den benachbarten Muskeln dienen, indem sie halbe oder ganze Kanale um diese Theile des Nervensystems bilden. Aber immer erscheinen diese Kanale als Fortsätze der äufseren Ringe, nicht als wirbelahnliche Centraltheile des ganzen Skelets, wie es bei den Wirbelthieren der Fall ist.

Anm. 1. Der vollkommene Gegensatz in Beziehung auf Läge Verbindung und Funktion dieser beiden Arten der Skeletbildung ist so durchgreifend, dafs sich darnach jeder Zweifel über die Bedeutung eines zu einem von beiden gehörigen Knochenstückes entscheiden läfst. Nie findet sich Schedel und Wirbelsäule ohne Gehirn und Rückenmark, immer in der engsten Verbindung mit ihnen als ihre Hülle, und in allen Wirbelthieren bis zum Menschen würde durch Erweichung oder gänzlichen Mangel des Knochensystems der gröſste und erste Nachtheil nicht aus der gestörten Bewegung, sondern aus dem Druck auf Hirn und Rückenmark bei der Bewegung entspringen. Es ergiebt sich hieraus, wie falsch es ist, wenn die Hauptfunktion des Knochensystems in den Wirbelthieren und namentlich im Menschen dahin angegeben wird, daſs sie die Basis der Gestalt des ganzen Körpers und die Hebel für die Muskeln bei der Bewegung bilden, und sie deſshalb passive Bewegungsorgane genannt werden (z. B. in Meckel's Handbuch der Anatomie I. 1815 p. 357.); das Hautskelet der Insekten bewirkt beides offenbar weit vollkommner. Die Gestalt ihres ganzen Körpers ist nicht allein fester und ihre Bewegung vollkommner und kräftiger als bei den wurmförmigen Knorpelfischen, in denen das Wirbelknochensystem zuerst erscheint, sondern sie übertreffen darin alle Wirbelthiere. *)

Wenn man mit *Geoffroy* und *Serres* **) das Wesen eines Wirbels darin setzen will, daſs er aus vier Theilen bestehe, welche sich zu einem Ringe vereinigen, oder mit *Carus* ***) noch allgemeiner darin, daſs er einen Ring von knorpliger, erdiger oder horniger Masse bilde, der den ganzen Körper umgebe, und durch secundäre Ringe, Rückenwirbel und Bauchwirbel, die Nervenganglien an der Bauch- und Rücken-

*) S. meine Dissert. De primordiis systematis ossium. Halle 1817 p. 10 — 12 und Ueber die ersten Spuren des Knochensystems von C. A. S. Schultze, im 4ten Bande des deutschen Archivs für Physiologie, 1818 p. 330 — 32 Die in diesen Schriften entwickelte Ansicht ist fast wörtlich in Meckel's System der vergleichenden Anat. I. 1821 pag. 51. aufgenommen, ohne die Quelle zu nennen.

**) Memoire sur une colonne vertebrale dans les insectes apiropodes, im Journal complémentaire du Dictionaire des sciences médicales T VI. 1820 p. 145.

***) Entdeckung eines inneren Schädelwirbels im Kopfe einiger Insekten, in der Zeitschrift für Natur- und Heilkunde, 2ter Bd. Dresden 1822 p. 309 — 10.

Fläche der Thiere einschliefse, so findet man freilich die Gränze zwischen Haut- und Wirbel-Knochensystem nicht, aber der Schlufs, dafs diese Gränze defshalb gar nicht existire, möchte wohl zu voreilig seyn.

Ebenso wenig kann ich *Blainville* beitreten, wenn er den Charakter eines wahren Skeletes (Wirbelknochensystems) und seinen Unterschied vom Hautknochensystem dahin angiebt, dafs es sich zwischen den Muskelfasern befinde; *) der Hauptheil des Wirbelknochensystems der Schildkröten liegt nicht zwischen Muskelfasern, und bei den meisten Panzerthieren finden sich Knochen ganz umgeben von Muskeln. Sehr richtig finde ich die Funktion des Knochensystems schon von *Aristoteles* angegeben: Ossa omnibus subjacent aut flectendi gratia, si moventur, aut conservandi causa, si immobilia sunt. **)

Auf die Verbindung zwischen Nerven- und Knochensystem hat vorzüglich Everard Home aufmerksam gemacht. ***)

Anm. 2. Aufser der angeführten mechanischen Beziehung des Wirbelknochensystems zum Nervensystem, welche die Bildung des Ersteren nothwendig macht, sobald das Letztere sich auf eine vollkommnere Stufe erheben soll, findet wahrscheinlich auch noch eine andere Wechselwirkung zwischen beiden statt, welche in dem Einfluls des Nervensystems auf den Absatz erdiger Theile in den Knochen und der Rückwirkung dieses Processes auf Ernährung und Thätigkeit des Nervensystems besteht. Viele Erscheinungen in Krankheiten der Knochen und Nerven deuten auf diese Verbindung. Doch geht *E. Home* wohl zu weit, wenn er glaubt, dafs der Bildungsprocefs der Knochen in den Thieren nur durch die Verbindung dieses

*) Ueber das Skelet, aus dem Bulletin de la soc. philomatique. 1817 übersetzt im deutschen Archiv für Physiologie B. IV. p. 267.

**) De partibus animalium. Lib. II. cap. IX.

***) Lectures on comparative anatomy. London 1814. Vol. I. pag. 71.

Systems mit einem bis auf eine gewisse Stufe ausgebildeten Gehirn möglich sey. *) Die so häufigen hirnlosen Mifsgeburten, ein rückenmarkloser menschlicher Foetus, den ich besitze, dessen Gliedmassenknochen vollständig ausgebildet sind, **) sprechen gegen diese Ansicht; und wollte man hier die Knochenbildung aus dem Einflufs des Gehirns der Mutter während der Schwangerschaft erklären, so kann ich den weiteren Gegenbeweis mit zwei anderen Präparaten meiner Sammlung aus der Klasse der Vögel, einer ganz hirn- und rückenmarklosen Ente und einem auf gleiche Weise mifsbildeten Hühnchen führen, die ein sogar übermäfsig entwickeltes Knochensystem besitzen, da sie beide zugleich Doppelmifsgeburten sind.

Ganz grundlos scheint mir *Heusinger's* Annahme, dafs das Skelet als polarisirende (?) Lage zwischen Nerv und Muskel entstehe. ***)

§. 116.

Aufser diesen beiden Hauptformen der Knochenbildung finden sich noch zwei Arten harter knöcherner Theile im Thierreich, namlich die Kernknochen und die Schleimhautknochen.

Die Kernknochen kommen nur in den einfachsten Pflanzenthieren vor. Sie bilden den innersten Theil, den Kern oder Stamm der meisten zusammengesetzten Polypen, den Knorpel der Velellen u. s. w., welcher von der weichen Masse des ganzen Körpers überzogen ist, und selbst gar nichts einschliefst, sondern solide ist.

*) l. c.

**) Burkart De monstro humano notabili. Friburgi 1825.

***) Meckel's Archiv. Bd. VIII. p. 584.

Die Schleimhautknochen sind dagegen meistens zu Ringen und Höhlen geformt, wie das Hautknochensystem und Wirbelknochensystem; aber diese Ringe und Höhlen sind mit Schleimhäuten ausgekleidet, und nehmen nur Flüssigkeiten oder ganz fremde Körper auf. Am allgemeinsten ist der Anfang des Darmkanals mit knöchernen Theilen versehen, welche den Beifs- und Kau-Apparat, das Kiefergerüst mit den Zähnen bilden. Es findet sich namentlich bei sämmtlichen Wirbelthieren, bei den meisten mit Hautknochen versehenen, und bei vielen Thieren, welche gar keine andere harte Theile besitzen, und besteht im Wesentlichen, wenigstens bei den Wirbelthieren, Panzerthieren und einigen Mantelthieren, aus zwei harten Bögen, die meist in der Mitte getheilt und mit Vorsprüngen, Zähnen versehen sind, welche bei senkrechter Bewegung der ganzen Bögen (Beifsen und Kauen der Mantelthiere und Wirbelthiere), oder bei seitlicher Bewegung der Bogenhälften (Beifsen der Panzerthiere), zum Ergreifen und Zermalmen der Nahrungsmittel dienen.

Bei den meisten Panzerthieren und Wirbelthieren gesellen sich zu diesen Bögen noch einige Nebenknochen und Knorpel, die hauptsächlich die Zunge, die Respirationsorgane und einige Theile der Geruchs-, Gehörs- und Sehwerkzeuge unterstützen. Die Oberkiefer und Unterkiefer nebst den übrigen Antlitzknochen, die Gehörknochen, die Zungenbeine mit ihren Anhängen, die Kehlkopf- und

Luftröhren-Knorpel oder Knochen, und die bei einigen Thieren im Magen, in den Geschlechtstheilen und dem Gefäfssystem vorkommenden Knochen bilden diese merkwürdige und einen ganz eigenen Entwickelungsgang nehmende Abtheilung des Skeletes.

Anm. 1. Die mit Kernknochen versehenen Thiere zeigen wie überhaupt in allen Lebensthätigkeiten, so vorzüglich in der Bildung und dem Wachsthum dieser harten Theile, die gröfste Aehnlichkeit mit den Pflanzen, deren innere Theile, wenn sie eine Zeit lang thätig gewesen sind, verholzen, auf eine tiefere Stufe der organischen Thätigkeit herabsinken und durch übereinander gelagerte Ringe den Stamm bilden, in dessen Ueberzuge, wie in dem der Corallen, das regere Leben statt findet. Ganz entgegengesetzt ist der Bildungsprocefs im Hautknochensystem, wovon bei den Röhrenpolypen und den kopflosen Mantelthieren die rohesten Formen erscheinen; die ältesten Lagen werden hier nach aufsen gedrängt, und die neueste bildet sich an der inneren Fläche. Auf ähnliche Weise wachsen unter den Schleimhautknochen wenigstens die Zähne allgemein. Mehr hierüber im speciellen Theile; das Gesagte wird hinreichen, zu zeigen, dafs Kernknochen und Hautknochen nicht in eine Abtheilung zusammengefafst, und als aufseres Skelet dem inneren Skelet der Wirbelthiere entgegengestellt werden können, denn die Kernknochen verdienen als innerste Theile des ganzen Körpers den Namen eines inneren Skeletes mehr, als selbst die Wirbelknochen, und unterscheiden sich ebenso wesentlich von den alle Organe umhüllenden Hautknochen.

Anm. 2. Von den Schleimhautknochen werden nur die des Antlitzes und die Zungenbeine als zum Skelet gehörig betrachtet, weil die übrigen beim Menschen gar nicht oder nicht in

Gestalt von Knochen vorkommen. Allein die harten Theile des Kehlkopfes und der Luftröhre, die bei den Vögeln und vielen Amphibien förmlich knöchern sind, ferner die Ruthenknochen und Herzknochen mehrerer Säugethiere verdienen gewifs durch Bau und Verbindung so gut als jeder andere Knochen und namentlich als das Zungenbein, mit dem sie ganz gleiche Verhältnisse haben, zum Skelet gerechnet zu werden. Dafs diese Theile bei den Säugethieren allgemein nur knorplig sind, kann ebenso wenig abhalten, sie als zum Skelet gehörig zu betrachten, wie dieses bei der knorpligen Wirbelsäule der Knorpelfische der Fall ist. Nur dadurch unterscheiden sie sich, so wie die Antlitzknochen, wesentlich von den zum Wirbelknochensystem gehörigen Theilen, dafs sie schleimhäutigen Kanälen und Höhlen, des Mundes, der Nase, des Athmungsapparates, der Ruthe, u. s. w. zur Stütze, und, wie z. B. im Kehlkopf, zur Bewirkung der feinsten Bewegungen dienen.

§. 117.

Je vollkommner sich das Wirbelknochensystem, und namentlich mit dem Gehirn der Schedel, ausbildet, desto mehr treten die Kieferbogen unter die Stirn zurück, und verbinden sich inniger mit den Knochen des Schedels, mit dem sie bei den meisten Fischen, Amphibien und Vögeln lockerer, und selbst die Oberkiefer beweglich, verbunden sind; bei den Säugethieren bleibt nur der Unterkiefer beweglich.

Die zunehmende Veredlung des Antlitzes, welche durch dieses allmählige Zurücktreten der Kauwerkzeuge unter den Behälter des Gehirns bewirkt wird, läfst sich von den Fischen an aufwärts bis zum Menschen verfolgen, und selbst durch Zahlen, nach den Graden des Camper'schen Gesichtswinkels, ausdrücken. Wenn nämlich von zwei Linien die eine den vordersten vorspringendsten Theil der Stirn und der Kiefern (Camper's Gesichtslinie), die andere den unteren Rand der äufseren Nasen- und Ohr-Oeffnung des Schedels berührt (Camper's Horizontallinie), so wird durch den gröfseren oder kleineren Winkel (von 1° — 100°), welchen beide Linien am Oberkiefer bilden, auf die einfachste, obwohl nicht immer täuschungsfreie Weise, das gröfsere oder kleinere Verhältnifs des Schedels und Gehirns zum Antlitz bezeichnet. *)

In demselben Grade als Gehirn und Schedel das Uebergewicht über den knöchernen Anfang des Darmkanals, das Kiefergerüst, erhalten, nehmen diese Knochen in den vollkommensten Wirbelthieren einige obwohl sehr entfernte Aehnlichkeit mit Wirbeltheilen an. Der gänzliche Mangel dieser Aehnlichkeit bei den unteren Wirbelthierklassen, wo die eigentlichen Schedelwirbel die gröfste Uebereinkunft mit den Rückenwirbeln zeigen, so wie der offenbare Uebergang von den Kauwerkzeugen der Panzer- und Mantel-Thiere in die der Wirbelthiere, ist der stärkste Beweis gegen die Zurückführbarkeit der Antlitzknochen auf Wirbel. Bei den Panzerthieren, wo das Hautknochensystem vorherrschend entwickelt

*) *Peter Camper*, Ueber den natürlichen Unterschied der Gesichtszüge. Uebersetzt von *S. Th. Soemmerring*. Berlin 1792. pag. XV und 17 — 23.

ist, nähern sich die Schleimhautknochen noch weit auffallender dem Typus dieses Systems mit dem sie schon wegen ihrer Lage an den Uebergangsstellen der aufseren Haut in die Schleimhäute naher verwandt sind.

Anm. Den ersten Versuch, die durch das Vorspringen der Kiefern entstehende Verschiedenheit der Gesichtsbildung bei Menschen und Thieren durch einen Winkel auszudrücken, hat meines Wissens der alte *Severinus* (Zootomia Democritaea Nürnberg 1645 p. 97 — 98) gemacht. Aufser der *Camper*'schen sind die Methoden von *Blumenbach* (Decas collectionis craniorum. Commentationes Gottingenses Vol X. 1791. p. 7 — 10.) und *Cuvier* (Vorlesungen über vergl. Anatomie II p. 8 u. 9.) besonders geeignet, feine Verschiedenheiten des Verhältnisses zwischen den Theilen des Antlitzes und dem Schedel zu bestimmen. Wenn ubrigens *Cuvier* (a a. O. p. 2.) behauptet, dafs die Vergrofserung des Antlitzes durch die stärkere Entwickelung der Organe des Geruches und Geschmackes bewirkt werde, so pafst dieses nur hinsichtlich des Geruches auf einige Säugethiere; für die Wallthiere und die drei tieferen Wirbelthierklassen ist es entschieden falsch. Ebenso unrichtig ist die Angabe desselben Schriftstellers (a. a. O. p. 4.), dafs die *Camper*'sche Horizontallinie die Linie der Schedelbasis sey, und der Gesichtswinkel durch die Gesichtslinie und die Schedelbasis gebildet werde. Ein Blick auf *Camper's* Zeichnungen und auf die Natur lehrt, dafs die Schedelbasis mit der Gesichtslinie einen weit gröfseren Winkel als der *Camper*'sche ist (beim Menschen 100 — 110°) bildet, und dafs die Schedelbasis nicht mit der durch die Nasen- und Ohr-Oeffnung geführten Horizontallinie zusammen fallen kann. Ich erwähne diese Irrthümer des hochverdienten Cuvier, weil sie in einige deutsche Lehrbücher, in denen man eigene Untersuchung der Natur und der Quellen erwartet, wie z. B. in *J. F. Meckel's* Handbuch der menschlichen Anatomie, Band I. pag. 66 und

67, wörtlich übergegangen sind, und weil die Sache von allgemeinem Interesse ist.

§. 118.

Es würden also die vier Hauptformationen knöcherner Theile im ganzen Thierreiche auf folgende Weise zu unterscheiden seyn:

1) Kernknochen, ganz dichte, vorzüglich kalkhaltige Massen, welche von allen weichen Theilen des Thieres wie ein Kern überzogen sind; am meisten entwickelt bei den Steinkorallen (Lithophyta).

2) Hautknochen, die gemeinschaftliche, kalkerdige Hülle aller oder der meisten weichen Organe bildend, immer in unmittelbarer Verbindung mit der Haut, häufig mit Fortsätzen nach innen zum Ansatz der Muskeln und Schutz der Nerven; bei den Krebsen, den Seeigeln und Seesternen besonders ausgebildet.

3) Schleimhautknochen, von einer Schleimhaut unmittelbar bekleidete, oder selbst aus ihr hervorragende (Zähne) Knochen und Knorpel, die meistentheils ring- oder rinnenförmig gestaltete Wände schleimhautiger Kanäle bilden; am stärksten in den Vögeln und zum Theil bei den Fischen und Säugethieren.

4) Nervenknochen oder Wirbelknochensystem, aus einem centralen und einem peripherischen Theil zusammengesetzt, jener die knorplige und knöcherne, meist aus beweglichen Ringen bestehende Hülle

der Centraltheile des Nervensystems, dieser die strahligen Fortsätze nach aufsen, zum Ansatz der Muskeln, zur Bildung der Gliedmassen, und zum Einschliessen der Kreislaufs- und Zeugungs-Organe. Der centrale Theil ist vorzüglich entwickelt bei den Saugethieren, der peripherische bei den meisten Knochenfischen.

§. 119.

Die knöchernen Gebilde der dritten und vierten Art bestehen immer, die der zweiten meistentheils aus mehreren einzelnen Stücken, welche sich untereinander auf sehr verschiedene Weise, wie es die verschiedenen mechanischen Funktionen erfordern, verbinden, und man unterscheidet gewöhnlich am allgemeinsten die unbewegliche und die bewegliche Verbindung. Wegen der beständigen unmerklichen Uebergänge scheint mir dieser Unterschied nicht, oder doch viel weniger zur Klassification der Knochenverbindungen geeignet zu seyn, als die verbindende Substanz selbst, wonach schon die älteren Anatomen abtheilten.

Ich nehme vier verschiedene Klassen der Verbindung abgesonderter Knochenstücke im Thierreich an, je nachdem dieselbe vorzüglich durch Knorpelsubstanz, Sehnenfasern, Muskelfasern oder Synovialmembranen bewirkt wird, nämlich:

I. Knorpelfuge, Synchondrosis, Verbindung der ganzen einander zugekehrten Flächen zweier Knochen durch Knorpel- oder Faserknorpel-Masse. Hierzu gehören: 1) die verschiedenen Näthe, Suturae, z. B. der Schedelknochen und Hautknochenstücke; 2) die Fuge, Symphysis, z. B. der Schambeine, Brustbeine und Wirbelkörper der Säugethiere.

II. Sehnenverbindung, Synneurosis, Verbindung der einander zugekehrten Flächen zweier Knochen allein durch Sehnenfaserbündel; sie ist dreifacher Art: 1) die elastische, Synneurosis elastica, z. B. am Schloſs der Muschelschalen; 2) die straffe, S. adstricta, wie in der Einkeilung der Zähne (gomphosis); 3) die schlaffe, S. laxa, z. B. an der Kniescheibe und andern Sesambeinen, am Ruthenknochen der Säugethiere, an den Muskelgräthen der Fische.

III. Fleischverbindung, Syssarcosis, wenn zwei Knochen blos oder vorzüglich durch Muskelsubstanz verbunden sind, wie das Schulterblatt mit den Knochen des Stammes und Schedels bei den Hunden, Katzen, Wiederkäuern u. A., oder das Zungenbein mit den Kopfknochen beim Menschen.

IV. Die membranöse oder Gelenksack-Verbindung, Synhymenosis (in der menschlichen Anatomie vorzugsweise Gelenk, Diarthrosis, genannt), wenn ein mit schleimiger Flüssigkeit, synovia, gefüllter Sack die beiden einander zugekehrten Knochenflächen verbindet. Sie hat zwei Unterabtheilungen: 1) Trichtergelenk, Synhymenosis infundibuliformis, wo zwei trichterförmig ausgehöhlte

Flächen einander entgegen stehen, und nur an ihren Randern zusammen gehalten werden, wie die Gelenkverbindung zwischen den Wirbelkörpern der Fische; 2) Parallelgelenk, S. parallela, wo zwei parallel gebildete Knochenflächen an ihrem Umfange zusammen gehalten werden und sich möglichst nahe berühren, indem sie übereinander gleiten. Je nachdem diese Flachen gewölbt, gerade oder mit ineinandergreifenden Vorsprüngen versehen sind, unterscheidet man folgende Arten: a) das freiste Gelenk, Arthrodia, wenn ein grofser Gelenkkopf mit einer flachen kleinen Gelenkhöhle verbunden ist, wie der Oberarmknochen der meisten Säugethiere, Vögel und Amphibien mit dem Schulterblatte; b) das Pfanngelenk, Enarthrosis, wenn sich ein halbkugeliger Kopf in einer halbkugeligen Pfanne bewegt, wie z. B. der Oberschenkel im Hüftbeine, die Wirbelkörper untereinander bei den meisten Amphibien und einigen Saugethieren; c) das Gewinde oder Kniegelenk, Ginglymus, wenn eine breite oder mit seitlichen Vorsprüngen versehene runde Gelenkfläche sich auf einer entsprechenden zweiten so bewegt, dafs nur Streckung und Beugung statt finden kann; z. B. die Gelenke der meisten Flofsenstrahlen mit ihren Flofsenträgern, der Phalangen der Finger und Zehen unter einander, des Unterkiefers mit dem Schlafbein u. s. w. Dieses Gelenk findet sich an den Stellen, wo Beweglichkeit und Kraft zugleich bezweckt wird, und bietet die meisten Verschiedenheiten durch Bildung von

Zapfen dar, die zu Befestigung und Einschränkung der Bewegung dienen, und vorzüglich das Ausweichen beim Strecken verhindern, wie z. B. das Olecranon; d) das Schlofsgelenk, Claustrum, ist ein Gewinde, das durch Vortreten eines Zapfens sich selbst feststellt, so dafs es unbeweglich wird; die Stacheln und ersten Flofsenstrahlen mehrerer Fische sind auf diese merkwürdige Art eingelenkt; e) das Drehgelenk, Rotatio, wo ein Vorsprung des einen Knochen sich mit einer entsprechenden Vertiefung des andern so verbindet, dafs der eine in dem andern als Achse, oder um die Achse gedreht werden kann, wie der Zapfen des Hinterhauptbeins im Atlas bei Amphibien und Vögeln, und der Atlas der Säugethiere um den Zahn des Epistropheus; f) das straffe Gelenk, Amphiarthrosis, wenn die graden oder gebogenen Flächen der Knochen durch eine sehr kurze Synovialmembran eng vereinigt sind, wie das allgemein bei den Hand- und Fufs-Wurzelknochen der Amphibien und Säugethiere der Fall ist.

Anm. Die Eintheilung der Knochenverbindungen in bewegliche und unbewegliche hat viel Unpassendes, besonders wenn man dabei auch anatomisch, wie *Meckel* (System der vergleichenden Anatomie II. 1. p. 4 – 5), alle Verbindungsarten der Knochen auf zwei zurückführen will, nämlich die Verbindung der einander entgegengewandten Knochenflächen durch eine festweiche Zwischensubstanz — die unbewegliche, und die Verbindung durch eine vom Umfange der sich berührenden und übereinander hingleitenden Flächen entstehende Membran — die bewegliche. Hierbei entsteht nicht allein die Sonderbarkeit, daſs als Unterabtheilung der unbeweglichen Verbindung die halbbewegliche erscheint (*Meckels* Handbuch d. menschl. Anatom. I. p. 397.), sondern auch die doppelte Unrichtigkeit, daſs 1) einige der allerbeweglichsten Verbindungen, wie z. B. die des Zungenbeines mit den Kopfknochen beim Menschen, oder die des Schulterblattes mit den Knochen des Rumpfes bei den schlüsselbeinlosen Säugethiergeschlechtern, oder die Verbindung der Schalen der zweischaligen Muscheln zu der Abtheilung der unbeweglichen gehören muſsten; und daſs 2) einige bewegliche Verbindungen gar nicht untergebracht werden konnten, wie z. B. das Trichtergelenk der Fischwirbel, wo zwei ausgehöhlte Flächen nur an ihren Rändern verbunden sind.

§. 120.

Die Muskeln bewirken die Bewegung des ganzen Körpers und seiner einzelnen Theile in allen Thieren, die sich über die tiefste Stufe der Organisation erheben, indem sie entweder die Haut, oder die eben beschriebenen knöchernen Theile, an welche sie befestigt sind, durch ihre Contractionen bewegen. (s. §. 89.)

Die einfachste Form, welche das Muskelsystem im ganzen Körper der unvollkommneren und in einzelnen Theilen der vollkommneren Thiere zeigt, ist die häutige Ausbreitung, wobei die parallel liegenden Fasern und Faserbündel, ohne an ihren Endpunkten mit Sehnenfasern in Verbindung zu stehen, in ihrem ganzen Verlauf an die innere Fläche der äuſseren Haut oder an die äuſsere Fläche einer Schleimhaut befestigt sind, deren Bewegung sie bewirken. Sie bilden in dieser Form entweder in sich selbst zurücklaufende Kreise, oder mit diesen unter rechten

Winkeln sich kreuzende Längsbündel, die sich mit ihren Enden in der Haut verlieren, und haben im einfachsten Zustande weder Blutgefäfse noch Nerven, sondern bestehen blos aus den durch Schleimgewebe verbundenen zusammenziehungsfähigen Fasern.

Bei vollkommnerer Organisation werden diese Fasern nur durch reichliche Verbindung mit Arterien, Venen, Saugadern und Nerven fähig, die Erscheinungen der Muskel-Contraction und Expansion zu bewirken, und bilden mehr selbstständige, von den benachbarten Theilen abgesonderte Organe, die Muskeln. Zur Erleichterung ihrer Functionen verbinden sich die Muskeln, besonders die willkührlich beweglichen und mit Knochen verbundenen, an ihren Endpunkten mit Sehnenfasern, die sie an die Beinhaut der Knochen befestigen, und in ihrem Verlauf mit Synovialsäcken, die ihre Bewegung erleichtern.

Nach den Organen, welche durch die Muskeln bewegt werden und an welche sie sich anheften, kann man drei Arten von Muskeln unterscheiden, nämlich:

1) Hautmuskeln; 2) Schleimhautmuskeln und 3) Knochenmuskeln.

In den tiefsten Thierklassen finden sich nur Hautmuskeln; sie gehen bei den höhern Thieren in die Wirbelknochenmuskeln über, und je mehr sich die letztern entwickeln, desto mehr treten die ersteren zurück. Dabei verliert sich die einfache Grundgestalt der Kreis- und Längs-Fasern, indem sie sich zu abgesetzten Muskelbändern und Muskelbauchen vereinigen, die von Hautstück zu Hautstück, vom Knochen zur Haut oder von Knochen zu Knochen verlaufen. Die Schleimhautmuskeln dagegen behalten selbst in den vollkommensten Thieren fast durchgangig die einfache Grundgestalt bei, und nähern sich in diesen auch durch ihre geringere Verbindung mit dem Nervensystem und die gänzliche oder theilweise Unabhängigkeit ihrer Zusammenziehungen von der Willkühr, als Muskeln der vegetativen Lebensprocesse, dem ganzen Muskelsystem der pflanzenähnlicheren tieferen Thiere.

§. 121.

Die Stimmorgane sind diejenigen welche einen Ton hervorbringen, indem sie die Luft beim Ausathmen (ausnahmsweise auch beim Einathmen) durch eine verengerte Spalte, die Stimmritze, treiben; sie finden sich nur bei den vollkommensten, und zwar den luftathmenden Wirbelthieren, und dienen im Allgemeinen zum Ausdruck und zur Mittheilung angenehmer und unangenehmer Empfindungen. Der Gang ihrer Vervollkommnung von der eben angegebenen einfachsten Form besteht theils in der Vermehrung der knorpligen oder knöchernen, die einfache oder doppelte Spalte einschliefsenden Stücke und der dieselben bewegenden Muskeln, theils in der Verfeinerung der Beweglichkeit des Mundes und der in der Mundhöhle liegenden Theile, die auf die Abanderung der durch die Stimmritze hervorgebrachten Töne vorzüglichen Einflufs haben.

Anm. Durch die obige Definition sind, wie ich glaube mit Recht, alle die Töne, welche ohne Mitwirken der Stimmritze, durch das Pressen von Luft durch die Speiseröhre oder die Mundöffnung (Pfeiffen der Menschen, Knurren einiger Fische), die Zunge, die Nasenöffnung oder die Afteröffnung (Bombardierkäfer) bei verschiedenen Thieren bis zu den Insecten herab hervorgebracht werden, von der Stimme ausgeschlossen. Ebenso wenig darf das durch Reiben aufserer Organe hervorgebrachte Singen der Cicaden, Gryllen und anderer Insecten oder das Schreien des Todtenkopfschmetterlings als ein durch wirkliche Stimmorgane entstehendes Getön betrachtet werden, obgleich der Zweck dieser Töne höchst wahrscheinlich derselbe wie der der Stimme der höheren Thiere ist. Dagegen will ich nicht entscheiden, ob der Ton, den die Weinbergschnecke (Helix pomatia) zuweilen beim Ausathmen hervorbringt, nicht als Stimme betrachtet werden müfse.

§. 122.

Diese sind die zusammengesetzten Organe oder Apparate, die in den meisten, oder nur in den vollkommneren Thieren in der angegebenen Allgemeinheit vorkommen. Aufser diesen finden sich noch einige Organe nur in wenigen Thiergeschlechtern und auf eine so abweichend eigenthümliche Art gebildet und thatig, dafs sie sich weder nach ihrem Gewebe, noch nach ihrer Lage, Verbindung und Verrichtung (S. §. 57.) auf die bei den übrigen Thieren vorkommenden zurückführen lassen.

Die auffallendsten unter diesen weniger verbreiteten eigenthümlichen Theilen sind:

1) Die electrischen Organe, die sich nur bei einigen Fischen finden, und im wesentlichen aus einer

grofsen Menge paralleler Schleimgewebsblattchen bestehen, die durch Flüssigkeit von einander getrennt sind, und sehr viele Nerven- und Gefafs-Verzweigungen in sich aufnehmen. Sie sind Vertheidigungsorgane, wodurch der Fisch willkührlich Schlage geben kann, die starken electrischen Entladungen sehr ahnlich sind, ohne jedoch auf das Electrometer zu wirken.

2) Die Schwimmblase der meisten Fische kann zwar in doppelter Hinsicht als Vorbildung der Lungen betrachtet werden, nämlich 1) in so fern sie, wie diese, luftförmige Stoffe absondert (nicht allgemein wird Luft von aussen aufgenommen), und 2) wegen ihres fast durchgängig stattfindenden Zusammenhanges mit dem Schlunde durch einen Luftkanal; der von *Weber* *) entdeckte Zusammenhang mit dem Gehörorgan erinnert gleichfalls an die Eustachische Röhre der mit Lungen versehenen Wirbelthiere. Allein es bleiben sehr wesentliche Verschiedenheiten hinsichtlich der Lage, Verbindung und Verrichtung.

3) Die Leuchtorgane mehrerer Insecten; dichte Anhäufungen einer feinkugeligen Masse, die mit Tracheen und Nerven durchzogen ist, und ein oft sehr helles phosphorisches Licht hervorbringt, dessen Verstärkung zum Theil willkührlich und mit der Geschlechtsthätigkeit verbunden ist.

---

*) De aure et auditu hominis et animalium. P. I. Lips. 1821. p. 40.

4) Die Giftorgane, welche sich bei mehreren Panzerthieren am Hinterleibe öffnen. Sie bestehen entweder blos aus einer secernirenden Blase, die sich an der stachelförmig ausgezogenen Haut des letzten Körperringes öffnet (Scorpion), oder die Blase ist mit langen Schläuchen, die die Giftabsonderung bewirken, und mit einem beweglichen, in einer Scheide verschlossenen Stachel verbunden (Hymenoptera).

5) Die Spinnorgane mehrerer vollkommenen Insecten und vieler Insecten-Larven, die immer in der Gestalt von absondernden Schlauchen erscheinen, welche sich entweder am vorderen, oder am hinteren Körper-Ende öffnen, und durch das aus ihrer Absonderung bereitete Gespinnst theils die Ernährungs-Functionen, theils die Zeugung und Entwickelung der Jungen unterstützen, indem sich merkwürdige Kunsttriebe an diese Theile knüpfen.

6) Das Spinnorgan im Fufse der zweischaaligen Mantelthiere. Es besteht aus einer einfachen drüsigen Masse, und sondert eine klebrige Substanz ab, welche, in Fäden gezogen, zur Befestigung dient und den sogenannten *byssus* bildet.

7) Die Purpur- und Dinten-Organe der Mantelthiere, ebenfalls absondernde Schläuche (Dintenbeutel) oder Drüsen, die sich entweder am After, oder neben den Respirationsorganen nach aufsen öffnen, und eine farbige Flüssigkeit ausleeren, wodurch sich das Thier vertheidigt oder verbirgt.

8) Das sogenannte Giftorgan des Schnabelthiers besteht aus einer Drüse, welche beim männlichen Geschlechte unter der Haut am Schenkel liegt, sich durch einen langen Ausführungsgang in den Sporn des Hinterfufses öffnet, und eine wahrscheinlich giftige Flüssigkeit absondert.

Anm. 1. Es kann seyn, dafs einige dieser Organe Abänderungen solcher sind, die wir schon in der obigen Uebersicht mit aufgeführt haben, namentlich gilt dieses für die Absonderungsorgane, die unter der Haut liegen, und sich an der Oberfläche des Körpers öffnen; sie sind vielleicht nur ausgebildetere Hautdrüsen; allein die Abänderung des Baues und der Function ist bei ihnen so bedeutend, dafs sie mit demselben Rechte als eigene Organe betrachtet zu werden verdienen, wie alle übrigen, die sich aus der ursprünglich allein vorhandenen Haut entwickeln.

Anm. 2. Die Flüssigkeit des Dintenbeutels der Sepien scheint mir etwas Harnsäure zu enthalten, wenn dieses sich bestätigt, so mufs das Organ als Abänderung der Harnsecretionsorgane betrachtet werden, wofur es schon *Blainville* (Journal de Physique, Tom. 91. p. 319.) erklärt hat.

§. 123.

Mehrere andere einzelnen Thiergeschlechtern oder Familien ausschliefslich eigen scheinende Organe lassen sich dagegen auf allgemeiner vorhandene zurückführen, mit denen sie in den Hauptpunkten übereinkommen. Dahin gehören:

1) Die Leistenbeutel *) und die Hufdrüsen **)

---

*) Sinus inguinales, *Pallas* Spicilegia I. p. 26. *Daubenton* in *Buffon* Histoire naturelle, XII. tab. 24.

**) *P. Camper* Oeuvres I. p. 346.

der Wiederkäuer, die Fettbälge und Drüsen unter den Augen dieser Thiere (*Hirschthränen*) *), in den Schläfen der Fledermäuse **), Elephanten ***) und einiger Anderen, ferner die Rückendrüse des Bisamschweins (Sus Tajassu) ****), die Schwanzdrüsen der Vögel, die Unterkieferdrüsen der Krokodile und die Schenkeldrüsen der eidechsenartigen Amphibien, welche alle offenbar nur vergröſserte Hautdrüsen sind, und zum Theil durch ihre starkriechende Secretion mit der Geschlechtsthätigkeit in Verbindung stehen.

2) Die Bisambeutel einiger Säugethiere, die sich an der Vorhaut der Ruthe öffnen und stark vergröſserte Vorhautdrüsen sind, welche sich in etwas geringerem Grade der Entwickelung bei den meisten Saugethieren finden. Sie sind entweder bei beiden Geschlechtern (Biber, Bisamratte †), oder nur beim männlichen (Moschusthier ††).

---

*) *J. J. Wepfer* von den Hirschthränen. Abhandlungen der kaiserlichen Academie der Naturforscher. Bd. 16. p. 227. Nürnberg 1767.

**) *Fr. Tiedemann* Beschreibung der Hautdrüsen einiger Thiere. Deutsches Archiv für Physiologie, II. p. 112.

***) Oeuvres de *Pierre Camper*. Paris 1803. Tom. II. p. 135. Tab. XVIII. E.

****) *Seifert* Spicilegia adenologica. Berolini 1823. Tab. 2.

†) *Buffon*, l. c. T. VIII. tab. 40. 41. *Sarazin* Mémoires de l'Ac. de Paris, 1725. Tab. 12. fig. 9. und Tab. 13, fig. 11.

††) *Pallas* Spicilegia. XIII. Tab. 6. fig. 4, 9, 10.

3) Die Afterdrüsen und Afterbeutel des Stinkthiers *), Ichneumons **), Zibetthiers ***), der Beutelthiere ****), der Hyänen und des Dachses finden sich ebenfalls, nur in geringerer Ausbildung, bei vielen Säugethieren, einigen Amphibien †) und Knorpelfischen ††), und scheinen durch ihre Function mehr mit der Zeugung als mit der Verdauung verbunden zu seyn.

4) Die Stensonsche Nasendrüse †††) der meisten Säugethiere und Vögel ist ein Theil des Geruchsorgans, der eine reichlichere Schleimabsonderung zu bewirken scheint.

5) Die Giftdrüsen der Schlangen ††††) entsprechen wahrscheinlich den Speicheldrüsen der höheren Thiere, von denen sie sich aber immer durch die giftige Absonderung und den eigenthümlichen Verlauf des Ausführungsganges unterscheiden.

---

*) *Mutis* (Medicus beim Vicekönige zu Santa Fé) Ueber das Thier Viverra putorius. Schwedische Abhandlungen Bd. 32. p. 69, 75.

**) *Cuvier* Vorlesungen über vergl. Anat. Uebersetzt von Meckel. IV. Tab. XXIII. fig. I.

***) *Buffon* l. c. Tom. IX. tab. 32.

****) *Blumenbach* vergl. Anat. Tab. VII.

†) Z. B. bei der Klapperschlange, E. *Tyson*. Philosoph. Transact. Vol. XIII. 1683. n. 144. Valentini Amphitheatrum. Vol. II. p. 176. Bei der weiblichen Ringelnatter.

††) *Cuvier* Vorles. üb. vergl. Anat. IV. p. 663.

†††) *Stenonis* observ. anatom. 1662. 12. p. 105. *Jacobson* in Bulletin des sciences de la Soc. philomatique. Avril 1813. *Nitsch* Ueber die Nasendruse der Vögel, im deutschen Archiv f. Physiol. Bd. 6. p. 234.

††††) *Seifert* Spicilegia adenologica. Berol. 1823. Tab. I. fig. 1-4.

6) Die Kopfhautkapseln *) der Rochen- und Haifische sind sehr nervenreiche Organe, die, wenigstens bei den Rochen deutlich, mit Kanälen in Verbindung stehen, welche sich an verschiedenen Stellen der Haut öffnen, und vielleicht, aufser ihrer Excretionsfunction, eine Art Tastempfindung hervorbringen können.

7) Der sogenannte Kalksack (Schleimdrüse) der Mantelthiere **) ist nach genauerer Untersuchung der darin abgesonderten Flüssigkeit (S. die Tabelle über die Flüssigkeiten unter Harn) das Harnsecretionsorgan dieser Thiere, also der Anfang der Nierenbildung.

Anm. Dafs das Witterungsorgan der Fische dem Geruchsorgan der höheren Thiere zwar nicht hinsichtlich der Function, aber durch Lage und Verbindung entspreche, ist schon pag. 157 erwähnt. Vielleicht können die Nasengruben der Schlangen als Andeutungen dieses Witterungsorgans betrachtet werden.***)

§. 124.

Alle bisher betrachtete Organe können als einem Organismus ausschliefslich angehörige und die

---

*) *Jacobson* (Im Bulletin par la société philom. 1813, September) und *Treviranus* (Vermischte Schr. III. p. 142) halten sie für eigene Sinnorgane, was mir, nach genauer Untersuchung, sehr unwahrscheinlich ist; das Nähere im Abschnitt von der Haut.

**) *Swammerdam* Bibel der Natur. Tab. 5. fig. 4 u. 5. *G. Cuvier* Mémoire sur la limace et le colimacon, in Mémoires sur les Mollusques. Paris 1817. Tab. I. fig. 2 u. 4. h. i. *Wohnlich* de Helice pomatia. Wirceburgi 1813. p. 23. *Jacobson* Ueber die Anwesenheit der Nieren in den Mollusken. Aus dem Journal de Physique, T. 91. übersetzt im deutschen Archiv f. Physiol. Bd. 6. p. 370.

***) *Carus* Lehrbuch der Zootomie, p. 245.

meisten als bleibende den vergänglichen Eihüllen gegenübergestellt werden, deren Existenz und Thätigkeit mit jenen einen merkwürdigen Gegensatz bildet, indem sie während ihrer kurzen Dauer zwei verschiedenen Organismen angehören, und in gleichem Grade abnehmen, als die bleibenden Organe sich entwickeln. Die Eihüllen und dazu gehörigen Entwickelungsorgane der Frucht entstehen als Theile des mütterlichen Organismus; sie werden erst, nachdem sich die Frucht in ihnen gebildet hat, zu deren Schutz und Ernährung sie in der ersten Lebensperiode beitragen, Organe dieses neuen Organismus, und dieser bedient sich ihrer nur so lange, bis er ein selbstständigeres Leben zu führen und der Eihüllen auf verschiedene Weise sich zu entledigen im Stande ist.

Die allgemeine Form der Eihüllen, die nur in den untersten Thierfamilien als eigene Organe fehlen, ist bei eierlegenden und lebendig gebährenden Thieren die blasige. Ihre Vervollkommnung in den höhern Thierklassen besteht hauptsächlich in der Vervielfältigung dieser Blasen, die mit eigenen Eingeweiden der Frucht zum Theil in unmittelbare, zum Theil durch Blutgefäfse vermittelte Verbindung treten, wie der Zusammenhang des Dottersackes oder der Nabelblase mit dem Darmkanal, der Allantois mit der Harnblase, des Amnion mit der äufseren Haut, und des Chorion und der Placenta mit der Leber und dem Herzen beweist.

§. 125.

Die kürzere Existenz und schneller als in anderen Organen verschwindende Thätigkeit haben einige der oben angeführten Organe mit den Eihüllen gemein, und unterscheiden sich hierdurch von der Mehrzahl der Organe, die von der ersten Bildung des Körpers bis zum Lebensende vorhanden, und in der Mitte der Lebensdauer am wirksamsten sind. Die Thymus der meisten Saugethiere, die Kiemen und der Schwanz der jungen Frösche und Kröten, die Kiemen der Salamander- und Tritonen-Larven, die Spinngefäſse der Raupen sind solche dem Embryo- und Larven-Zustande angehörige Organe, die in der Periode der Reife ganz geschwunden sind, indem ihre Function entweder überflüſsig geworden ist, oder durch andere Organe ersetzt wird.

Selbst die Zeugungstheile sind nur in der mittleren Lebenszeit, und nur periodisch thätig, und manche dazu gehörige Organe, wie z. B. die weiblichen Brüste, kommen selten, bisweilen gar nicht zur Vollziehung ihrer eigentlichen Function.

Vierter Abschnitt.

Uebersicht des ganzen Baues in den Klassen und Familien des Thierreichs.

§. 126.

Das Thierreich läfst sich am natürlichsten in drei Haupt-Abtheilungen theilen, welche folgende elf Klassen enthalten:

A. Würmer, Vermes (*Linné's* 6te Klasse: Vermes).

I. Urthiere, Protozoa.

II. Strahlthiere, Radiata.

III. Ringelwürmer, Annulata.

IV. Mantelwürmer, Palliata.

B. Panzerthiere, Loricata (*Linné's* 5te Klasse: Insecta).

V. Kruster, Crustacea.

VI. Spinnen, Araneae.

VII. Insecten, Insecta.

C. Wirbelthiere, Vertebrata (die rothblütigen Thiere *Linné's*).

VIII. Fische, Pisces.

IX. Amphibien, Amphibia.

X. Vögel, Aves.

XI. Säugethiere, Mammalia.

Ich habe die beiden letzten Klassen des Linnéischen Systems als Haupt-Abtheilungen der der Wirbel-Thiere, welche die vier ersten Klassen dieses Systems enthält, gegenübergestellt, weil mir diese beiden grofsen Thier-Abtheilungen sehr bestimmte, allgemeine, anatomische Merkmale zu haben scheinen, obgleich sie, wie die Wirbelthiere, in mehrere Klassen getheilt werden müfsen. Aus demselben Grunde habe ich den, ohnehin durch den Sprachgebrauch geheiligten Namen Würmer für die erste Abtheilung beibehalten. Die auf der 2ten Tabelle folgende Zusammenstellung der wichtigsten zoologischen Systeme zeigt, dafs ich hauptsächlich meinem verehrten Lehrer, Professor *Nitzsch* in Halle, gefolgt bin.

§. 127.

Die erste Abtheilung, Würmer, Vermes, begreift die unvollkommensten Thiere, die Anfange aller thierischen Organisation und die ersten Bildungsstufen, worin sich besonders die Organe der einfachsten vegetativen Verrichtungen, Haut, Verdauungs- und Kreislaufsorgane entwickeln, und in einigen Familien selbst zu einer gewissen Vollkommenheit erheben. Für die höheren thierischen Functionen finden sich entweder gar keine eigenen Organe, oder nur die rohesten Rudimente derselben, die vollkommenste Familie der Würmer, die Dintenwürmer, Sepioidea, ausgenommen, die sich auch durch die Bildung der Sinnorgane am meisten den Wirbelthieren nahern.

Der Mangel oder die Unvollkommenheit ihrer Respirations- und Bewegungs-Organe zwingt die Würmer fast durchgängig im Wasser oder auf feuchter Erde zu leben; nur sehr wenige haben ein lungenartiges Luft-Respirations-Organ (Lumbricus, Limax, Helix, Planorbis, Lymnaeus etc.). Auch äufserlich charakterisiren sich daher die Würmer durch den gänzlichen Mangel oder die sehr unvollkommene Bildung der edleren Sinnorgane und der freien Bewegungsorgane oder Gliedmaafsen, die höchstens als Borsten, Fäden oder gestielte Saugwarzen ohne alle Gliederung erscheinen. Der ganze Rumpf ist das einzige oder wenigstens das vorzüglichste Bewegungsorgan, daher die Bezeichnung Würmer auch nach dem gemeinen Sprachgebrauch für die meisten pafst.

Aufser dem Tastorgan, der Haut, die durchgängig feucht und schleimabsondernd ist, besitzen die meisten, und zwar in allen vier Klassen der Würmer viele Familien, gar kein eigenes Sinnorgan. Mehrere haben zwar eine Zunge und Rudimente von Augen, aber die erstere scheint mehr Ingestions- als Geschmacks-Organ zu seyn, und die letzteren nach ihrem Bau nur zur Unterscheidung von Hell und Dunkel, nicht zur Erkennung verschiedener Gestalten dienen zu können (die Augen der Sepioidea ausgenommen).

Vielen fehlt jede Spur von Nerven- und Muskel-System. In den meisten bildet ein um die Speiseröhre laufender Ring den Hauptheil des Nervensystems, an welchen sich mehrere durch Fäden verbundene Ganglien anreihen. Die ganze Muskelmasse oder der gröfste Theil derselben besteht aus Längs- und Kreis-Fasern die einen

Schlauch oder Sack bilden, welcher die Eingeweide umschliefst, nur selten sondern sich hiervon einzelne Bündel zur Bewegung einzelner Theile, der Fühlfäden, Kauwerkzeuge u. s. w. ab.

Es finden sich bei den Würmern alle Arten der Zeugung; viele haben gar keine Zeugungsorgane, die meisten sind weiblich oder hermaphroditisch, nur wenige haben getrennte Geschlechtstheile. Alle besitzen einen so hohen Grad von Reproductionskraft, dafs sie den Verlust bedeutender Körpertheile vollständig wieder ersetzen können, und viele sich sogar durch Theilung selbst vermehren, oder künstlich vermehren lassen.

Ungeachtet der meistentheils so einfachen Organisation bieten dennoch die Würmer unter den 3 Abtheilungen des Thierreichs die gröfste Verschiedenheit äufserer und innerer Form dar, weil die Natur in ihren einfachsten Productionen am wenigsten einen gleichförmigen Typus beobachtet, sondern diesen erst hervortreten läfst, nachdem die niedrigeren Formen auf die manchfaltigste Weise die höheren vorbereitet haben.

Daher die Existenz oder der Mangel des Gefäfssystems, selbst des Nervensystems, u. s. w., vorzüglich aber die verschiedenartigste Bildung der noch sehr unbedeutenden Centralorgane, Mangel, Einfachheit, Mehrfachheit des Herzens z. B. (Strahlthiere, Ringelwürmer) von viel geringerem Einflufs auf die übrigen Organe und ihre Verrichtungen als bei den vollkommneren Thieren. Daher reproducirt die Schnecke den abgeschnittenen Kopf, der zerschnittene Regenwurm das abgeschnittene Kopf- und Schwanzstück, weil hier das Gehirn noch kaum einen anderen Bau und eine wichtigere Function hat, als die übrigen Nervenknoten.

Die geistigen Eigenschaften sind bei allen Würmern auf der tiefsten Stufe. Von Kunsttrieben kommt gar keine Spur vor; die etwa nothwendigen Hülfs- und Schutzmittel, Wohnungen und Gespinnste, die die Thiere der höheren Abtheilungen durch willkührliche Bewegungen herbeischaffen und bereiten, werden von den Würmern durch blos vegetative Thätigkeit, meistens durch Ausschwitzung auf der Oberfläche der Haut, ganz kunstlos gebildet (Wurmröhren, Muschel- und Schneckenschalen, Muschelbyssus u. s. w.). Selbst mit der Fortpflanzuug ist gar kein Kunsttrieb vereinigt. Vom Gedächtniſs kommt nnr selten eine schwache Spur in der Gewöhnung an gewisse Orte und Schlupfwinkel bei Ringelwürmern und Schnecken vor. Gewöhnung an Menschen, die bei Panzerthieren und Wirbelthieren häufig beobachtet wird, findet bei ihnen gar nicht statt.

Zu Spiel und geselligem Zusammenleben, das in den beiden höheren Abtheilungen so häufig vorkommt, sind die Würmer ganz unfähig; nur auf vegetative Weise sind sie zueinandergesellt, indem bei einigen Familien der 1sten 2ten und 4ten Klasse (Actinien, Ascidien, Lepaden und vorzüglich den eigentlichen Pflanzenthieren, den Korallgewächsen) mehrere Thiere zu einem Stamme vereinigt gleichsam nur ein Thier bilden, das pflanzenartig Aeste, Zweige und Sprossen treibt, und die den einzelnen Thieren gleichenden Organe wie Blüthen auf diesen Zweigen trägt.

Zu allen diesen, eine Annäherung an die Pflanzen bezeichnenden Merkmalen kommt noch, daſs vielen Familien aus allen 4 Klassen der Würmer das Vermögen den Ort zu verändern gänzlich fehlt, indem sie an fremde Körper entweder unmittelbar gleich den Pflanzen, oder mittelbar durch ihre Hüllen festgewachsen sind; in keiner Klasse der beiden höheren Abtheilungen kommt eine ähnliche Beschränkung vor.

Die allgemeinsten Charactere der Würmer sind daher folgende:

1) Gänzliche Abweichung von der den beiden oberen Abtheilungen zukommenden, bestimmten Form des Körpers, indem sich, statt der deutlichen Sonderung von Kopf, Rumpf und an letzterem befestigten Gliedmaſsen, eine kugelige, cylindrische, Stern- Scheiben- Band- oder sackförmige Gestalt zeigt.

2) Die Ausstreckbarkeit und Zusammenziehungsfähigkeit der ganzen Körpermasse oder einzelner äuſserer Theile, weſshalb diese Gestalt beständigen Veränderungen unterworfen ist. Das Zusammenrollen mehrerer Panzerthiere, z. B. der Oniscoidea, das Kugeln der Igel, das Einziehen der Schildkröten, und andere ähnliche Erscheinungen bei Wirbelthieren, geschieht durch Biegung von Gelenken, die Verkürzung und Verlängerung der Füſse der Sepien und Strahlen-

thiere, der Schneckenhörner, des ganzen Leibes aller übrigen Würmer ist dagegen eine Folge der diesen Thieren eigenthümlichen Zusammenziehungsfähigkeit der ganzen Masse.

3) Der gänzliche Mangel äufserer und innerer gegliederter Bewegungswerkzeuge; die übrigens wurmförmigen Schlangen haben doch wenigstens Wirbel und daran eingelenkte Rippen als Bewegungsorgane, und der Schwanz der saugenden Knorpelfische enthalt Knorpelbögen und Flossenstrahlen; die Cirren der Lepadoidea aber können, da sie nicht zur Ortsbewegung dienen auch nicht Füfse genannt werden.

4) Die vorherrschende Entwickelung der vegetativen Organe und Thätigkeiten, bei gänzlichem Mangel oder sehr geringer Entwickelung der edleren Sinnorgane.

5) Der gänzliche Mangel des Rückenmarkes und des Wirbelknochensystems.

6) Die immer feuchte und schleimige Haut.

Anm. 1. Von den vorstehenden Merkmalen sind die ersten drei ganz allgemein und ausschliefslich. Das 4te gilt für die bei weitem gröfste Mehrzahl; das fünfte haben die Würmer mit den Panzerthieren gemein, allein es unterscheidet sie durchgängig von allen Wirbelthieren, und das sechste, das auch den Fischen und nackten Amphibien zukommt, unterscheidet sie wiederum von den Panzerthieren, deren Haut im vollkommnen Zustande nicht schleimabsondernd ist. Die Wurmähnlichkeit aber, welche die Insecten im Larvenzustande zeigen, kann nie ein Grund zur Vereinigung so verschiedener Thiere seyn, wie sie *Cuvier* in seiner Abtheilung Articulata verbunden hat. Und wenn dieser grofse Anatom behauptet, man könne nichts

Allgemeines über die *Linné*ischen Würmer sagen, ohne eine Unrichtigkeit auszusprechen (Vorlesungen über vergleichende Anat. Bd. III. p. XXI.), so läfst er sich durch seine Lieblingsidee, die Mollusken zunächst an die Wirbelthiere, und die Ringelwürmer (Annulata) zu den Insecten zu stellen, und sie mit ihnen unter dem Namen Gliederthiere zu vereinigen, offenbar zu weit führen. Sein Vorwurf trifft weit mehr diese seine Abtheilung Articulata, auf welche wirklich keins seiner Merkmale allgemein pafst, denn kein Annulat ist gegliedert wie die Kruster, Spinnen und Insecten, mehrere von jenen haben nicht nur keinen knotigen Nervenstamm, sondern gar keine Spur von Nervensystem, wie Nais, Sabella unispira *) und Gordius, und dagegen findet sich dieser knotige Nervenstamm bei einigen Mantelthieren, wie bei den Chitonen und Lepadoideen. Dazu sind in der ganzen übrigen Organisation Ringelwürmer und Panzerthiere vollkommen verschieden.

Auf der anderen Seite ist nicht zu läugnen, dafs *Linné* seine sechste Klasse, die Würmer, durchaus unrichtig characterisirte, indem er ihnen ein einkammeriges Herz ohne Vorhof, weifses kaltes Blut und Fühlfäden zuschreibt, und dafs man in Verlegenheit seyn würde, wenn man allgemein richtige Kennzeichen der Würmer in so engen Gränzen, wie bei den Säugethieren oder Vögeln aufstellen wollte. Diese Abtheilung enthält zu Verschiedenartiges, um eine Klasse, wie die Säugethiere bilden zu können, aber dafs sie in der Art wie die der Wirbelthiere, und, wie es mir scheint, naturgemäfser als *Cuvier*'s Articulata, allgemein characterisirt werden kann, beweist der vorstehende Paragraph, und ähnliche Ansichten haben ohne Zweifel die ausgezeichnetsten deutschen Naturforscher und verglei-

*) *Viviani* de Phosphorescentia maris. Genua 1805. 4. p. 16.

chenden Anatomen, *Blumenbach* *) und *Rudolphi* **), so wie den Engländer *Everard Home* ***) bewogen, dem *Linné*'schen Systeme in dieser Hinsicht fortwährend zu folgen, ohne dafs die ihnen von *Cuvier* (l. c.) zur Last gelegte Verwirrung so grofs geworden wäre, als dieser es befürchtet. Uebrigens behält *Cuvier* immer das grofse Verdienst, durch genaue Zergliederung vieler hierher gehörigen Thiere frühere falsche Ansichten berichtiget, und die Nothwendigkeit der Theilung der Linnéischen Würmer in mehrere Klassen gezeigt zu haben, indem er die Vorarbeiten des herrlichen *Otho Friedr. Mueller* ****) benutzte und erweiterte, der lange vor ihm die Schalthiere mit den Mollusken vereinigt, und die Gränzen der Ringelwürmer näher bestimmt hatte.

Anm. 2. Die Eingeweidewürmer und Infusionsthiere habe ich als Klassen der Würmer nicht aufgenommen, obgleich sie von den meisten Zoologen als Klassen oder Ordnungen der untersten Stufe betrachtet werden. Die zu ihrer Bezeichnung gebrauchten Merkmale: die Gröfse, Erzeugungsart und der Aufenthaltsort, scheinen mir nicht hinreichend, um auch nur generische Abtheilungen zu begründen. Hinsichtlich der Eingeweidewürmer folge ich dem berühmten Geschichtschreiber und Systematiker derselben, *Rudolphi*, der ihre Zusammenstellung mit der Fauna eines Landes vergleicht, und zuerst die Verwandtschaft ihrer Familien mit denen der freilebenden Würmer angegeben hat †).

*) Handbuch der Naturgeschichte. Elfte Auflage. 1825.

**) Entozoorum Synopsis. 1819. p. 571.

***) Lectures on comparative anatomy. 1814. 4.

****) Vermium terrestrium et fluviatilium historia. In Praefatione Vol. I. pag. VI. sq.

†) Entozoorum Synopsis 1819. 8. p. 572 — 574.

Doch ist man selbst in Bearbeitung dieser Fauna nicht consequent gewesen, indem man die Samenthiere ausgelassen hat.

Die Klasse der Infusionsthiere scheint mir bei einer Eintheilung der Thiere nach ihrer Organisation eben so wenig statt finden zu können, als eine Klasse der Pfund-schweren und der Centner-schweren.

Die Verschmelzung der Eingeweidewürmer und Infusionsthiere mit den übrigen Würmern war, bei der mehrfachen Lückenhaftigkeit unserer Kenntnifs von der Organisation dieser Thiere und der untersten Klassen überhaupt, ein gewagtes Unternehmen, und ich zweifle nicht, dafs mein Versuch in der Folge manche Abänderung und Verbesserung erleiden werde.

Anm. 3. Die wichtigsten, sämmtliche Würmer zoologisch und anatomisch behandelnden Schriften sind:

O. F. Mueller Vermium terrestrium et fluviatilium succincta historia Vol. I—II. Havniae et Lipsiae, 1774. 4.

Derselbe: Von den Würmern des süfsen und salzigen Wassers. Kopenhagen, 1771. 4.

Encyclopédie méthodique ou par ordre de matières, par une societé de gens de lettres. Hist. natur. des Vers. Tome I, par M. *Bruguiere.* Paris, 1792 (die erste Abtheilung dieses Bandes erschien als T. VI. 1789). Tome II, Hist. natur. des Zoophytes, par M. M. *Lamouroux, Bory de St. Vincent* et *Deslongchamps.* Paris, 1824. Dazu gehört Tableau encyclopédique et méthodique des trois règnes de la nature par *Bruguiere.* 2 Bde. Paris, 1791. 3r Band. Paris, 1797. 4r Band par *Lamarck,* An IV. 5r Bd. par *Lamarck,* 1816.

A. F. Schweigger Handbuch der Naturgeschichte der skeletlosen ungegliederten Thiere. Leipzig 1820. 8. Die, auch in anatomischer Hinsicht vollständigste Abhandlung über diese ganze Abtheilung.

De Lamarck Histoire naturelle des animaux sansvertèbres. 7 Tomes. Paris 1815—22. Tom. 1—3, 5—7.

§. 128.

Erste Klasse: Protozoa, Urthiere. S. die dritte Tabelle. Sie entstehen fortwährend aus den organischen Urstoffen, durch mutterlose, von selbst erfolgende Zeugung, generatio spontanea, aequivoca. Von den meisten Thieren dieser Klasse ist diese merkwürdige Erzeugungsart erwiesen, von den übrigen höchst wahrscheinlich. In einigen höheren Klassen kommt sie nur ausnahmsweise, bei den im Innern des thierischen Körpers wohnenden Würmern und Panzerthieren (S. §. 132) vor. Ungeachtet dieser Fähigkeit, aus den Urstoffen zu entstehen, vermehren sich doch die meisten durch Theilung oder durch Sprossen, selten auch durch förmliche Eier (Keime, die sich erst nach der Ablösung entwickeln). Wenn die hervorgetriebenen Sprossen mit dem Mutterthier als Organe desselben in Verbindung bleiben, so entstehen dadurch die in dieser Klasse besonders zahlreich vorkommenden zusammengesetzten Thiere, Animalia composita, wie Coenurus, Pennatula und die grofse Menge der Korallen, welche gewöhnlich als Zusammenhäufung einer Menge einzelner Polypen betrachtet werden *),

*) Dieser Meinung sind z. B. *Blumenbach*, Handbuch der Naturgeschichte, bei dem Genus Pennatula; *Cuvier*, Le règne animal T. IV. p. 70. *Schweigger*, Naturgeschichte der skeletlosen ungegliederten Thiere, p. 341—45.

was sie aber in der That eben so wenig sind, wie ein Baum ein Aggregat von vielen Pflanzen, obgleich aus der Koralle eben so durch Theilung mehrere Thiere entstehen können, wie aus der Weide mehrere Weiden durch Absenken; so lange die Polypen zu einem Stamme vereinigt bleiben, bilden sie auch nur ein Thier, dessen zahlreiche Mundöffnungen den Stoff zur Ernährung des Ganzen aufnehmen, das sich durch gemeinschaftliche Bewegungen seiner sogenannten Polypen, wenn es nicht fest gewachsen ist, wie ein Säugethier mit seinen vier Füfsen, fortbewegt (Pennatularia).

Die erste Ordnung der Protozoen, die einfachen, bestehen aus blofser Haut, und davon eingeschlossenem einfachsten Schleimstoffe oder Flüssigem. In allen diesen Thieren ohne Mund und Darm, ohne Gefäfse und Drüsen, Nerven, Muskeln und von der Haut verschiedene Sinnorgane, von denen ein Theil im Wasser, besonders im faulenden, ein anderer Theil als Parasiten im Innern der Thiere entsteht und lebt, geschieht die Ernahrung, die meistens sehr gewandte Bewegung, die Empfindung und die Vermehrung durch denselben gleichförmigen kugelichen Stoff, ein Bild der Ernährung und des Wachsthums der Elementartheile der höheren Organismen (welche übrigens defshalb keineswegs als blofses Conglomerat solcher einfachen Thiere betrachtet werden dürfen). Duich die ganze Oberfläche dieser blasigen oder cylindrischen Protozoen dringt der ihnen taugliche Nahrungsstoff aus dem umgebenden Medium in welches sie das unbrauchbar gewordene, ebenfalls durch die ganze Oberfläche, ausschwitzen, ohne andere Ausleerung und Aufnahme zu haben.

In der zweiten und dritten Ordnung, den Complicirten und Polypoden, entwickelt sich für die Aufnahme und Ausleerung ein eigenes Organ, die Darmhöhle, in Gestalt eines oder mehrerer Säcke, deren jeder seine eigene Oeffnung hat, so dafs manche, auf ihrer ganzen Oberfläche zerstreute Darmsäcke und Mundöffnungen, jede mit einer Anzahl Fangarme oder Füfse, haben. Bei den Räderthieren gesellen sich zu den zusammengesetzten Ergreifungswerkzeugen, die in der ganzen Ordnung um die Mundöffnung kreisförmig stehen, Kauorgane, und einige Cercarien und Furcularien haben sogar Augen ähnliche Puncte.*) Die Eierstöcke, welche einige Rotatoria und Polypoda besitzen, stehen mit der Darmhöhle in Verbindung. Sehr allgemein findet sich bei den Polypoden die Ablagerung einer festeren fast unorganischen Substanz, die wenigstens bald nach ihrer Erzeugung abstirbt, der Polypenstock, der dem Ganzen Festigkeit giebt, und sich auf sehr verschiedene Weise, als Hülle oder Kern, mit

*) *O. F. Mueller* Animalcula infusoria. Hafniae, 1786. 4. tab. 42. fig. 24. tab. 18. fig. 10. Ueberhaupt das vorzüglichste Werk über die beiden ersten Ordnungen. Ferner *C. L. Nitzsch* Beitrag zur Infusorienkunde. Halle, 1817. tab. 1.

der weichen thierischen Masse verbindet, von der er erzeugt wird.

Durch vorherrschende Faserbildung in der Haut macht die merkwürdige Gattung Gordius den Uebergang zu der 4ten Ordnung, welche nur das Geschlecht Ligula enthält, das wiederum an die 1ste Familie der Ringelwürmer, die Bandwürmer gränzt, allein seinem einfach faserigen Baue nach, worin weder Nahrungskanal noch Geschlechtstheile sichtbar sind, der 1sten Klasse angehört.

Anm. 1. Von der generatio aequivoca wird in dem Abschnitt von den Zeugungsorganen die Rede seyn. Merkwürdig ist die bei einigen vollkommenen Arten dieser Klasse, namentlich der Furcularia rediviva und dem Vibrio Anguillula von *Spallanzani* *) und *du Trochet* **) beobachtete, vielfach bestrittene Wiederbelebungsfähigkeit nach völligem Eintrockenen. *Spallanzani* konnte seine Vibrione 17mal eintrockenen und wieder beleben, doch starben viele früher. An einzelnen Furcularien habe ich diese Erscheinung auf folgende Weise beobachtet: die Verminderung des Wassers beim Eintrockenen veranlafst das Thier zuerst einen Zufluchtsort, als Conservenfäden, oder Reste von Vegetabilien, die sich in der Infusion befinden, aufzusuchen und seine Räder einzuziehen, doch setzt es die drehende Bewegung derselben noch eine Zeitlang innerhalb der von einer gelben harten Haut umgebenen Körperhöhle fort; bald

*) Opuscules de physique, traduits par Senebier. Genf. 1787. II. p. 203.

**) Annales du Muséum d'histoire naturelle. XIX. p. 376.

zieht es auch den gegliederten Schwanz ein, und schrumpft zu einem becherförmigen Klümpchen zusammen, wenn alle Feuchtigkeit verdunstet ist. Fand es keinen Zufluchtsort, oder waren nicht viele auf einen Haufen zusammen eingetrocknet, so gelingt die Wiederbelebung des **einzelnen**, auf dem Glase aufgetrockneten Räderthierchens **äusserst selten**, im Falle des Gegentheils aber bewirkt die Tage- oder wochenlang nachher vorgenommene Befeuchtung, in Zeit von wenigen Minuten, zuerst eine Bewegung des Darms und des mit ihm verbundenen Kauapparates; dann treten die Rädchen ein wenig hervor; zuletzt wird der Schwanz ausgestreckt, und das wiederbelebte Thier schwimmt fort. Selten dauert dieser Act länger als eine halbe Stunde. Von 14 zwischen und unter Confervenmassen aufgetrockneten Furcularien erwachten bei dem ersten Versuche 9, nach der zweiten Auftrocknung von diesen 9 nur 2, und nach der dritten Keines.

Anm. 2. Unter **Ligula** verstehe ich nur die **Ligula simplicissima** Rud., denn es scheint mir gegen die Regeln der Classification, Thiere, die ausgebildete Geschlechtstheile und Sauggruben haben, mit solchen in ein Geschlecht zu vereinigen, denen diese Theile entschieden fehlen. Die genauen Untersuchungen *Rudolphi's* *) kann ich rücksichtlich des Mangels von Geschlechtstheilen und Sauggruben bei Lig. simplicissima vollkommen bestätigen; dagegen finde ich einen durch Behandlung mit Säuren leicht darzustellenden, dicht faserigen Bau in der ganzen Substanz des Wurms, den ich deſshalb in eine eigene Ordnung stelle. Daſs aber die übrigen, in warmblütigen Thieren gefundenen Arten mit Geschlechtstheilen nur besser entwickelte Individuen der **L. simplicissima** seyen (*Rudolphi* l. c. p. 596 — 98), ist mir durchaus unwahrscheinlich. Sollte die Natur die

*) Entozoorum Synopsis. Berolini 1819. 8. p. 458.

vollständige Ausbildung eines ganzen Thiergeschlechtes an den ungewissen Zufall geknüpft haben, dafs einige wenige Individuen (in Vergleich zu der grofsen Menge die nicht gefressen werden, sind es nur wenige) zu ihrem eigenen Besten von ein Paar fischfressenden Vögeln verschlungen werden? Gut wenigstens, dafs dieser Weg der Vervollkommnung nicht allgemein angewendet wird. Eine frisch aus der Bauchhöhle eines Hechtes genommene Ligula starb binnen wenigen Stunden im Magen eines jungen Falco Buteo, dem ich sie gegeben hatte; gewifs liefse sich die Sache durch wiederholte Versuche, etwa mit Störchen, ins Klare bringen. Findet diese Verwandlung wirklich statt, so darf die L. simplicissima ebenso wenig, als irgend eine Raupe, eine eigene Species bilden.

Anm. 3. Ueber Gordius habe ich an einer neüen, grofsen, 2 Fufs langen Art, die Gordius furcatus wegen des gabeligen Schwanzes genannt werden kann, Untersuchungen angestellt, die beweisen, dafs die Gattung zu den einfachsten Thieren gestellt werden mufs. Dieses in den Quellen des hohen Schwarzwaldes nicht selten vorkommende Thier hat durchaus keine Mundöffnung, und in den vorderen zwei Drittheilen des Körpers ein vollkommen solides, feinkugeliges Gewebe. Im hinteren Drittheil des Körpers lockert sich die Masse in der Mittellinie auf, und bildet ganz hinten eine Art Höhle, die zu einer deutlichen Oeffnung am Schwanzende führt, aus welcher sich am lebenden Thier ein weifser Stoff heraus drücken läfst; eine mit dem Afterende, wie es scheint, anfangende Darmbildung. Aufser diesem und der dicht faserigen Haut hat das Thier kein von dem gemeinsamen Parenchym des Körpers verschiedenes Organ.

§. 129.

Die Strahlthiere, Radiata, zeigen zwar einen weit festeren Bildungstypus, als die Urthiere, der sich namentlich darin ausspricht, dafs die einfachste und Grundgestalt der meisten zusammengesetzteren Organe, die strahlige, reiner in allen Theilen und dem ganzen Körper dieser Thiere sich ausspricht, als bei den vollkommneren, wo durch vielfachere Complication eine Menge von Modificationen der strahligen Grundform hervorgebracht werden; aber dennoch ist gerade diese Klasse reich an verschiedenen wunderbaren Formen.

Die freie Ortsbewegung scheint, wenn sie auch bei manchen beschränkt ist, doch keinem ganz zu fehlen (vielleicht nur Encrinus); und nur bei wenigen, in den Familien Diphyoidea und Actinioidea, findet sich die pflanzenähnliche Vereinigung mehrerer, ganzen Thieren gleichenden Zweige zu einem Stamme.

Die erste Ordnung, Arachnoderma, gränzt durch die Familie der Mund- und darmlosen Acotylen an die einfachen Protozoen, von denen sie nur durch das Vorhandenseyn strahlig verlaufender Gefäfse verschieden ist. In den übrigen Familien dieser Ordnung findet sich zwar ein Nahrungsschlauch in Form eines Blindsackes; allein er ist von der übrigen gallertigen und durchsichtigen Körpermasse noch nicht abgesondert, ohne After, und verästelt sich nach der Peripherie des Körpers in strahlige Gefäfse. Eigene Organe der Respiration sind in dieser Ordnung kaum anzunehmen, und nur einige zeigen deutliche Muskelfasern *); Nerven fehlen gänz-

*) Z. B. Medusa capillata (Aequorea capillata); *Gaede* Beiträge zur Anatomie und Physiologie der Medusèn. Berlin

lich. Die Fortpflanzung geschieht, wenn Organe dafür vorhanden sind, nur durch weibliche.

Die Lederhäutigen, Scutoderma, und die Stachelhäutigen Echinoderma, haben dagegen einen von der Haut und übrigen Körpermasse abgesonderten Nahrungsschlauch, der entweder ein Blindsack (Actinioidea, Asterioidea), oder ein Rohr mit Mund und Afteröffnung ist (Holothurina, Echinoidea). Die meisten Familien dieser beiden Ordnungen (Holothurina, Echinoidea und Asterioidea) haben ein doppeltes Gefafssystem, das eine, vom Darm entspringende für die Ernährung, das andere, mit den blasigen Füfschen und Tentakeln in Verbindung stehende, vorzugsweise für die Bewegung. Eigene, von der ganzen Körperhöhle verschiedene Wasser-Respirationsorgane haben wahrscheinlich nur die Actinioidea und Holothurina. Muskeln besitzen alle Familien beider Ordnungen, Nerven dagegen sind mit Bestimmtheit nur bei Asterias nachgewiesen *), da die von Spix **) abge-

1816. tab. II. p. 21. Ueber die Anatomie dieser Thiere ist aufserdem zu vergleichen: *Baer* über Medusa aurita; im 8ten Bande von *Meckel's* Archiv, p. 396 und *Eysenhardt* in Nova Acta Acad. Leopold. Tom X. p. 374.

*) In *Tiedemann's* trefflicher Schrift: Anatomie der Röhren-Holothurie, des pomeranzenfarbigen Seesterns und Stein-Seeigels. Landshut. 1816. fol. p. 62.

**) Mémoire pour servir à l'histoire de l'asterie rouge de l'actinie coriacée et de l'alcyon exos. In den Annales du Muséum d'histoire naturelle. Tome XIII. p. 443. tab. 33. Fig. 4.

bildeten Nerven der Actinia coriacea bei späteren Untersuchungen nicht aufgefunden werden konnten. Behufs der Fortpflanzung sind alle mit Eierstöcken, ohne männliche Organe, versehen; die letzteren finden sich vielleicht nur bei Holothuria und Sipunculus.

Bei den Echinodermen findet sich ausserdem ein merkwürdiger sehr zusammengesetzter Hautknochen- und Kau-Apparat, der aus sehr vielen, theils beweglich, theils unbeweglich verbundenen Stücken besteht, und vorzüglich dazu beiträgt, dieser Ordnung einen von allen übrigen zu den Würmern gehörigen scharf abgegränzten Charakter zu ertheilen.

Die Scutoderma nähern sich dagegen in äufserer Form und innerer Bildung mehr den Ringelwürmern, obgleich sie im Ganzen weniger vollkommen organisirt sind, als die Echinoderma.

Anm. 1. Die in dieser Klasse vereinigten Thiere werden in fast allen neueren Systemen getrennt; es scheint mir aber weit naturgemäfser, sie so, wie sie *de Lamarck* zuerst in seiner Klasse Radiaires von den übrigen Würmern getrennt hat, verbunden zu lassen, wenn man nicht, wie *Latreille*, beinahe jede einzelne Familie derselben zu einer Klasse erheben will, was gewifs unpassend ist.

Anm. 2. Was Spix in seiner Anatomie der Actinia coriacea (l. c. tab. 33. fig. 2, 3.) Eierstöcke und Eierleiter nennt, glaube ich nach meinen Untersuchungen derselben Species Respirationsorgane (Kiemen) und Blutge-Fäfse nennen zu müssen. Die Verbindung der letzteren mit dem Magen ist ganz wie bei den Medusen, und dafs die ersteren zugleich

Eier enthalten, und die Respiration vollziehen können, beweist das Beispiel der zweischaligen Muscheln.

§. 130.

Die Klasse der Ringelwürmer, Annulata, charakterisirt, außer der langgestreckten, in mehr oder weniger deutliche Ringe getheilten Körpergestalt, die fast alle haben, das Vorhandenseyn doppelter, männlicher und weiblicher Geschlechtstheile, welche meistens in einem Individuum vereinigt, seltener getrennt sind; ferner der Mangel aller äußeren und inneren harten, knochenartigen Theile, mit Ausnahme einiger Zahnbildungen, wenn man nicht die Schalen der Röhrenbewohner als eine Art Hautknochen ansehen will. Allgemein besitzen sie außerdem einen von dem Gewebe des übrigen Körpers trennbaren Nahrungskanal, allein die Gestalt desselben bietet die grösten Verschiedenheiten dar, indem er bald in der Form von blinden Schläuchen (Taenioidea, Acanthocephala), bald gefäßsartig verästelt (viele Trematoda), bald als gleichförmiger Schlauch (Nematoidea, Lumbricoidea), bald als mit Magen und Darmabtheilungen versehene Höhle erscheint; selbst eine Spur drüsiger Nebenorgane zeigen Lumbricus und Arenicola. Die Meisten besitzen Kreis- und Längsmuskelbündel, und einen aus doppelten Fäden zusammengesetzten, knotigen Bauchnervenstamm, dessen vorderes Ende die Speiseröhre ringförmig umgiebt, und ein Gehirn auf der oberen Fläche derselben bildet.

Weniger allgemein ist ein wahres Blutgefaſssystem, und deutliches Respirationsorgan, nach deren Mangel oder Vorhandenseyn die Klasse in 3 Ordnungen getheilt wird. Die erste, Annulata Parasita, der gröſste Theil der Eingeweidewürmer nebst einigen auf der Oberfläche lebenden Parasiten und den Planarien, haben kein wahres Blutgefaſssystem und kein eigenes Respirationsorgan; wenn gleich bei mehreren eine gefaſsartige Verästelung des Nahrungskanals den Uebergang zu der in den beiden folgenden Ordnungen allgemein stattfindenden Blutgefaſsbildung macht.

Die Thiere der zweiten Ordnung, Annulata Endobranchia, die Regenwurmartigen und Blutegelartigen, besitzen zwar, wie die der dritten, ein aus mehreren parallelen Stämmen und untergeordneten Verzweigungen gebildetes, ausführendes und rückführendes Blutgefaſssystem mit rothem Blute, allein mit diesen Gefäſsen in Verbindung stehende, deutliche Respirationsorgane fehlen; denn wenn auch die seitlichen Säckchen, welche Luft oder Wasser aufnehmen können, Andeutungen von Athmungsorganen sind, so ist doch die Fläche, welche sie der geringen Menge von darin verzweigten Gefäſsen darbieten, viel zu klein, um mehr Respiration als die Hautfläche bewirken zu können.

In der dritten Ordnung, Annulata Branchiodela, finden sich dagegen allgemein Kiemen als Vorsprünge von verschiedener Form, theils am Kopf, theils an den Seiten des Körpers vertheilt, womit eine weitere Vervollkommnung der Circulationsorgane verbunden ist.

Diese beiden Ordnungen besitzen aufserdem ein weit vollständiger gebildetes Muskelsystem und Nervensystem (wenige Ausnahmen abgerechnet), als die erste, und zum Theil äussere ungegliederte Bewegungsorgane; doch können die in Röhren eingeschlossenen Serpuloidea diese Röhren, die sie durch eigene Hautsecretion erzeugen, nicht verlassen, haben also ein sehr beschränktes Ortsbewegungsvermögen.

Von Sinnorganen finden sich, aufser dem sehr empfindlichen Gefühlsorgan, zum Tasten geeignete, bei einigen gegliederte Hautverlängerungen am Munde; ferner bei vielen schwarze Augenpunkte, die jedoch ein wirkliches Sehvermögen zu bewirken nicht im Stande sind. Eine Art Empfanglichkeit für starke Schallschwingungen besitzen die Regenwürmer, wahrscheinlich ohne anderes Organ dazu, als die empfindliche Haut.

Obgleich ein Theil der ersten Ordnung in Beziehung auf Ernährungs- Bewegungs- und Empfindungs-Organe unvollkommner gebildet ist, als die letzten Familien der Strahlthiere, und sich vielmehr an die Protozoa anschliefst, so scheint mir doch der offenbare Zusammenhang und Uebergang der Bildung bei den Taenioideen, Trematoden, Hirudinen und Nematoideen, und die durchgangig vollkommnere Form der Geschlechtstheile, indem sie männliche neben den weiblichen und eine vollständige Begattung haben, die Vereinigung dieser Familien der Eingeweidewürmer mit den übrigen Ringelwürmern nothwendig und natürlicher zu machen, als es eine Zusammenstellung der Taenioideen, Trematoden und Acanthocephalen mit den Strahlthieren seyn würde.

Anm. 1. Der älteren Bezeichnung Cestoidea, welche die Bandwürmer bei *Rudolphi* führen, habe ich die von *Cuvier* gebrauchte vorgezogen, weil jene eine Aehnlichkeit mit der Gattung Cestum unter den Radiaten, wovon die Taenioidea im Bau sehr abweichen, andeutet. Uebrigens läſst sich für die Vereinigung der Taenioidea und Trematoda mit den Annulaten noch die Aehnlichkeit der Nahrung von thierischen Säften und der geringelte Bau anführen; die gröſsere Zahl derselben ist wirklich aus Ringen zusammengesetzt, und verdient auch in dieser Beziehung so gut als die Blutegel den Namen Ringelwürmer; die Taenien selbst, die Bothriocephalen, Pentastoma, Amphistoma longicolle, Monostoma caryophyllinum und die meisten Arten von Distoma, bei denen der geringelte Bau sehr deutlich ist, mögen als Beweise dienen.

Anm. 2. Ein wahres Blutgefäſssystem fehlt den Parasiten wahrscheinlich. *Mehlis* Observationes anatomicae de Distomate hepatico et lanceolato. Goettingae 1825. fol. hat zwar ein Gefäſsnetz zwischen Haut und Darm bei Distoma hepaticum sehr schön abgebildet und beschrieben, allein der Hauptstamm dieses, mit den Darmverzweigungen zusammenhängenden Netzes öffnet sich nach auſsen (l. c. p. 19.) und ist das Ende des in die feinsten Verästelungen vertheilten Nahrungscanals, also Mastdarm. Dieselbe Ansicht finde ich auch in dem eben erschienenen

Februar-Heft von *Heusinger's* Zeitschrift, p. 197. von *v. Baer* ausgesprochen, der dasselbe bei mehreren andern Distomen bestätigt hat. Selbstständiger sind die Hautgefäſse der Acanthocephalen.

Anm. 3. Ueber die erste Ordnung ist auſser *Göze* Versuch einer Naturgeschichte der Eingeweidewürmer. Leipzig 1782. Erster Nachtrag, 1800. 4. und *Rudolphi* Entozoorum seu vermium intestinalium historia naturalis. Amstelod. 1808-10. 3 Bde. 8. vorzüglich zu vergleichen: *Rudolphi* Entozoorum Synopsis. Berolini 1819. 8. Mantissae sectio II. anatomico-physiologica, pag. 570. *Bremser* Ueber lebende Würmer im lebenden Menschen. Wien 1819. 4. *J. Cloquet* Anatomie des vers intestinaux. Paris 1824. 4. *Leuckart* Versuch einer naturgemäſsen Eintheilung der Helminthen. Heidelberg 1827. 8. *v. Baer* Beiträge zur Kenntniſs der niederen Thiere. In nova Acta physico-med. Academiae Caesareae etc. Tom. XIII. 1827. p. 525. Für die übrigen Ord. *Pallas*, besonders in den Miscellaneis; *Blainville* Ueber die Setipoden in Nouv. Bulletin de la Soc. phil. 1818. p. 78. und *Oken's* Isis.

Viele Monographieen über einzelne genera der Annulaten werden bei der speciellen Beschreibung der Organe angeführt werden.

§. 131.

Die vierte Klasse der Würmer, Palliata, Mantelwürmer (S. Tab. VI.) verdankt den Namen, den ihr *Nitzsch* zuerst gegeben, und *Latreille* gleichfalls empfohlen hat, *) einer Falte der reichlich schleimabsondernden Haut, dem Mantel, welcher oft den ganzen Körper, meist einen groſsen Theil desselben umgiebt, und Flos-

*) Natürliche Familien des Thierreichs, aus dem Französisch. von Berthold. Weimar 1827. p. 146.

sen, Segel, Röhren u. s. w. bildet. Bei den Meisten liegt an der äufsern Fläche dieses Mantels oder in seiner Substanz eine harte, kalkige, zuweilen hornige Schale, die, wie das Thier selbst, während des ganzen Lebens fortwächst, und gewöhnlich so grofs ist, dafs sich das Thier ganz darin verbergen kann (Schalthiere, Testacea, Conchylia), Einigen dagegen fehlt jede Spur von Hautknochensystem, sie sind nackt.

Die Verdauungs- und Kreislaufsorgane sind es vorzüglich, die in dieser Klasse eine weit vollkommnere Bildung, als in den vorhergehenden zeigen. Speicheldrüsen und Leber finden sich fast allgemein, und bei Allen wenigstens ein Herz, das das Blut aus den Respirationsorganen, die Keinem fehlen, empfängt, und in den Körper treibt (Körperherz); Einige haben zwei bis drei getrennte Herzen. Bei den Meisten liegt das Herz an der oberen oder Rückenseite. Ihr Blut ist farblos, gelblich oder schwarzblau; nur die Gattung Teredo soll rothes Blut besitzen, wie der gröfste Theil der Annulaten.

Viele haben ein Absonderungsorgan, das den Nieren der Wirbelthiere zu entsprechen scheint (Kalksack und Dintenbeutel; s. pag. 183 u. 186.), und Alle besitzen eigene Zeugungsorgane, die jedoch vierfach verschieden sind; namlich entweder blos weiblich, oder hermaphroditisch und sich selbst befruchtend, oder zwitterhaft mit wechselseitiger Begattung, oder männlich und weiblich in verschiedenen Individuen.

Nerven besitzen sehr wahrscheinlich Alle; bei den Meisten entspringen sie aus einem ringförmig die Mundhöhle umschliefsenden Gehirn. Von Sinnen scheint die Mehrzahl nur den Tast- und Geschmacks-Sinn zu haben; die Augen, welche Viele besitzen, sind nur bei den Cephalopoden so vollkommen, dafs sie die Sehfunction deutlich vollziehen.

Die Bewegungsorgane sind durchgängig unvollkommen, und nur zum Schwimmen oder Kriechen geeignet; viele sitzen ganz fest.

§. 132.

Die erste Ordnung der Mantelwürmer, Palliata Tunicata, nähert sich in mehrfacher Hinsicht den Strahlthieren und Protozoen durch unvollkommene Entwickelung, oder gänzlichen Mangel (Biphora) des Nervensystems und der männlichen Geschlechtstheile, durch sprossenartige Vermehrung, oder Zusammenhalten einer ganzen Brut und dadurch bewirkte Bildung zusammengesetzter Thiere in einigen Geschlechtern, während Andere aller Ortsbeweglichkeit beraubt sind.

Die Haut bildet keine kalkige Schale, sondern eine knorpelähnliche Hülle, die bei den Biphoraceen ganz durchsichtig ist, und bei ihnen und Pyrosoma einen leuchtenden Schleim, wie bei den Medusen, absondert.

Ihr Kiemensack ist am Anfange des Nahrungskanals, der wenig gewunden und mit kleinen, Galle absondernden Schläuchen besetzt ist. Das einfache

Herz nimmt das aus den Kiemen zurückkehrende Blut auf, um es in wenigen Arterien in die Körpermasse zu treiben. Sinnorgane sind aufser dem des Tastens nicht vorhanden.

§. 133.

Die zweite Ordnung, Palliata Palliobranchiata, enthält Schalthiere, die sämmtlich der Ortsbeweglichkeit ermangeln, indem sie entweder mittelst eines Stieles, oder durch die eine Hälfte der Schale selbst fest gewachsen sind. Von den Kiemen, die an der innern Fläche des Mantels sitzen, sammelt sich das Blut in zwei getrennte Herzen, die es in den Körper treiben. An der Mundöffnung sind zwei gefranzte Arme zum Fangen der Nahrung, aber unfähig als Füfse zur Ortsbewegung zu dienen (wefshalb ich den *Blainville*'schen Namen der Ordnung dem älteren: Brachiopoda, vorgezogen habe).

Der gewundene Darm ist in die Speicheldrüsen und Lebermasse eingesenkt. Geschlechtstheile, Nervensystem und Sinnorgane sind auf gleich unvollkommner Stufe, wie in der vorigen Ordnung, und das Muskelsystem zeigt nur geringe Vervollkommnung durch Absonderung einzelner Bündel.

§. 134.

In der dritten Ordnung, Palliata Cirripeda, findet eine obwohl schwache Annäherung an die Panzerthiere statt, durch unvollkommene Gliederung der franzenförmig gebildeten Fangorgane, die man fälschlich Füſse nennt, durch Bildung zweier Kieferpaare, und durch symmetrische Stellung mehrerer Nervenganglien in der Mittellinie des Körpers, wodurch sich mehrere neuere Zoologen veranlaſst gesehen haben, sie von den Mantelthieren zu trennen (S. Tabelle II. b.). Allein der gänzliche Mangel der edleren Sinnorgane und der Ortsbeweglichkeit, so wie die Bildung aller übrigen Organe verbindet sie sehr nahe mit der zweiten, vierten und fünften Ordnung der Mantelthiere.

Sie besitzen muschelähnliche Schalen am Mantel, einen weiten, mit Drüsen reichlich besetzten Nahrungskanal, pyramidenförmige Kiemen, deren Gefäſse sich an der hinteren Seite des Körpers sammeln, wo das Herz liegt, und sich selbst befruchtende, männliche (?) und weibliche Geschlechtstheile. Ein Schlieſsmuskel heftet sich an die gröſseren Schalenhälften, wie bei den Muscheln.

§. 135.

Auch in der vierten Ordnung, Palliata Bivalvia, den Muscheln, fehlt die Ortsbeweglichkeit häufig, theils durch unmittelbares Festsitzen der Schale, theils durch Befestigung vermittelst des Byssus (S. pag. 282.)

Der Mantel der Muscheln ist theils ganz offen, theils mit zwei oder drei abgesonderten Oeffnungen versehen, theils röhrenförmig (wonach *Latreille* seine Ordnungen benannt hat). Alle besitzen einen mit Magenanschwellung und grofser Leber versehenen, gewundenen Nahrungskanal, dessen Afterende durch die röhrenförmige Herzkammer tritt; nur die Ostraceen haben diese sonderbare Einrichtung nicht. Uebrigens ist das Herz aller Muscheln ein Körperherz, und die Kiemen, die innerhalb des Mantels auf beiden Seiten des Rumpfes liegen, empfangen das Blut (wenigstens bei Unio und Anodonta,) aus einem drüsenähnlichen Organ, das Bojanus *) Lungen nennt. Harnwerkzeuge fehlen gänzlich, eben so höchst wahrscheinlich die männlichen Geschlechtstheile, Teredo ausgenommen, und der Eierstock ist dadurch ausgezeichnet, dafs er die Eier in die Kiemen zur vollständigen Ausbildung sendet.

Das Nervensystem hat eine ähnliche Anordnung wie bei den Cirripeden, indem zwei vordere, ein mittleres und ein hinteres Ganglion durch doppelte Zwischenfaden in Verbindung stehen. **) Aufser den Tastern finden sich keine Sinnorgane, und das Muskelsystem ist besonders einfach; es sondert sich von den Längs- und Kreismuskelbündeln am Rumpfe ein grofser Schliefsmuskel der Schale, oder zwei, ein vorderer und hinterer ab, die sich mit starken Sehnenfasern an die beiden Klappen, welche das Hautknochensystem bilden, ansetzen, und ein elastisches Band zum Antagonisten haben,

*) *Oken's* Isis, 1819. p. 43.

**) *Mangili* Ueber das Nervensystem einiger zweischaliger Muscheln; aus dem Italienischen in Reil's u. Autenrieth's Archiv. Band 9. pag. 213. Tab. X b.

§. 136.

Die fünfte Ordnung, Palliata Gasteropoda, die Schnecken, sind äufserlich durch die musculöse Saugscheibe an der Bauchfläche, und durch den fast allgemeinen Mangel der seitlichen Symmetrie characterisirt, indem sie gewöhnlich einen von der linken zur rechten gewundenen, kalkartigen Hautknochen und den After mit der Geschlechtsöffnung vorn auf der rechten Seite haben; selten ist es umgekehrt (perversa). Mehrere Gattungen sind ganz nackt, ohne defshalb im Innern symmetrischer gebildet zu seyn. Einige haben einen geraden, nicht gewundenen Hautknochen, der in der Gattung Chiton aus mehreren hintereinander liegenden Schildern und seitlichen Schuppen, auf ähnliche Weise wie bei den Panzerthieren, gebildet ist.

Im Innern zeigt sich die Asymmetrie dadurch, dafs das Herz gewöhnlich auf der linken, der Generationsapparat auf der rechten Seite liegt. Das Herz ist immer einfaches Körperherz, und nur in der Familie der Scutibranchiaten wird es vom Mastdarm durchbohrt, wie bei den Muscheln.

Die meisten Verschiedenheiten zeigt die Lage und Form der Respirationsorgane. Die Pulmonata und Cyclostomacea haben einen Lungensack, die übrigen athmen mit Kiemen, die büschelförmig, blättrig, kammförmig oder baumförmig sind.

Der Nahrungskanal hat häufig mehrere Magenanschwellungen, die selbst Zähne enthalten, und eine dicke Muskelhaut besitzen. Die Mundhöhle enthält meist einen hornigen Kiefer nnd eine oft lange Zunge; sie nimmt die Speichelgänge auf; die Leber ist sehr grofs. Die Geschlechtstheile sind gewöhnlich hermaphroditisch, und zu wechselseitiger Befruchtung mit ausgebildeten Begattungsorganen versehen; die Cyclostomen, Buccinoiden und Trochoiden haben getrenntes Geschlecht; die Cyclobranchiata und Scutibranchiata dagegen befruchten sich selbst, wahrscheinlich ohne eigentliches männliches Organ.

Das Nervensystem ist durch Bildung grofser Ganglien auf und unter der Mundhöhle, von denen 2 starke Fäden an der Bauchseite nach hinten gehen, ausgezeichnet, übrigens theilt es die asymmetrische Bildung der übrigen Organe.

Aufser der schon erwähnten Zunge besitzen fast Alle zwei kleine Augen mit einer Krystalllinse, schwarzem Pigment und Sehnerven, und zwei bis sechs, mit eigenen Muskeln versehene Fühlfäden, die neben dem Tasten auch zum Riechen zu dienen scheinen. Die Bewegungen der Gasteropoden sind, wie ihr Muskelsystem, noch sehr einfach, und bestehen vorzüglich in abwechselnder Wirkung der Längs- und Kreisfasern, wodurch häufig Einwärts- und Auswärts-Stülpen einzelner Organe bewirkt wird.

§. 137.

Die flügelfüfsigen Mantelthiere, Palliata Pteropoda, welche die sechste Ordnung bilden, stehen auf gleicher, zum Theil selbst auf tieferer Stufe als die Schnecken, denen sie übrigens am nächsten verwandt sind. Ihre meist ganz nackte Haut bildet flügelähnliche Flossen, welche in der Familie der Clioidea gewöhnlich die Kiemen tragen, und den mit Tentakeln und Zunge versehenen Kopf umgeben. Die Hyalina dagegen haben, wie die Muscheln, die Kiemen unter dem Mantel, in welchem eine zweiflügelige Schale liegt, verborgen, und keinen freien Kopf, aber ein verhaltnifsmäfsig sehr grofses Gehirn, obgleich die äufseren Sinnorgane, selbst die Tentakeln, ganz fehlen.

Die Geschlechtstheile sind bei Allen hermaphroditisch, und wie das einfache Körperherz, der Darm und die Leber, asymmetrisch gelegen.

§. 138.

Die siebente Ordnung der Mantelwürmer, die Kopffüfsigen, Palliata Cephalopoda, haben einen vom übrigen Körper durch einen Hals abgesonderten, runden Kopf, mit zwei grofsen Augen, welche in knorpligen Augenhöhlen enthalten sind. An diesen Knorpel sind um den Papageischnabelförmigen Mund acht oder zehn Fangorgane (Füfse) befestigt, welche viele, mit haarigen Ringen versehene Saugwarzen tragen. Derselbe Knorpel umschliefst ringförmig die Speiseröhre und Speichelgänge, in der Höhle des Ringes das Gehirn und zu dessen Seiten die beiden sackförmigen Gehörorgane. Hinter dem Kopfe umschliefst der Mantel in Form eines Beutels die Eingeweide.

Auf den aus mehreren Abtheilungen bestehenden Magen, in deren letztere sich die Galle ergiefst, folgt der kurze Darm; der After öffnet sich in eine trichterförmige Verlängerung des Mantels nahe am Kopfe, wo auch die Geschlechtstheile und der Dintenbeutel münden.

Zwei grofse blattrige Kiemen liegen in der Höhle des Mantels; zu jeder derselben wird das venöse Blut durch ein eigenes Kiemenherz getrieben, in der Mitte zwischen beiden liegt das dritte, das Körperherz. An den beiden Venenstämmen, die das Blut zu den Kiemenherzen führen, liegen, in einer eigenen Höhle des Bauchfells, in welche das Wasser treten kann, viele drüsige Körper, die vielleicht den Lymphgefäfsdrüsen, oder dem drüsigen Organ am Herzen der Muscheln, entsprechen.

Die Geschlechtstheile sind, wie bei vielen Gasteropoden, ganz getrennt, und bestehen aus einfachem Ovarium und Hoden und drüsigen Nebenorganen, die mit dem Eierleiter und Saamengange verbunden sind.

Die Sinnorgane sind, aufser den sehr vollkommenen Augen und einfachem Gehörorgan, die Zunge und die zum Tasten dienenden Fangorgane. Die weiche schleimige Haut ist in der ersten Familie, den **Conchiferis**, mit einer schneckenförmig gewundenen äufseren oder innern Schale, in der zweiten Familie, den Sepioideis, meist mit einem in dem Mantel verborgenen kalkigen oder hornigen Hautknochen, dem os Sepiae, versehen.

Das Muskelsystem zeigt noch dieselbe Bildung aus Längs- und Kreis-Bündeln, wie bei den übrigen Mantelthieren, wenn gleich weit mehr einzelne bandförmige Massen zur Bewegung des Kopts, der Füfse und der Kiemen von der gemeinschaftlichen Hülle abgesondert sind.

Ungeachtet dieser auffallenden Eigenthümlichkeiten in der äufseren und inneren Organisation sind die Cephalopoden mit den Gasteropoden und Pteropoden nahe verwandt und aufser der Schale, den Saugwarzen, dem Mantel mit den Flossen, den Geschlechts- und Verdauungsorganen, finden sich selbst in Beziehung auf die knorpelige Hülle des Gehirns und die dreifache Herzbildung Uebergänge zu einigen Geschlechtern der Gasteropoden, wie Aplysia und Helix, von denen bei der speciellen Betrachtung das Nähere angeführt werden wird.

Anm. 1. Ueber alle Abtheilungen der Mantelthiere, mit Ausnahme der Bivalven, hat *G. Cuvier* vortreffliche anatomische Untersuchuugen bekannt gemacht in Mémoires pour servir à l'histoire et à l'anatomie des Mollusques. Paris 1816. 4. avec 35 Pl., die zum Theil schon früher in den Annales du Muséum abgedruckt waren. Ueber die Gattungen der Bivalven sind, wie über die der anderen Ordnungen, mehrere schätzbare anatomische Monographieen, auf die bei den einzelnen Organen verwiesen werden wird, erschienen; am vollständigsten ist die Anatomie derselben in *Poli* Testacea utriusque Siciliae eorumque historia et anatome. Parmae 1791–95. 2 voll. fol. abgehandelt. Die Anatomie der Tunicata hat aufser *Cuvier*, *Le Sueur*, *Carus* und *Meckel* vorzüglich *Savigny* behandelt in Mémoires sur les animaux sans vertèbres. Seconde partie. Paris 1816.

Die neueste Uebersicht des Baues der Mantelthiere enthält *Blainville* Manuel de Malacologie. Paris 1825. 8. p. 81-198.

Zweite Abtheilung,

Panzerthiere, Loricata.

§. 139.

Die Panzerthiere zeigen einen weit gleichmäfsigeren Bildungstypus als die Würmer, besonders in den Organen der Verdauung, Zeugung, Bewegung und Empfindung; weniger gleichförmig sind die Organe des Kreislaufs und der Respiration gebildet, insofern die Kruster durch Kiemen athmen, und einen doppelten Blutlauf besitzen, in den Insecten dagegen Luftgefafse, Tracheen den ganzen Körper durchziehen, und das Blutgefäfssystem zurückdrängen.

Unter den drei Hauptabtheilungen des Thierreichs sind die Panzerthiere am allgemeinsten seitlich symmetrisch gebaut, und mit gegliederten Füfsen versehen, bei den Meisten kommen dazu noch vier, seltener zwei Flügel.

Die Haut ist eine meist harte Schale, die regelmäſsig mehrmals abgeworfen wird, nachdem sich eine neue darunter gebildet hat; sie besteht aus vielen beweglich verbundenen Ringen, welche drei Hauptstücke Kopf, Brust (thorax) und Hinterleib (abdomen) zusammensetzen. Mit den letzten Häutungen ist bei den Meisten eine Verwandlung der wichtigsten Organe, die Metamorphose, verbunden, welcher ein Larvenzustand vorhergeht, der oft den gröſsten Theil der Lebenszeit dauert.

Die Mundöffnung ist am vorderen, die Afteröffnung am hinteren Körperende, wo sich auſserdem bei den Meisten die Geschlechtstheile öffnen, die immer getrennt und zu vollständiger Begattung gebildet sind. Kein Panzerthier ist im regelmäſsigen Zustande Zwitter; von wenigen kennt man blos weibliche Individuen.

An der Mundöffnung liegen gewöhnlich zwei oder mehrere, zum Kauen oder Saugen gebildete Kieferpaare mit der Zunge. Alle haben wenigstens einen Magen, dem häufig ein zweiter folgt. Der Darm macht wenige oder gar keine Windungen, und nimmt von beiden Seiten Schläuche auf, deren Flüssigkeit theils gallichter, theils urinöser Natur zu seyn scheint. In ähnlicher Schlauchform erscheinen die Speicheldrüsen, wenn sie vorhanden sind.

Die Verschiedenheit im Bau der Circulations- und Respirationsorgane ist schon erwähnt.

In der Bildung der männlichen und weiblichen Geschlechtsorgane waltet, wie in den Drüsen, die mit den Verdauungs-Organen in Verbindung stehen, die Schlauchform vor, und besonders entwickelt sind vorzüglich bei den Insecten die Begattungsorgane der Männchen und die Legorgane der Weibchen. Aber auch aufser diesen äufserlich sichtbaren Theilen offenbart sich bei den Panzerthieren zuerst, und oft sehr stark, der Geschlechtsunterschied in der ganzen übrigen innern und äufseren Organisation. Die Fortpflanzung geschieht durch Eier; Lebendiggebären kommt nur als seltene Ausnahme vor.

Das Nervensystem findet sich durchgängig, und zeigt geringe Verschiedenheiten. Das Wesentliche seiner Bildung besteht darin, dafs ein gröfseres, zwei- oder vierlappiges Ganglion als Gehirn auf dem Anfange der Speiseröhre liegt, ringförmig dieselbe umfafst, oder zwei dünne Faden abschickt, die diesen Ring bilden, indem sie sich unter der Speiseröhre wieder vereinigen, von welcher Stelle dann das Bauchmark nach hinten verlauft, und nach Verschiedenheit der Körperform bald ein gröfseres Ganglion, bald eine Reihe mehrerer kleinerer bildet, die genau in der Mittellinie liegen, und haufig durch Fortsatze des Hautskelets geschützt werden.

Die Augen, welche, so wie die gegliederten Fühlhörner und Taster, die stärksten Nerven zum Gehirn senden, sind entweder aus vielen eckigen Facetten der Hornhaut und dahinter liegenden durchsichtigen Kegeln mit dunkelm Pigment zusammengesetzt, oder einfach, aus einer rundlichen Hornhaut und kugelförmigem Krystallkörper gebildet. Häufig sind beide Arten von Augen zusammen vorhanden.

Die Zunge scheint in der Regel mehr Ingestions-Organ zu seyn, als der Geschmacksempfindung zu dienen. Weniger allgemein als sie, die Augen und Taster, findet sich das blasenförmige Rudiment vom Gehörorgan. Die Lage und Bildung des Geruchsorgans ist nach den Respirationsorganen verschieden, über der Mundöffnung bei den mit Kiemen athmenden; bei den mit Tracheen athmenden wahrscheinlich an der Oeffnung derselben, den Stigmaten.

Am ausgebildetsten sind die Bewegungsorgane. Viele vereinigen die verschiedenen Arten der Ortsbewegung, Laufen, Klettern, Fliegen und Schwimmen, die selbst bei den Wirbelthieren nur getrennt vorkommen. Das Laufen, Klettern und Schwimmen geschieht durch den abwechselnden Gebrauch der Füſse, deren immer wenigstens drei Paare da sind, die aus mehreren hebelartig verbundenen Hautknochenstücken bestehen, und meist nur an der mittleren Körperabtheilung, dem Thorax, sitzen. Die Muskeln, welche sich zur Bewegung aller sehr zahlreichen Panzerstücke von innen an dieselben ansetzen, bilden zwar besonders in den Fuſsgliedern Bäuche, die mit Sehnen in Verbindung stehen, allein Fasern und Bündel sind höchst locker verbunden, und zeigen noch sehr deutlich ihren Ursprung aus der anfänglichen Längs- und Kreisfaser-Schicht. Dennoch bewirken sie bei vorzüglich günstigem Ansatz sehr kräftige Bewegungen, die zugleich mit grofser Gewandtheit bei Ausübung zahlreicher Kunsttriebe vollzogen werden.

Die Absichten bei den einzelnen Bewegungen treten bei den Panzerthieren weit deutlicher hervor als bei den Würmern, und sind, wie die Bewegungen selbst, weit zusammengesetzter; es zeigen sich die ersten Spuren höherer geistiger Thätigkeit, wodurch sich die Panzerthiere an die warmblütigen Wirbelthiere anschliefsen. Die Kunsttriebe stehen zwar mit Secretionen in den Spinnschläuchen, Geschlechtstheilen u. s. w. in ursächlicher Verbindung, wie bei den Wirbelthieren auch, allein sie werden mit Handlungen freier Willkühr ausgeübt. Die Raupe, die Spinne sucht sich den bequemsten Ort; und behilft sich mit dem unbequemen, den man ihr gestattet, um das Gespinnst so zweckmäfsig als möglich, mit tausend Modificationen nach der Oertlichkeit, zu befestigen. Bei den Meisten zeigt sich Sorge für die Nachkommenschaft, schon durch die Auswahl des Ortes, der der Brut Nahrung verspricht. Einige pflegen die schon entwickelten Jungen (Spinnen, Bienen, Ameisen) wiederum ahnlich den warmblütigen Wirbelthieren, und leben in geselliger Verbindung auf eine so geregelte Weise, dafs sie darin nur von den vollkommensten Säugethieren übertoffen werden. Sie zeigen Zorn und Rachsucht, so wie Zuneigung und Erinnerung an genossene Wohlthaten; zur Befriedigung der ersteren führen sie Waffen, und verständigen sich durch Zeichensprache, wie man täglich an Bienen und Ameisen sehen kann; selbst bestimmte Töne scheinen sie zu diesem Zwecke hervorzubringen.

Von all diesem ist keine Spur in der ganzen Abtheilung der Würmer, und es sichert, in Verbindung mit der vollkommneren Form der meisten und edleren Organe, den Panzerthieren den naheren Platz an dem Menschen.

Anm. 1. Die von *Nitzsch* gebrauchte Bezeichnung Loricata habe ich der *Cuvier*'schen Articulata, und der *Latreille*'schen: Condylopa (Condylopoda)[1]) vorgezogen, weil sie mir weit passender scheint als diese, die man eben so gut und noch besser auf die Wirbelthiere anwenden könnte; denn die Amphibien, Vögel und Säugethiere haben eigentliche Condyli und Articuli, die *Latreille*'schen Condylopa aber haben niemals wahre Condyli oder Gelenkköpfe, sondern ringförmige Verbindungsflachen, zuweilen mit umgeschlagenen Rändern, an den Gelenken der Gliedmassen. S. p. 174. N° IV. Ausnahmsweise ist die Haut auch bei den Wirbelthieren panzerartig ausgebildet, wie bei den Schildkröten, allein gerade darin hat man Annäherungen an die Panzerthiere gefunden, fur deren Organisation die den ganzen Körper bedeckenden Ringe und Schilder charakteristisch sind. Namen und Formverschiedenheit dieser Ringe bei der speciellen Betrachtung der Hautknochen.

Anm. 2. Wenige Ausnahmen von der angegebenen allgemeinen Regel finden sich bei einigen Krustern und Spinnen,

---

1) Condylopa heifst nicht gelenkfüfsige, sondern gelenkäugige, wie Megalopa grofsäugige. Dasselbe gilt von den Bezeichnungen Poecilopes, Lophyropes, Phyllopes u. s. w., welche für Poecilopodes etc. häufig von französischen Schriftstellern gebraucht werden.

besonders hinsichtlich der Geschlechts- und Sinnorgane; sie bezeichnen zugleich die Annäherungen an die tieferen Klassen. So sind die mit zweiklappiger muschelähnlicher Schale versehenen Cypris (die die Schale bei der Häutung abwerfen) nach *Straus* zwar nicht hermaphroditisch; allein man kennt auch keine männlichen Thiere, und die bis jetzt untersuchten waren alle weiblich [1]). Dasselbe findet in der Gattung Apus statt, die sogar vielleicht durch Generatio aequivoca entstehen kann. Auch von Bopyrus ist das männliche Geschlecht zweifelhaft [2]). Die Fähigkeit der Weibchen in den Gattungen Cyclops, Daphnia und anderer Kruster, so wie der Blattläuse unter den Insecten, ohne Zutritt des männlichen Geschlechts mehrere Generationen hindurch fruchtbare Eier zu legen, oder lebende Junge zu gebähren, macht offenbar den Uebergang zu dem gänzlichen Mangel des männlichen Geschlechts.

Unter den Krustern ist der weibliche Bopyrus augenlos, und die meisten Gattungen der ersten Familie der Spinnen und der ersten Insektenordnung entbehren die Augen gleichfalls.

Anm. 3. Ueber den Gesammtbau verschiedener Arten aus den drei Klassen der Panzerthiere sind in den Werken von *Swammerdam, Réaumur, Degeer, Roesel* (S. p. 33, 46, 47, 54.) noch jetzt brauchbare Darstellungen enthalten. In neuester Zeit haben die vermischten Schriften der *Gebrüder Treviranus* im 1sten und 2ten Bande treffliche hierher gehörige Untersuchungen von *G. R. Treviranus* geliefert. Eine musterhafte Arbeit: Considérations générales sur l'anatomie comparée des animaux articulés par *H. Straus-Durckheim*, Paris 1828, erhalte ich so eben. Die Classification der Loricaten war bisher weniger

---

1) Mémoires du Museum, T. VII. p. 51.

2) *Desmarest* Crustacés. Paris 1825. p. 324.

als die der übrigen Abtheilungen auf vergleichend-anatomische Thatsachen gebaut; es ist eins der grofsen Verdienste *Latreille's*, die Entomologen mehr auf die ganze Organisation der Panzerthiere aufmerksam gemacht zu haben.

§. 140.

Fünfte Klasse: Kruster, Crustacea (Tab. VII.). Sie unterscheiden sich durch die fast allgemeine Kiemenbildung, welche bei den übrigen Loricaten nur im Larvenzustande selten und vorübergehend vorkommt, durch den damit verbundenen doppelten Blutlauf im Körper und den Respirationsorganen, und durch den eben so allgemeinen Aufenthalt in der Tiefe des Wassers von den übrigen Panzerthieren.

Kein Kruster hat Flügel; keiner zeigt Kunsttriebe, wie Spinnen und Insekten; mehreren fehlen alle edleren Sinnorgane; bei den meisten ist der Kopf nicht frei beweglich, sondern mit dem Thorax verschmolzen. Viele ähneln durch gröfsere Gleichförmigkeit aller Körperringe und der daran befindlichen unvollkommneren Füfse den Ringelwürmern und den Larven der Insecten (Myriapoda, Laemodipoda, Isopoda), während sich andere (Cypris, Cythere, Limnadia) an die zweischaligen und franzenfüfsigen Mantelthiere anschliefsen, mehrere (die Lernaeidea) zu den Ringelwürmern den förmlichen Uebergang machen, und einige (Cyclops) sogar sich den Räderthieren nähern.

Die Kruster haben allgemein einen geraden windungslosen Nahrungskanal, der gewöhnlich mit einem weiten, einfachen Magen und mit gallabsondernden Schläuchen versehen ist. Hinsichtlich des Blutlaufs ist die ältere Meinung, daſs das einkammerige, an der Rückenseite liegende Herz der Krebse ein Körperherz sey, durch die neuen Untersuchungen von *Audouin* und *Milne-Edwards* [1]) bestätigt worden.

Die Kiemen der Kruster haben eine sehr verschiedene Bildung und Lage, doch stehen sie meistentheils mit den Füſsen, den vorderen oder hinteren, in Verbindung. Sie sind theils einfach blasig oder blättrig, theils federbuschförmig oder aus Blättern in Pyramidenform zusammengesetzt, wie die Charakteristik auf der siebenten Tabelle zeigt. Nur die Oniscoidea und Myriapoda haben Luftrespirations- Organe. Harnwerkzeuge fehlen ganz.

Die männlichen Geschlechtstheile bestehen im Allgemeinen aus zwei mehr oder weniger langen, gewundenen Samenkanälen, die sich in die meistens doppelten Ruthen öffnen; eben so stehen die Eierstöcke durch kurze Eierleiter mit der gewöhnlich doppelten weiblichen Oeffnung in unmittelbarer Verbindung. Die Weibchen der meisten Kruster tragen die Eier unter dem Leibe oder auf dem Rücken bis zum Ausſchlüpfen der Jungen, ohne jedoch durch Kunsttriebe oder willkührliche Handlungen überhaupt zu dieser Verbindung beizutragen. Daſs die Fortpflanzungsweise Einiger zweifelhaft sey, ist schon pag. 229 bemerkt.

1) Annales des sciences naturelles par Audouin etc. T. XI. Paris 1827. pag. 313.

Bewegungswerkzeuge, Sinnorgane und Nervenſystem zeigen in den Ordnungen und Familien vielfache Verschiedenheit.

Besonders wichtig für die zoologische Unterscheidung der verschiedenen Abtheilungen der Kruster und der Loricaten überhaupt ist die Bildung der Füſse, Fühler und der Kau- und Saug-Werkzeuge. Sie bietet aber noch ein eigenes anatomisches Interesse dar. Es zeigen nämlich die Loricaten die zahlreichsten und deutlichsten Uebergänge zwischen eigentlichen Füſsen, Kiefern und Antennen; Uebergänge, welche bei den Wirbelthieren nur schwach angedeutet sind. 1)

An wurmähnlichsten sind in Beziehung auf die genannten Theile die Tausendfüſse und die kehlfüſsigen Kruster, (Laemodipoda) bei denen alle Körperringe fast gleich gebildet und mit Füſsen versehen sind. Die besonders bey den Myriapoden groſse Zahl von Füſsen, welche den Seitenhaken einiger Ringelwürmer (Eumolpe scolopendrina, longissima, squamata etc.) entsprechen, verändert und vermindert sich bey den übrigen Loricaten, welche deutlicher verschiedenen Thorax und Abdomen haben, und es ist in dieser Be-

---

1) Ich erwähne in dieser Beziehung die an den Kiefern stehenden Fuhlfaden vieler Fische, namentlich der Siluren, die nervenreichen Barthaare vieler Säugethiere, die Rippen-Aehnlichkeit der Kiefern bey Fischen, Amphibien und Wallthieren, und die Bekleidung der Kiefern mit Horn und Schmelzsubstanz.

ziehung nothwendig, Abdominalfüfse, Thoracalfüfse und Kieferfüfse zu unterscheiden.

Die Veränderung geschieht 1) dadurch, dafs statt der vordersten Füfse — Kieferfüfse — der Juloideen (Chilognathen) bey den meisten Krustern und allen Insekten sich die Unterkiefer und Unterlippen bilden, die bey den Insekten wiederum grosse Verschiedenheit zeigen, jenachdem sie zum Beifsen oder Saugen, vollstandig oder theilweise ausgebildet sind;

2) Dadurch dafs die an den hintersten 4—7 Körperringen sitzenden Füfse, die hintern Abdominalfüfse, entweder kleiner als die übrigen werden, und bei den Weibchen die Eier tragen (Decapoda), oder als Blättchen oder Blasen erscheinen, an denen die Kiemen sitzen (Isopoda, Amphipoda, Stomapoda), oder endlich ganz verschwinden (Spinnen und Insecten);

3) Dadurch, dafs die nächst vorderen Fufs-Paare, die vorderen Abdominalfüfse, ebenfalls kleiner werden (Stomapoda), oder ganz verschwinden (Spinnen und Insecten); und in demselben Grade sich die vordersten, zunächst an den Kiefern gelegenen, die 3 Paare Thoracalfüfse, starker entwickeln, und allein zum Gehen oder Schwimmen dienen;

4) Dadurch, dafs 4 bis 5 Paar vordere Abdominalfüfse gröfser als alle übrigen werden, und das Gehen allein bewirken (Decapoda), wobei dann die Thoracalfüfse verkümmert erscheinen, und nur zum

Einführen der Nahrungsmittel behülflich sind (die sogenannten Kaufüſse); und endlich

5) dadurch, daſs die Fühler in Gestalt von Beiſszangen erscheinen, und die hintern Unterkiefer als vorderste Füſse dienen (Spinnen).

Als fast allgemeine Regel gilt hierbei, daſs, bei ungleicher Entwiklung der Füſse, diejenigen Körperringe am stärksten ausgebildet sind, an denen die zum Gehen oder Schwimmen dienenden gröſseren Füſse sitzen, und umgekehrt bei gleichförmiger aber dann schwächerer Entwiklung aller oder der meisten Füſse die Zahl und Gleichförmigkeit der Körperringe zunimmt. Dieſe Erscheinung erinnert an die groſse Zahl gleichförmiger Wirbelringe bei den Schlangen, denen die fehlenden Füſse durch die groſse Zahl gleichförmiger Rippen erſetzt werden [1], und an das gleiche Verhaltniſs bei den Aalartigen Fischen, und bei den Wallthieren, wo ebenfalls die Brust- und Bauchglieder zurücktreten; ein Beweis wie ähnlich die allgemeinen Bildungsverhältnisse auch auf sehr verschiedenen Stufen der Organisation sind.

Anm. 1. Das für allgemein gehaltene Merkmal der Kruster, durch Kiemen zu athmen, bedarf einer Einschränkung, selbst wenn man die Myriapoden nicht zu ihnen, sondern zu den Insekten stellt. Es bleiben

---

1) In dieser Beziehung verdient bemerkt zu werden, daſs die Schlangen ebenso durch gleichzeitiges Vorsetzen mehrerer Rippenpaare vorwärts kriechen, wie die Juloidea durch gleichzeitige Bewegung mehrerer Fuſspaare.

nämlich die Oniscoidea, diejenigen Isopoden, welche auf dem Lande leben, untrennbar bei den Krustern, obgleich sie keine eigentliche Kiemen besitzen. Die Blätter, welche bei ihnen die hinteren Abdominalfüfse ersezzen, und Kiemendeckel genannt werden, so wie die daran sitzenden Kiemenblätter [1]) oder Luftkiemen [2]), verdienen diesen Namen wohl nicht. Sie sind nach *Treviranus* ganz gefäfslose Blasen, in welche sich das Blut ergiefst (l. c. p. 63.), nach *Latreille* l. c. mit Luftlöchern versehene Blätter, und dienen entschieden nicht zum Athmen im Wasser, und vielleicht auch nicht in der Luft. Asseln und Armadille, die ich in Wasser geworfen, starben binnen 10 Stunden, und die sogenannten Luftkiemen konnte ich ohne allen Nachtheil mit Oel bestreichen; nur mufste nicht der ganze Körper benetzt werden, wie es bei *Treviranus* Versuchen (l. c. p. 63.) der Fall war, denn Armadille mit denen ich Letzteres vornahm, starben gewöhnlich vor der 18ten Stunde. Wurden sie in Mandelöl geworfen, so starben sie in 4 bis 5 Stunden. Eine Circulation des Blutes ohne Gefäfse, wie sie *Treviranus* (l. c. p. 80) in diesen Kiemenblättern annimmt, habe ich nicht beobachten können.

Anm. 2. Durch die fast gänzliche Verkümmerung der mittleren Antennen, die meist einfachen gehäuften Augen; die gleichförmige Fufsbildung und das Zusammenkugeln, innerlich durch die ähnliche Bilduug des Nahrungskanals mit seinen Anhängen, der Geschlechtstheile und des Rükkengefäfses nähern sich die Landassseln den Myriapoden, die hauptsächlich nur durch die Luftrespiration mit

1) *Treviranus*, Vermischte Schriften. I. p. 62.

2) *Latreille*, Natürliche Familien des Thierreichs. Weimar 1827. pag. 283.

Tracheen eine wesentliche Verschiedenheit von den Asseln, und eine entfernte Annäherung an die Insekten zeigen. Auch hinsichtlich des Blutgefäſssystems findet diese Annäherung in so fern statt, als nach *Treviranus* (l. c. p. 80.) bei den Asseln die Gefäſsverästelung in den peripherischen Theilen verschwindet.

Die Tracheen sind dagegen für einen Theil der Myriapoden, die Juloidea noch zweifelhaft; bei Julus sabulosus beschreibt *Treviranus* 1) nur kleine Säckchen an der innern Seite der Luftöffnungen, ähnlich wie bei den Blutegeln und Regenwürmern, *Straus* 2) und *Savi* 3) dagegen von den Säckchen verästelte Tracheen, wie sie bei den Scolopendrinen von *Treviranus* (l, c. pag. 30.) und *Leon-Dufour* 4) gefunden wurden. Immer unterscheiden sich die Myriapoden auch hinsichtlich der Respiration durch den Mangel anastomotischer Seitenstämme der Tracheen und das weit geringere Athmungsbedürfniſs von den Insekten. Denn ähnlich den Asseln sah ich Julus sabulosus in Mandelöl 4—5 Stunden leben, während Käfer, Schmetterlinge, Fliegen, Bienen, Heuschrecken in längstens 3 Minuten, oft schon in den ersten Secunden darin starben.

Anm. 3. Die Fähigkeit vieler Krebse, z. B. Gecarcinus, längere Zeit ausser dem Wasser zu leben, beruht auf ganz anderem Verhältniſs als die Luftrespiration der

---

1) Vermischte Schriften II p. 43.

2) *Latreille*, Familien des Thierreichs. pag. 311.

3) Osservazioni per servire alla storia di una specie di Julus communissima. Bologna 1817.

4) Recherches anatomiques sur le Lithobius forficatus et la scutigera lineata; Annales des sciences nat. 1824. T. II. p. 91.

Asseln. Sie nehmen nach Audouin und Milne Edwards [1]) unter den Rändern des Rückenschildes in eigenen Taschen eine Quantität Wasser mit sich, wodurch die Kiemen fortwährend benetzt werden. Bei den in Erdlöchern wohnenden, die sich nur zur Zeit der Fortpflanzung in das Meer begeben, dürften die Kiemen wohl nur durch eine eigene Secretion, ähnlich der in den Lungen der höheren Thiere stattfindenden feucht erhalten werden.

Anm. 4. Die Kruster sind sämmtlich eierlegend, unterscheiden sich aber in sofern, als einige nach dem Legen der Eier gar keinen Antheil an der Entwickelung derselben haben, bei den Meisten dagegen die Eier, nachdem sie die Geschlechtstheile verlassen haben, entweder in eigenen Taschen am Rücken (Argulus, Limnadia, Daphnia, Lynceus), oder in Taschen unter dem Schwanz (Branchipus, Cyclops), oder zwischen Bauchplatten (Isopoda), oder endlich an den verkümmerten hinteren Abdominalfüfsen organisch befestigt, und bis zum Auskriechen getragen werden; diese sind Ovovivipara.

Anm. 5. Den in dem Mangel der Metamorphose bestehenden Unterschied der Kruster von den Insekten, welcher sehr allgemein angegeben wird, habe ich defshalb nicht angeführt, weil einige Kruster, z. B. Argulus, Branchipus, Cyclops und Julus, die Zahl der Körperringe und Füfse, so wie die ganze Körperform bei den ersten Häutungen sehr verändern, so dafs man ihnen eine Metamorphose nicht absprechen kann.

1) Annales des sciences naturelles. Septembre 1828. p. 89.

§. 141.

Mit Bestimmtheit hat zuerst *Nitzsch* [1]) die Lernäen zu den Krustern gestellt. *Cuvier* [2]), *Desmarest* [3]); und *Latreille* [4]) haben diesen noch vielfach räthselhaften Thieren ihre Stelle zweiflend theils bei den Krustern, theils bei den Entozoen angewiesen. Ich stelle sie ebenfalls zweifelhaft als erste Familie auf die Gränze zwischen Kruster und Ringelwürmer. Es ist bei ihnen die Theilung in verschmolzenen Kopf und Thorax und Abdomen, so wie die Bildung der Augen nicht ganz allgemein; Kiemen und Kreislaufsorgane scheinen ihnen nie zu fehlen; desgleichen ein vom Mund zum After gehender Nahrungskanal. Die weiblichen Geschlechtstheile kennt man; die männlichen und das Nervensystem sind unbekannt. Sie sind sämmtlich, wie die Caligoidea, Parasiten auf Wirbelthieren.

Nach den Beobachtungen von *Straus* [5]) haben die Cypris eine zweiklappige Schale mit Schloſs, allein sie legen diese Schale ab, indem sie sich häuten, was bei

---

1) Magazin der Entomologie von Germar und Zincken. B. 3. 1818. pag. 262.

2) Regne animal, IV. 1817. pag. 36.

3) Considérations sur la classe des Crustacés. Paris 1825. pag. 343 – 52.

4) Natürliche Familien des Thierreichs. Weimar 1827. p. 292. und 522.

5) Mémoires sur le genre Cypris in Mém. du Museum d'hist. nat. VII. p. 33 f.

den Muschelschalen nicht stattfindet. Der Mund ist mit ein Paar starken Mandibeln und zwei Paar Maxillen versehen; an den Palpen der Mandibeln sitzen die ersten kleinen Kiemenblätter, das erste Paar Maxillen trägt die gröfsern kammförmig gezahnten Kiemenblätter wodurch sich Cypris und Cythere von den übrigen Lophyropoden unterscheiden). Ein grofser Magen mit weitem gradem Darm. Grofse Ovarien in Form einfacher conischer Schläuche. Alle Individuen haben Eier, und männliche Organe sind nicht deutlich erkennbar, so dafs man sie nicht für Hermaphroditen halten kann. *Straus* konnte weder vom Herzen noch vom Nervensystem eine Spur entdecken.

Auch von Apus cancriformis und Limnadia Herrmanni kennt man nur die mit Eiern versehenen Weibchen, und beide Thiere sind dadurch besonders merkwürdig, dafs sie so wie Branchipus, entweder durch generatio aequivoca entstehen können, oder, was wahrscheinlicher ist, dafs ihre Eier die Fahigkeit besitzen lange im trockenen Zustand fortzuleben, und sich sehr schnell zu entwickeln, wenn sie befeuchtet werden. 1)

Eben so merkwürdig ist die Fähigkeit der Weibchen in der Gattung Daphnia, in der warmen Jahreszeit durch eine Begattung auf sieben bis acht Generationen befruchtet zu werden.

---

1) Desmarest, Crustacés. pag. 68. 359. 392.

Dieses, so wie die Beobachtungen von *Wiegmann*[1]) über Entstehung der Cyclops, Cypris, Daphnia u. A. durch generatio aequivoca sprechen zwar für eine, von *Nitzsch*[2]) und *Leuckart*[3]) neuerlich angedeutete Verwandtschaft dieser Kruster mit einigen Rotatorien, namentlich Brachionus, wo die Körpergröfse, der gablige, gegliederte Schwanz, die Eierstöcke und äufseren Eierblasen, und die Panzerhülle äufsere Aehnlichkeit bewirken, allein es bleibt doch eine grofse Kluft durch die Bildung der Kiemen, der Kreislaufsorgane, des Nervensystems, der gegliederten Füfse und Fühler und das vollkommnere Gewebe aller Eingeweide bei den meisten von diesen Krustern.

Unter den Amphipoden sind die Heteropoda, und unter den Decapoden die Schizopoda zum Theil so unvollkommen, dafs sie den Uebergang zu den Phyllopoden machen. Mulcion fehlen sogar die Augen. Alle übrige Decapoden sind mit facettirten, auf langen, beweglichen Stielen sitzenden Augen versehen, und überhaupt die vollkommensten der Klasse. Die Gehörorgane gleichen denen der saugengen Knorpelfische, und die mittleren Fühlhörner tragen ein muschelförmig gebildetes Witterungsorgan, das

---

1) Nova Acta. Acad. Leopold. Carol. T. X. p. 717 f.

2) Artikel Brachionus in Ersch's und Gruber's Encyclopädie.

3) Versuch einer Eintheilung der Helminthen. 1827. p. 42.

ihnen wegen der Nahrung von todten animalischen Substanzen nothwendig ist [1]).

Das Nervensystem der langschwänzigen Decapoden ist am genauesten bekannt. Es besteht beim Flufskrebs aus einer die ganze Länge des Körpers durchlaufenden Ganglienkette, welche im Hinterleibe frei zwischen den Muskeln, im Vorderleibe aber in einer eigenen Knochenröhre liegt. Bei den kurzschwänzigen Decapoden finde ich die sämmtlichen Ganglien, mit Ausnahme des Gehirns zu einem grofsen, zwischen den Fufsmuskeln liegenden Ganglion verschmolzen [2]).

Die geistigen Eigenschaften der Kruster sind nicht so gering, als es auf den ersten Blick scheinen möchte. Sie zeigen in dem Aufsuchen ihrer Zufluchtsörter viel Umsicht, besonders die, welche Muschel- und Schneckenschalen als solche benützen (die Paguroidea und Pinnotheres), und die Landkrabben, welche ihre Wanderungen in grofser Gesellschaft antreten.

Anm. 1. Mit der grofsen Reproductionskraft, welche die Haut der Decapoden im unverletzten Zustande hat, steht die ausgezeichnete Fähigkeit dieser Thiere, verlorene Theile wieder zu ersetzen, in Verbindung. Treffliche Beobachtungen hierüber hat schon *Réaumur* (Mèmoires de

---

1) Rosenthal Ueber den Geruchssinn der Insekten, in Reil's Archiv. X. p. 427.

2) Bei einem grofsen Exemplar von Maja Squinado, das mir Herr Prediger Bellermann 1822 aus Lissabon geschickt hat.

l'Academie des sciences de Paris von 1712 und 1718) bekannt gemacht.

Anm. 2. Am ausführlichsten sind die anatomischen und physiologischen Untersuchungen über sämmtliche Kruster zusammengestellt in Desmarest, Considérations générales sur la classe des Crustacés. Paris et Strasbourg 1825. 8. Dieses treffliche Werk enthält auch eine fast vollständige Bibliographie der Kruster.

Aufser den in beiden Paragraphen citirten Schriften enthalten vorzüglich die Abhandlungen von Schäffer, O. F. Müller, Herrmann, Cavolini, Weber, Jurine und Straus über einzelne Geschlechter anatomische Bemerkungen, auf die wir in der Folge zurückkommen.

§. 142.

Die Spinnen, Araneae, bilden die sechste Klasse (Siehe Tab. VIII.). Sie sind aufserlich am allgemeinsten durch ihre acht Füfse und die Lage der entweder zu Luftsacken oder Tracheen führenden, zwei bis acht Luftöffnungen an der untern Bauchfläche charakterisirt. Doch sind diese Merkmale nicht ganz ausnahmlos; die Leptoideae nämlich sind sechsfüfsig, und Chelifer hat nach *Treviranus* 1) vier Reihen von Luftöffnungen, zwei auf dem Rücken und zwei an der Bauchseite, welche jedoch weder zu Tracheen noch Luftsäckchen führen.

Ihr Hautpanzer ist meist weicher als bei den übri-

---

1) Vermischte Schriften. I. pag. 18. Ueber ein ähnliches zweifelhaftes Respirationsorgan bei den übrigen Spinnen, s. dasselbe Werk, pag. 7.

gen Panzerthieren, und zeigt gewöhnlich nur zwischen Thorax und Abdomen deutliche Sonderung; Kopf und Thorax sind meist verschmolzen, bei den meisten Milben und Zecken auch Thorax und Abdomen. Sie hauten sich ohne Metamorphose.

Alle Spinnen sind ungeflugelt; die sechs Thoracalfüfse der Kruster bilden mit den in ein Fufspaar umgewandelten hintern Unterkiefern die acht Füfse (S. pag. 234). An diesen sind doppelte oder dreifache Klauen.

Die Oberkiefer sind unausgebildet; dagegen dienen bei den meisten die in Zangen umgewandelten mittleren Fühlhörner der Kruster zum Ergreifen der Nahrungsmittel, und bilden die Zangenantennen (*Latreille*, Natürliche Familien pag. 293.). Diese sind bei der siebenten und achten Familie von den Ausführungsgängen der Giftdrüsen durchbohrt. Die Mundöffnung ist fast durchgängig zum Saugen gebildet, und führt zu einer einfachen oder mehrfachen Magenerweiterung, von welcher ein, zuweilen mit einem blinden Anfang versehener Darm ohne Windung nach hinten verlauft. Bei den webenden und freilaufenden Spinnen ergiefsen sich Harnschläuche dicht vor der Afteröffnung in den Darm. Das Verhaltnifs des Gallsecretionsorgans ist noch zweifelhaft. Immer ist der Nahrungskanal im Bauche von einer Fettmasse, wie bei den Insektenlarven umgeben. Die Meisten nahren sich von animalischer Kost, theils als Schmarotzer, theils als Raubthiere; nur wenige Milben leben auf vegetabilischen Substanzen.

Nach der Verschiedenheit der Respirations- und Circulationsorgane sind die Ordnungen abgetheilt, doch sind diese Theile noch nicht genügend untersucht, und namentlich ist noch zwischen der Ansicht von *Marcel de Serres* [1]) und den Vermuthungen von *Treviranus* [2]) zu entscheiden, ob das Herz oder Rückengefafs der Lungenspinnen Lungenherz, oder Körperherz, oder beides zugleich sey.

Die Geschlechter sind immer getrennt; die weibliche Geschlechtsöffnung, welche zu einem einfachen oder doppelten Eierschlauch führt, ist allgemein vorn am Abdomen. Die mannlichen Begattungsorgane der webenden und freilaufenden Spinnen liegen im vordersten Gliede der Palpen, die Hoden derselben sollen sich jedoch nach *Treviranus* (Arachniden pag. 37.) vorn am Abdomen öffnen. An dieser Stelle ist auch bei allen übrigen Spinnen die einfache oder doppelte männliche Geschlechtsöffnung, nur Hydrachna hat das männliche Organ am hinteren Körperende. Alle sind eierlegend, mit Ausnahme der Skorpione, welche lebende Junge gebären. Das Nervensystem der Spinnen ist, durch Concentration der Ganglien in eine gröfsere Masse, bei dem gröfsten Theil der Klasse dem

1) Mémoire sur le vaissau dorsal; in Mém. du Mus. T. IV.

2) Arachniden. pag. 9. 19. 29. 47. und Vermischte Schriften. I pag. 5.

der kurzschwänzigen Krebse und namentlich der Maja Squinado ähnlich. Nur die Skorpione haben ein Bauchmark mit langer Ganglienreihe wie die langschwänzigen Krebse.

Als Tastorgane dienen theils die Palpen, theils das vordere Fuſspaar. Die Augen sind durchgängig einfach, ohne Facetten und in der Zahl 2—8; wenige Schmarotzer sind augenlos. Die webenden Spinnen haben entschieden Gehör, wahrscheinlich auch Geruch; die Organe dieser Empfindungen sind jedoch noch unbekannt.

Die Muskeln der Kreuzspinne sind denen der kurzschwänzigen Krebse ähnlich, und befestigen sich an innere Fortsätze des Hautpanzers. Die Beweglichkeit der Glieder ist, so wie die verhältniſsmäſsige Masse der Nerven, gröſser als bei den Krustern. Als eine Art der Ortsbewegung kommt zuerst bei einigen Spinnen das Springen vor.

Die webenden Spinnen besitzen das Vermögen selbstständig Wärme zu erzeugen in einem höhern Grade als die bisher betrachteten Thiere; damit ist eine lebhafte Hautausdünstung und Empfindlichkeit gegen Wetteränderung verbunden.

Die Spinnorgane, längere und kürzere Schläuche, die sich in vier siebförmig durchbohrten Spinnwarzen öffnen, finden sich mit Bestimmtheit nur bei den Erraticae und Textores; obwohl man auch von Chelifer, Trombidium und Hydrachna Fäden spinnen gesehen hat, ohne jedoch das bereitende Organ zu kennen.

Die geistige Thätigkeit ist bei den vollkommneren Spinnen ebenfalls weit ausgebildeter als bei den Krustern. Sie gewöhnen sich an Menschen, und lassen sich zähmen; sie suchen ihre Nahrung mit List, und bemächtigen sich derselben mit vielfacher Berücksichtigung der Umstände; vorzüglich ausgezeichnet ist ihr mit den Spinnwerkzeugen verbundener Kunsttrieb. Dieser bezieht sich theils auf die eigene Sicherheit und den Nahrungstrieb, das Netzweben der Textores, theils auf die Fortpflanzung, insofern Textores und Erraticae ihre Eier in eine oft sehr künstliche Kapsel einspinnen (z. B. Clotho Durandii, Latreille, Uroctea 5maculata, Dufour). Aufserdem sorgen die Weibchen durch Bewachen, Herumtragen und Vertheidigen für die Eier und die ausgeschlüpften Jungen.

Anm. 1. Araneae, Spinnen, scheint mir ein passenderer Klassenname zu seyn als Arachnides, Spinnenartige, welcher nach der Art der Familiennamen gebildet ist, der generische Name Aranea ist durch Tegenaria Latr. Walck. ersetzt.

Anm. 2. Ueber die Wärme-Erzeugung und Hautausdünstung der Epeira Diadema habe ich im Sommer 1825 folgende Beobachtungen gemacht: Bei + 14° R. stieg das Thermometer am Thorax von zwei Exemplaren auf + 18 1/2°, bei einer auf + 20°, und bei einer vierten auf + 21°. Drei Exemplare verloren von Mittag 1 Uhr bis 4 1/2 Uhr Abends, bei einer Temperatur von + 15 1/2° bis 15° durch Ausdünstung sieben Milligrammes an Gewicht, indem sie während dieser Zeit in Papierdüten safsen, die auf einer sehr empfindlichen Wage lagen.

Anm. 3. Die vorzüglichsten Schriften über die Anatomie der Spinnen sind, aufser den älteren Werken von Roesel, de Geer: G. R. Treviranus. Ueber den innern Bau der Arachniden. Erstes Heft. Nürnberg 1812. mit 5 K. 4to.

Desselben Vermischte Schriften anatomischen und physiologischen Inhalts. Erster Band. Göttingen 1816. 4to. m. K.

Léon Dufour Observations sur quelques Arachnides; in Annales générales des sciences physiques par Bory etc. T. V. et VI. Bruxelles, 1820, 8. mit K.

Moritz Herold Untersuchungen über die Bildungsgeschichte der wirbellosen Thiere im Eie. Erster Theil. Von der Erzeugung der Spinnen. Marburg, 1824. fol. mit 4. K.

§. 143

Die siebente Classe, die Insekten, Insecta (Tab. IX.), sind Panzerthiere mit vom Thorax abgesondertem Kopfe, zwei gegliederten Antennen und einer Reihe von Luftöffnungen (stigmata) auf jeder Seite des Körpers. Diese führen zu einem Tracheenstamme der von vorn nach hinten auf jeder Seite verlauft, und den Luftöffnungen gegenüber die Tracheenverzweigungen aussendet, die an die einzelnen Organe die Luft vertheilen. Das Ein- uud Ausathmen geschieht durch Bewegung der Panzerringe. Durch diese Bildung der Luftgefafse verliert das Blutgefafssystem an Bedeutung, doch besitzen alle ein pulsirendes, das Blut in Bewegung setzendes Rückengefäfs, das bei mehreren einen mittleren, muskulösen Theil, ein wahres Herz bildet und Arterien absendet, die das Blut zu den Organen führen.

Der Verdauungsapparat zeigt in der Bildung der Kau- und Saugwerkzeuge, der Speiseröhre, Mägen, Darmwindungen und secernirenden Nebenorgane, so wie der Geschlechtsapparat mehrfache Verschiedenheiten bei den einzelnen Ordnungen und Familien. Im Allgemeinen sind die äufseren Geschlechtstheile nicht doppelt, wie bei den Krustern, sondern einfach, und öffnen sich immer am hinteren Körperende unter dem After, die männlichen Libellen ausgenommen, wo die Oeffnung unter dem zweiten Ringe des Abdomen ist. Die Insekten sind fast durchgängig eierlegend, und vermehren sich gewöhnlich nur einmal. Die Harnsecretionsorgane finden sich in der Form von Schläuchen, die sich in den hinteren Theil des Nahrungskanals öffnen.

Eine grofse Manichfaltigkeit anderer eigenthümlicher Absonderungen besitzen mehrere einzelne Geschlechter, theils zur Unterstützung der Zeugungsfunctionen, theils zum Behuf der Vertheidigung und des Angriffs, von denen die der Leuchtorgane, Giftorgane und Spinnwerkzeuge schon p. 181 — 82 angeführt sind; man kann zu diesen auch die von *Huber* beschriebenen Absonderungstaschen des Wachses am Hinterleibe der Arbeitsbiene als eigenthümliche Organe zählen. Von-

vielen besonders übelriechenden und scharfen Säften, die sich z. B. bei den Ameisen, Cetonien, Blaps Staphylinus, Carabus, theils durch den Mund, theils durch den After oder in der Nahe desselben ergiefsen, theils wie bei den Wanzen, Meloë, Chrysomela, Coccinella und vielen andern an der Oberflache ausschwitzen, kennt man das Absonderungsorgan meist noch nicht genau. In vielen Fällen ist es wahrscheinlich die Haut allein, deren Ausdünstung ausserdem sehr stark, und oft von auffallendem Geruch ist.

Die Haut bildet in der Regel 12 — 14 Ringe, deren erster der Kopf ist, die drei folgenden der Thorax und die übrigen das Abdomen sind. Der Kopf umschliefst aufser dem Gehirn und den inneren Theilen der Augen, die Nerven und Muskeln der Fühlhörner, der Kau-, Saug- und Geschmacksorgane, und einen Theil der Speiseröhre und Speiseschlauche. Von den drei Ringen des Thorax, die nach *Nitzsch* 1) Protothorax, Mesothorax und Metathorax genannt werden, tragt jeder ein Fufspaar, so dafs sich im Ganzen sechs Füfse finden. An den Seitentheilen der beiden hinteren Ringe des Thorax sind bei den meisten Insecten ein oder zwei Flügelpaare befestigt, welche aus zarten Hautduplicaturen bestehen, in die sich Luft- und Blutgefafse 2) vertheilen, und an denen haufig, so

1) S. Latreille's Natürliche Familien des Thierreichs. p. 242.
2) Wenigstens bei den Schmetterlingen; nach einer Entdeckung, die ich im Jahre 1818 an Sphinx Convolvuli gemacht habe.

wie an mehreren andern Körperstellen, besonders dicht und allgemein bei den Schmetterlingen, buntgefärbte Haare, Federn oder Schuppen sich entwickeln.

Die Ringe des Abdomen tragen keine Füfse oder Flügel, sind auf der Seite, wie die Ringe des Thorax von Luftöffnungen durchbohrt, und schliefsen, aufser Muskeln und Nervenstrang, Magen, Darm, Gall- und Harnsekretionsorgane, den gröfsten Theil der Tracheen und die Geschlechtstheile ein. Der hinterste Ring in welchem sich durchgängig die Afteröffnung, und fast durchgängig die vom After getrennte Geschlechtsöffnung befindet, zeigt sehr vielfach verschiedene Formen nach der Verschiedenheit des Geschlechts, der Fortpflanzungsweife und der Bewaffnung in den verschiedenen Familien.

Eine ähnliche Formverschiedenheit der Haupttheile wie die Haut zeigt das Nerven- und Muskelsystem. Auf das meist zweilappige Gehirn folgt die Bauchganglienkette, in welcher die doppelten Verbindungsfaden sich durch eine Reihe von Ganglien vereinigen. Von diesen sind die im Thorax liegenden weit gröfser als die übrigen, besonders bei den geflügelten Insekten, und bei vielen Lepidopteren, Orthopteren und Coleopteren durch Fortsatze des Hautpanzers geschützt. Das Muskelsystem besteht aus locker verbundenen, von einem Panzerstück zum andern verlaufenden Faserbündeln, deren Starke und Zahl vorzüglich nur am vordeien und hinteren Körperende, durch die

Bildung von Kau- oder Saugwerkzeugen, männlichen oder weiblichen Geschlechtstheilen und Waffen modificirt wird.

Der Tastsinn ist schwach in der ganzen Haut, feiner in den sehr allgemein vorkommenden Freſsspitzen, (palpi) und besonders in den gegliederten Fühlhörnern, deren immer nur zwei vorhanden sind, ausgebildet. Die Fühlhörner sind fast allgemein bei den Männchen stärker als bei den Weibchen entwickelt, ohne daſs man sie deſshalb für den Sitz eigenthümlicher Empfindungen oder des Geruchssinnes halten dürfte, denn der Tastsinn zeigt auch bei den höhern Thieren eine wenigstens eben so innige Verbindung mit der Geschlechtsthätigkeit, als der Geruchssinn [1]).

Die Zunge ist bei den Orthopteren besonders deutlich als Geschmacksorgan gebildet; und wenn sie bei Andern durch ihren hornigen Bau mehr als Ingestionsorgan dient, so wird die Geschmacksfunction, welche in den Insekten allgemein sehr stark entwickelt ist, durch die Lippen und andere Mundtheile vollzogen.

Für die Geruchsempfindung scheinen keine anderen Organe, als die mit feinen häutigen Vorsprüngen besetzten Oeffnungen der Tracheen (stigmata) da zu

---

1) Von den aufgeschwollenen Daumen der männlichen Rochen, Frösche und Kröten bis zu den bärtigen Lippen des Mannes giebt es zahlreiche Beispiele dieser Verbindung.

seyn. Das Organ des ohne Zweifel vorhandenen Gehörs ist unbekannt. [1])

Am ausgezeichnetsten ist für das Sehen gesorgt, indem sich fast durchgängig die beiden facettirten zusammengesetzten Augen der vollkommneren Kruster finden, und zwischen diesen sehr haufig die einfachen Augen der Spinnen als 2—3 Nebenaugen (stemmata) stehen. Doch sind die facettirten Augen niemals auf beweglichen Stielen, wie es bei den zehnfüfsigen Krustern der Fall ist, sondern fest, aber verhältnifsmafsig weit gröfser und besonders nervenreicher. Augenlos ist nur ein Theil der ersten Ordnung.

Obgleich die Insekten keine Stimmwerkzeuge an der Oeffnung der Respirationsorgane besitzen, so haben doch viele die Fahigkeit, mit eigenen, an verschiedenen Hautstellen liegenden Singorganen zu locken, zu singen oder sonstiges Gerausch zu machen, und dadurch (auf ähnliche Weise wie der Mensch durch Klatschen mit den Handen) Empfindungen auszudrücken. Die Cicadarien, die meisten Orthopteren und der Sphinx Atropos sind durch diese Eigenschaft allgemein bekannt.

Die Ordnungen und Familien der Insekten sind ganz nach äufseren Merkmalen, hauptsächlich der Zahl

1) Bei den gröfseren Lepidopteren finde ich in der Schedelbasis eine knocherne Blase auf jeder Seite, welche einen aus dem Hirnringe entspringenden Nerven aufnimmt; ich vermuthe hier das Gehörorgan.

und Bildung der Flügel, der Saug- oder Beiſswerkzeuge und der Fuſswurzelglieder abgetheilt, Merkmale, die mit den wichtigeren Eigenheiten des inneren Baues, so weit man diese bis jetzt kennt, meistentheils übereinstimmen. (S. tab. IX.)

Anm. 1. Die Ordnung der Schmarotzer ist der Gegenstand sehr genauer Untersuchungen eines trefflichen Beobachters, *Nitzsch* in Halle; er stellt die beiſsenden zu den Orthopteren, die saugenden zu den Hemipteren, und auſser Hippobosca auch Braula zu den Dipteren. Allein der gänzliche Mangel der Metamorphose, die unvollkommene Bildung oder der Mangel der Augen, und die Form der Mundtheile und des Nahrungskanals bei den beiden ersten Familien scheinen mir so sehr von dem Charakter der übrigens mehrfache Uebereinkommnisse mit ihnen zeigenden Hemipteren und Orthopteren abzuweichen, daſs ich vor der Hand die *Latreille*'sche Ordnung Parasita beibehalten habe. Sie sind jedenfalls die unvollkommensten, den Tracheenspinnen zunächst stehenden Insekten.

Anm. 2. Die Thysanura schlieſsen sich an die Isopoden und Myriapoden unter den Krustern an, indem die Lepismena an den Ringen des Abdomen fuſsartige Anhänge haben, und Augen, Fühler, Schwanz, Geschlechtstheile und Nerven gleichfalls sich der Bildung jener nähern. *Treviranus* 1) konnte keine Tracheen bei ihnen finden.

Anm. 3. Die Stelle der zweiflügligen Gattungen Xenos und Stylops, welche zu einer eigenen Ordnung, Strep-

1) Vermischte Schriften II. pag. 11—17.

siptera *Kirby*, Rhipidoptera *Nitzsch*, erhohen sind, kann nur eine genauere anatomische Untersuchung bestimmen.

Anm. 4. Unter den Hemipteren findet sich eine merkwürdige Ahweichung der Bildung des Magens bei den Cicadarien, welche *Ramdohr* 1) und *Leon Dufour* 2) beschrieben haben. Er bildet nämlich eine lange, vielfach gewundene und in sich selbst zurucklaufende Schlinge.

Die Männchen der Cicadarien haben ein complicirtes Singorgan an der Basis des Hinterleibes.

Aufser diesen ist die Gattung Aphys berühmt durch die merkwürdige Fortpflanzungskraft der flügellosen Weibchen, die den ganzen Sommer hindurch ohne Begattung lebendige Junge gebären, und nur im Herbst, nach vorausgegangener Begattung, Eier legen.

Die Gattung Aleurodes macht von den Hemipteren den Uebergang zu den Schmetterlingen, mit denen sie auch durch vollkommene Metamorphose übereinkommt. Auf ähnliche Weise nähern sich die Phryganidea unter den Neuropteren den Schmetterlingen.

Anm. 5. Eine scheinbare Ausnahme von der allgemeinen Regel, nach der die Insekten sechs Füfse haben, machen einige Tagschmetterlinge (Danaus, Heliconius, Pavonia etc.) bei denen die vordersten Füfse nur kleine Stumpfe bilden, so dafs diese Gattungen vierfufsig zu seyn scheinen.

Anm. 6. Die gewöhnlich sogenannten Gallgefäfse der Insekten werden jetzt mit weit gröfserer Wahrscheinlichkeit

---

1) Abhandlung uber die Verdauungswerkzeuge der Insekten. pag. 28. 199—201.

2) Recherches sur les Cigales in Annales des sciences nat. T. V. p. 155.

wenigstens zum Theile für Harngefäſse gehalten, das Nähere hierüber bei der speciellen Betrachtung der Harnsecretionsorgane.

§ 144.

Die merkwürdigste Erscheinung im Leben der Insekten ist ihre Verwandlung, metamorphosis, die entweder vollständig oder unvollständig ist, und nur in den beiden ersten Ordnungen ganz fehlt. Die vollstandige Metamorphose findet sich bei der groſsen Mehrzahl der Insekten, und besteht darin, daſs sie die Eier als Larven, larvae, in einem wurmahnlichen Zustande verlassen, der besonders bei den Dipteren auſserlich die gröſste Aehnlichkeit mit den Ringelwürmern zeigt. Weiche, haufig schleimige Haut, Gröſse des Verdauungsapparates und Kleinheit der Respirationsorgane, gänzlicher Mangel oder Kleinheit der Füſse, die zuweilen (bei den Raupen) in vermehrter Zahl bis zum hintersten Körperringe gehen, gänzlicher Mangel der Flügel und der dazu gehörigen Muskeln, Nerven und Tracheen, haufig parasitisches Leben in anderen Thieren und Kleinheit oder Mangel der Sinnorgane sind die Merkmale der Insektenlarven, wodurch sie sich den Krustern und den Ringelwürmern näheren, von welchen sie sich jedoch immer durch den Mangel auſserer Geschlechtsorgane, die kaum erkennbar kleine Bildung der inneren, und die Unfahigkeit zur Fortpflanzung unterscheiden.

Auf diesen Larvenzustand folgt der Ei ahnliche der

Puppe, nympha, in welchem das Thier nur respirirt, wenig oder gar nicht beweglich ist, und keine Nahrung aufnimmt, innerlich aber die wunderbare Umwandlung aller aufseren und inneren Organe bewirkt, die sich beim Abwerfen der Puppenhülle an dem vollkommenen Insekt, imago, zeigt:

Die Suctoria, Diptera, 1) Hymenoptera, Lepidoptera, Coleoptera, einige Hemiptera (Aleurodes) und Neuroptera (Myrmeleon, Semblis, Hemerobius), haben diese vollstandige Metamorphose.

Davon unterscheidet sich die unvollständige oder halbe der übrigen Hemipteren und Neuropteren und der Orthopteren durch den Mangel des Puppenzustandes, ohne welchen die weniger auffallenden Veränderungen der den vollkommenen Thieren weit ähnlicheren Larven, besonders das Flügelanwachsen, allmählig geschehen.

So lebhaft die Reproductionsthätigkeit bei diesen Verwandlungen im regelmafsigen Zustande wirkt, so gering ist bei allen Insekten die Fahigkeit Verletzungen zu heilen, und verlorene Theile zu reproduciren; ein auffallender Unterschied von den Krustern.

In Verbindung mit der Entwickelung der Jungen steht das Zusammenleben in grofsen, gewissermafsen geregelten Gesellschaften, wodurch sich ein Theil der.

1) Hippobosca und Braula wahrscheinlich ausgenommen.

Hymenopteren und die Termiten unter den Neuropteren auszeichnen. Diese geselligen Vereine bestehen, aufser den männlichen und weiblichen Thieren und den Larven, aus sogenannten Geschlechtslosen oder Arbeitern, und werden zum Theil durch ein Weibchen, die Königinn, regiert und bevölkert. Besonders merkwürdig ist das Verhältnifs der Geschlechtslosen, die nichts Anderes als Weibchen mit unentwickelten Zeugungsorganen sind, in denen anstatt des Geschlechtstriebes der mit diesem nahe verwandte Trieb für die Brut zu sorgen, die Wohnungen zu bauen, die Nahrungsmittel herbeizuschaffen, und das Ganze zu vertheidigen vorzugsweise und mit bewundernswürdiger Urtheilskraft entwickelt ist (S. p. 227.). Diese Verkümmerung der Geschlechtstheile ist wenigstens bei den Bienen Folge einer absichtlichen Verkürzung der Nahrungsmittel im Larvenzustande, und kann durch reichlichere Ernährung im erforderlichen Falle vermieden werden.

An diesen in Masse zusammenlebenden Insekten hat man zuerst ihre Fähigkeit Wärme zu erzeugen beobachtet, ohne jedoch dieselbe an den einzelnen Thieren zu prüfen. Ich habe seit 1818 durch eine grofse Zahl von Versuchen über die Wärmebildung und Ausdünstung an einzelnen grofseren Insekten gefunden, dafs besonders die Schmetterlinge, die auch durch warme Hautbekleidung den warmblütigen Wirbelthieren ähnlich sind, sich bis auf + 30° R. erwärmen können, wenn die äufsere Temperatur nur nicht bis auf den Gefrierpunkt sinkt. Allein sie zeigen diese selbstständige Wärme nicht fortwährend, wie die meisten Warmblüter, sondern nur im wachenden Zustande, und bei lebhafter Bewegung.

Anm. 1. Bei den Termiten, die nur eine halbe Metamorphose haben, sind die Larven die Arbeiter, die Geschlechtslosen dagegen nur die Vertheidiger des Baues.

Anm. 2. Mit der Wärmeerzeugung hält die Ausdünstung der Insekten gleichen Schritt, so dafs sie sich auf empfindlichen Wagen schon in wenigen Minuten bemerken läfst, wenn das Thier sich vorher lebhaft bewegt hat. Ein ganz ruhig auf der Wage sitzender Sphinx Atropos verlor binnen 9 Stunden 46 1/2 Milligrammes. Die Details meiner Versuche, welche *Rudolphi* in seinem Grundrifs der Physiologie I. 1821. pag. 179. freundlich erwähnt hat, gehören nicht hierher; sie liefern der Physiologie neue Beweise für den nahen Zusammenhang zwischen Muskelthätigkeit, Wärmebildung, Respiration und Ausdünstung, selbst bei solchen Thieren, wo das Blutgefäfssystem, das diese Processe bei den warmblutigen Wirbelthieren verbindet, weit weniger ausgebildet ist.

Anm. 3. Zur Literatur über die Anatomie der Insekten gehören aufser den oft erwähnten Werken von *Réaumur*, *Roesel*, *de Geer*, *Malpighi*, *Leeuwenhoek*, *Bonnet*, *Cuvier*, *Treviranus* und *Latreille*, vorzüglich *J. Swammerdam*, Biblia naturae seu historia insectorum etc. belgice, cum versione latina H. D. Gaubii, et vita auctoris per H. Boerhaave. Leiden, 1737—38. 2 Vol. fol c. 53. tab. Deutsch: Buch der Natur, worinnen die Insekten in Klassen getheilt, beschrieben, zergliedert etc. Leipzig, 1752. mit 53 K.

A. Vallisnieri Opere fisico-mediche 3 Vol. fol. Venedig, 1733.

P. Lyonnet, Traité de la chenille qui ronge le bois de saule. La Haye, 1760. 4. 18 pl. Der zweite verloren geglaubte Theil dieses trefflichen Werkes, Handschrift und Kupferplatten soll in Leyden von Dr. *Haan* gefunden seyn.

P. Huber, Recherches sur les moeurs des fourmis indigènes. Paris et Genève, 1810. 8. fig.

K. A. Ramdohr, Abhandlung über die Verdauungswerkzeuge der Insekten. Halle, 1811. 4. mit 30 K.

F. Huber, Nouvelles observations sur les abeilles. Paris, 1814. 2 voll. 8. fig.

C. Sprengel, de partibus quibus insecta spiritus ducunt. Lipsiae 1815. 4. mit 3 K.

Herold, Entwickelungsgeschichte der Schmetterlinge. Kassel und Marburg, 1815. 4. mit 33 K.

Savigny, Mémoires sur les animaux sans vertèbres. Fasc. I. Paris 1816. 8.

J. R. Rengger, physiologische Untersuchungen über die thierische Haushaltung der Insekten. Tübingen, 1817. 8.

Marcel de Serres, Mémoire sur le vaisseau dorsal in Mémoires du Mus. d'hist. nat. IV. übersetzt in Oken's Isis 1819. p. 593.

A. M. C. Duméril, Considérations générales sur la classe des insectes. Paris, 1823. 8. 60 pl. Eine ausführliche Bearbeitung des trefflichen Artikels: Insectes im Dictionnaire des sciences naturelles.

Ch. L. Nitzsch, über die zwischen den Rückgratthieren und Panzerthieren statt findende Parallele; in Meckel's Archiv für Anatomie und Physiologie. 1826. Nro. 1. p. 43.

H. Straus-Durckheim, Considérations générales sur l'anatomie comparée des animaux articulés, auxquelles on a joint l'anatomie descriptive du Melolontha vulgaris. Paris, 1828. 4. 19 pl.

Mehrere andere Abhandlungen über einzelne Gattungen und Organe, vorzüglich von *Léon Dufour* in den Annales des sciences naturelles, *Chabrier* in den Mémoires du Muséum, *Carus*, *J. Mueller*, *Herold* u. A. werden bei der speciellen Beschreibung der Organe angeführt werden.

Dritte Abtheilung,

Wirbelthiere, Vertebrata.

§. 145.

Gehirn und Rückenmark liegt ganz in einer knorpligen oder knochernen Kapsel, welche in der Regel, so weit sie das Rückenmark umgiebt, aus einzelnen beweglich verbundenen Ringen, Wirbeln, besteht, an welchen vorn der Schedel befestigt ist. Die Haut verliert dabei meistentheils die harte panzerartige Bildung, und der hornige Ueberzug der Lederhaut erscheint nur noch in Form von Schuppen und Schildern, oder als weiche, mit Federn oder Haaren besetzte Oberhaut, oder selbst als feuchte Schleimhaut.

An dem Schedel sitzen die Kauorgane, die Zangen der Panzerthiere, zu zwei übereinanderstehenden Bögen, Ober- und Unter-Kiefer, vereinigt. Bei den vollkommneren Wirbelthieren bleibt nur der Unterkiefer beweglich, das Oberkiefergerüst verbindet sich unbeweglich mit den Schedelknochen. Die Kaubewegung ist bei allen Wirbelthieren senkrecht gegen den Schedel; nur die Cyclostomen unter den Fischen machen hiervon eine Ausnahme. Von diesem knöchernen Anfange der

Mundhöhle und der Speiseröhre geht der Nahrungskanal, indem er fast allgemein in Magen, Dünndarm und Dickdarm getheilt ist, nach dem entgegengesetzten Körperende; doch ragt bei den Meisten ein Theil der Wirbelsäule über den After hinaus, und bildet die Grundlage des Schwanzes.

Allgemein ist die Leber drüsig, deren Flüssigkeit sich in der meistens vorhandenen Gallenblase sammelt, um in den Anfang des Dünndarms ergossen zu werden. Fast allgemein finden sich mehrere Mundspeichel- und eine Bauchspeicheldrüse, nebst vielen schleimabsondernden Schläuchen, die ihre Flüssigkeit in allen Theilen des Nahrungskanals ergiefsen.

Das bei allen Wirbelthieren rothe Blut ändert sich während des Lebens auf eine doppelte Weise um. Es wird scharlachroth in den Arterien zu allen Theilen des Körpers getrieben, und kehrt braunroth, specifisch leichter und weniger gerinnbar in den Venen zum Herzen zurück. Die entgegengesetzte Veranderung erleidet es in den Athmungsorganen: zu ihnen wird es braunroth vom Herzen aus durch die Arterien der Athmungsorgane hingeführt, und kehrt scharlachroth, specifisch schwerer und gerinnbarer zum Herzen (bei den Fischen zum Anfang der Arterien an der Wirbelsaule) zurück.

Der Bau und die Lage der Athmungsorgane sind in den verschiedenen Klassen der Wirbelthiere verschieden, je nachdem sie in der Luft oder im Wasser athmen, Lungen oder Kiemen haben, und kaltblütig oder warmblütig sind; doch öffnen sie sich bei Allen in das vordere Ende des Nahrungskanals.

Bei Allen finden sich zwei neue Abtheilungen des Gefafssystems. Die eine gehört blos den Verdauungsorganen an, das Pfortadersystem; es ist eine in die grösere eingeschobene Gefafsverästelung, welche das vom Darm und einigen anderen Theilen zurückkehrende Blut in der Leber vertheilt, bevor es zum Herzen, und von da in die Respirationsorgane gelangt. Die andere, das Lymphgefäfssystem, entsteht zwar hauptsächlich aus dem Darm mit seinen Wurzeln, saugt aber auch aus dem ganzen übrigen Körper alles zur Ernährung taugliche auf, und führt es zum Herzen zurück, von wo es durch die Athmungsorgane und dann in den ganzen Körper getrieben wird.

Mit dem Pfortader- und Lymphgefafssystem steht ein eigenes, den Wirbelthieren gleichfalls eigenthümliches, drüsiges Organ in Verbindung, die Milz, ein Gewebe von Blut- und Lymphgefäfsen, von dem man ohne hinreichenden Grund geglaubt hat, dafs es dazu diene, den farbigen Bestandtheil des rothen Blutes zu bereiten.

Den Respirationsorganen entgegengesetzt finden sich bei allen Wirbelthieren die harnbereitenden Drüsen, Nieren, ausschliefslich und beständig an der unteren Fläche der Wirbelsäule, zwischen ihr und dem Bauchfell gelegen; ihre Ausführungsgänge öffnen sich immer entweder in das Ende des Darms oder in der Nähe des Afters nach aufsen.

Die Geschlechter sind durchgängig getrennt; die von einigen Schriftstellern angenommene Zwitterbildung bei mehreren Fischen ist sehr unwahrscheinlich. Die Befruchtung der Eier geschieht theils aufserhalb des Mutterleibes (Laichen) theils innerhalb desselben; im letzteren Fall findet wieder dieselbe Verschiedenheit hinsichtlich der Entwickelung der Eier statt, jenachdem die Fortpflanzung durch Eierlegen oder Lebendiggebären bewirkt wird.

Aufser der schon erwähnten, ganz allgemein und ausfchliefslich stattfindenden Ausbildung der Centraltheile des Nervensystems an der Rückenseite des Körpers, ist das Nervensystem der Wirbelthiere noch durch den sympathischen oder Ganglien-Nerven (S. 154.) ausgezeichnet, welcher nur den rundmauligen Knorpelfischen zu fehlen scheint. Die Sinnes-Nerven sind, wie die Sinnorgane selbst, in fast allen Wirbelthieren weit ausgebildeter, als in den vollkommensten Thieren der beiden andern Abtheilungen. Fast durchgängig finden sich alle fünf Sinnorgane, nur bei wenigen ist die Zahl durch Schwinden des Sehorgans, oder des Geruchsorgans vermindert.

Die Bewegungs-Organe und das Nervenknochensystem, die vorzugsweise von aufsen befestigten Muskeln, kommen durchgangig in den von pag. 161 — 179 angegebenen allgemeinen Eigenthümlichkeiten des Wirbel-

oder Nervenknochensystems und der Verbindung seiner einzelnen Stücke durch Knorpel, Bander und Muskeln überein, obgleich die verschiedene Art der Bewegung, im Wasser, in der Luft, auf und in der Erde, eine Menge von interessanten Abänderungen in den einzelnen Theilen des Bewegungs-Apparates hervorbringt. Die Muskelfasern bilden, besonders an den zur Ortsbewegung vorzugsweise bestimmten Gliedmaſsen, fast allgemein rundliche, mit Sehnen entspringende und befestigte Muskelbäuche, wovon sich vorzüglich nur bei den Fischen und einigen nackten Amphibien Ausnahmen finden.

Ueber die geistige Thätigkeit der Wirbelthiere läſst sich schwer etwas Allgemeines sagen, da die Verschiedenheit groſs ist. Nur in einer Beziehung kommen alle vier Klassen der Wirbelthiere überein; sie sind abrichtungsfahig, zähmbar, und zeigen dadurch eine gröſsere Anlage, empfangene Sinneseindrücke zu verbinden, und im Gedachtniſs zu bewahren. Diese Anlage, die auſser den Wirbelthieren nur bei den Spinnen und Insekten beobachtet ist, giebt bei zunehmender Entwickelung der Sinn- und Bewegungsorgane den höheren Wirbelthieren die Fahigkeit, sich in den ihnen angewiesenen Lebensverhaltniſsen eine Art von Uebung und Erfahrung zu verschaffen, wodurch in vielen Fallen die roheren Naturtriebe der Ernährung und Geschlechtslust geleitet und beherrscht werden.

Anm. 1. Die einzelnen Ausnahmen von den hier angegebenen sehr allgemeinen Formen, z. B. bei den rundmäulligen Fischen und einigen Amphibien, werden in der speciellen Beschreibung des Gefäſssystems, der Drüsen, Knochen, Nerven und Sinnorgane erörtert werden.

§. 146.

Die Wirbelthiere sind, jenachdem sie die Fähigkeit, sich bei mäſsigen Wechseln der äuſsern Wärme in einer bestimmten gleichen Temperatur zu erhalten, nicht haben oder haben, in Kaltblüter und Warmblüter getheilt, und beide Abtheilungen unterscheiden sich auch anatomisch bedeutend, besonders im Bau der Organe des Athmens und Kreislaufs. Diese Unterschiede sind:

1) Die Kaltblüter, Fische und Amphibien, athmen durch Kiemen oder sackförmige, höchstens an den Wänden mit Zellen besetzte Lungen; die Warmblüter dagegen, Vögel und Säugethiere, haben durchgängig dichte, mit Zellen ganz ausgefüllte Lungen.

2) Das Herz der Kaltblüter ist entweder Kiemenherz und einkammerig, oder gemeinschaftliches Lungen- und Körperherz, ohne vollständige Trennung der Lungenhälfte von der Körperhälfte und die Lungenarterien sind mit den Körperarterien verbunden; das Herz der Warmblüter dagegen ist durchgängig aus zwei ganz getrennten Hälften, der Lungenhälfte und der Körperhälfte zusammengesetzt,

und die Lungenarterien sind nicht mit den Körperarterien verbunden; erst wenn diese Trennung nach der Geburt vollständig geworden ist, erlangen sie die vollkommene Wärmeerzeugungsfahigkeit.

3) Die Blutmasse der Kaltblüter ist im Verhältnifs zu ihrer Körpermasse weit geringer als die der Warmblüter.

4) Aus demselben Grunde ist das Herz der Kaltblüter verhältnifsmäfsig weit kleiner, die Gefäfsverästelung in den Organen geringer und die Organe selbst sind weit blutärmer als es bei den Warmblütern der Fall ist.

5) Die Folgen dieser Bildung der Respirationsorgane, des Herzens und der Gefäfse ist, dafs bei den Kaltblütern das Blut entweder nur der schwachen Kiemenrespiration, oder nur zum Theil der Lungenrespiration ausgesetzt wird; bei den Warmblutern dagegen die ganze und verhältnifsmäfsig weit gröfsere Blutmasse den Einflufs der Luft erleidet, ehe sie in die Substanz der Organe durch das gröfsere Herz mit gröfserer Kraft getrieben wird, um dieselben in weit zahlreicheren Gefafsen zu durchdringen.

6) Das Gehirn der Kaltblüter ist in Verhältnifs zum Rückenmark und zur Körpermasse weit kleiner als bei den Warmblütern, und besonders fehlt dem Hirnlein (kleinen Hirn) fast durchgängig die Zusammenfaltung in zahlreiche Blatter aus Mark-

und Rindensubstanz, welche die Warmblüter allgemein haben.

7) Die Haut der meisten Kaltblüter ist schleimig und arm an Gefafsen, die der Warmblüter dagegen ist allgemein trocken, stark ausdünstend, und wie bei den Schmetterlingen und andern Insekten, mit schlechten Wärmeleitern, Federn oder Haaren besetzt.

8) Die Kaltblüter haben in der Regel eine sehr grofse Zahl von Eiern oder Jungen, und sorgen meist gar nicht für dieselben, die Warmblüter haben immer eine weit geringere Zahl (meist 1 bis 10, höchstens 20) sorgen aber durchgängig für die Eier und die Jungen, wie viele Insekten.

9) Die Kaltblüter wachsen so lange sie leben fort, die Warmblüter hören bei oder bald nach dem Eintritt der Zeugungsfahigkeit auf zu wachsen; gleichfalls eine Uebereinkunft derselben mit den Insekten.

Anm. 1. Die Kaltblüter sind von der äufseren Temperatur nicht ganz abhängig, sondern meist bei äufserer Wärme über + 20° R. etwas kälter, und bei Kälte unter 0 etwas wärmer. Die Warmblüter sind umgekehrt nicht ganz unabhängig; viele derselben erstarren bei Frostkälte im Winterschlaf, oder sterben wenn sie an ein warmes Klima gewöhnt sind, besonders im Schlaf, wo die Wärmeerzeugung geringer ist, und eine Wärme uber 36° R. kann kein Warmblüter anhaltend ohne Nachtheil ertragen, so weit bis jetzt hierüber Versuche gemacht sind.

Die äufsersten Gränzen der gesunden Körperwärme

bei den Warmblütern im wachenden Zustande sind nach meinen Beobachtungen: + 35° R. beim Finken, und + 27 1/2° R. beim Igel. Eine vollständige Zusammenstellung der älteren Versuche von *Braun*, *Hunter*, *Pallas* und Anderen findet man in *Rudolphi's* Physiologie I. p. 167 — 196.

§. 147.

Die achte Klasse des Thierreichs, die erste der Wirbelthiere, sind die Fische, Pisces. (S. Tab. X.)

Sie athmen sämmtlich nur im Wasser durch bedeckte Kiemen, welche paarweise, meist in vier gröfseren und einer kleineren Reihe an jeder Seite des Rachens auf knöchernen oder knorpligen Bögen, den Kiemenbögen (Zungenbeinhörnern) festsitzen, deren Zwischenräume als eben so viele Spalten aus der Rachenhöhle in die Kiemenhöhle führen, die nach aufsen durch die beweglichen Kiemendeckel und Kiemenhautstrahlen geöffnet und verschlossen wird. Unmittelbar hinter und unter den Kiemen liegt das aus einer Kammer und Vorkammer bestehende Herz, welches das dunkelrothe Blut aus den Hohladern empfangt und in die Kiemen treibt, von wo es, in hellrothes verwandelt, sich in die Körperarterienstämme sammelt. Das Herz ist mithin ausschliefslich Kiemenherz, und diese Thatsache ist durch die Angaben von *Carus* und *Blainville* (S. die specielle Betrachtung des Gefafssystems) keineswegs widerlegt. Das Lymphgefafssystem der Fische hat keine Klappen, aufser an den zahlreichen

Einmündungsstellen der Stämme in die Venen 1) und keine Drüsen.

Der Nahrungskanal ist meist nur ein oder zweimal gewunden und wenig langer, oft nicht so lang als der Körper. Die weite Speiseröhre nimmt bei den meisten Fischen von obenher den Ausführungsgang der Schwimmblase auf (S. pag. 181). Darauf folgt ein sackförmiger Magen, der nur bei den Rundmäulern ganz fehlt, und auf diesen der Dünndarm und meist ein Dickdarm; am Pförtner des Magens liegen gewöhnlich entweder zahlreiche Blinddarme, oder eine kompacte Bauchspeicheldrüse.

Alle Fische haben eine grofse Leber, meist mehr auf der rechten Seite des Magens, und auf der entgegengesetzten die Milz. Letztere fehlt den Cyclostomen.

Die Harnsekretionsorgane bestehen aus der einfachen oder doppelten drüsigen Niere, welche gewöhnlich die ganze Länge der Bauchhöhle einnimmt, und 2 Harnleitern, die sich entweder in einer Harnblase vereinigen, oder ohne Blase in oder neben der Geschlechtsöffnung münden.

Höchst einfach sind bei den meisten die Geschlechtstheile und die männlichen und weiblichen einander sehr ähnlich, obgleich beide Geschlechter wahrscheinlich bei

---

1) *Fohmann*, Das Saugadersystem der Wirbelthiere. Heft 1. Heidelberg, 1827. fol. p. 22. tab. II. 9. 9.

allen Fischen getrennt sind. Hoden und Eierstöcke, gewöhnlich einer auf jeder Seite, selten nur ein mittlerer [1], sind in den fünf ersten Ordnungen längliche, große Säcke, mit Blättern oder Röhren gefüllt, die Eier oder milchähnlichen Samen enthalten, und sich mit geraden Ausführungsgängen hinter dem After öffnen. Bei Einigen fehlen diese Ausführungsgänge, und werden durch freie Oeffnungen des Bauchfelles, welches die Abdominal-Eingeweide einhüllt, ersetzt (Petromyzon, Anguilla, Salmonei). Weit vollkommener und nach dem Typus der höheren Wirbelthiere sind die Geschlechtstheile der Chondropterygier gebildet, indem die Eierleiter von den Eierstöcken getrennt in die Bauchhöhle sich öffnen, und die drüsigen Hoden in einen langen, gewundenen Ausführungsgang übergehen. Nur diese haben äußere Begattungsorgane, und, so wie einige lebendiggebärende Grätenfische, eine wirkliche Begattung. Die Mehrzahl der Fische ist eierlegend, und in Bau und Function der Geschlechtsorgane unvollkommner, als die meisten Panzerthiere und viele Mantelthiere.

Im Nervensystem der Fische zeigen sich fast alle Theile des menschlichen, obwohl in verschiedenem Verhältniß, und nicht immer deutlich. Das Gehirn besteht wenigstens aus drei Hauptmassen, aus

1) *Rathke*, Beiträge II. pag. 132.

denen vorzüglich die Riechnerven, die Sehnerven und die Hörnerven entspringen. Die Masse des Rückenmarks überwiegt in der Regel die des Gehirns sehr, und die Zahl der daraus entspringenden Nerven ist der der Wirbel gleich. Der dem Lungenmagennerven entsprechende Kiemennerve zeigt das abweichendste Verhältnifs von dem der übrigen Wirbelthiere.

Die Haut ist bei den Fischen durchgängig schleimabsondernd, und enthält zahlreiche Schleimkanäle, die meist in einer Linie auf jeder Seite sich öffnen, wie die Tracheen der Insekten; häufig finden sich um die Mundöffnung, seltener an den Brustflossen (Trigloidei) eigene Tastorgane; das Hautskelet ist oft so stark entwickelt, dafs es Schuppenringe bildet, die den ganzen Körper wie bei den Panzerthieren umgeben, mit den Wirbeln in Verbindung stehen und ihnen der Zahl nach entsprechen.[1]

Unter den Sinnorganen der Fische ist die Zunge das einfachste, ein mit glatter Schleimhaut und wenigen Muskeln überzogener, wenig beweglicher Knochen, der meist mit Zahnen besetzt ist.

Statt der Geruchswerkzeuge besitzen die Fische Witterungsorgane (S. pag. 157.), und die Nase der übrigen Wirbelthiere ist nur bei den Cyclostomen und Chondropterygiern durch ein einfaches

---

1) Deutsches Archiv für Physiologie IV. p. 359. folg. tab. IV. fig. 7. 8.

oder doppeltes Spritzloch auf der Mitte des Schedels (ähnlich wie bei den Walthieren) angedeutet.

Das Gehörorgan der Fische liegt zum Theil frei in der Schedelhöhle, zum Theil in die Knochen- oder Knorpelmasse des Schedels eingeschlossen, und besteht aus häutigen Säckchen, mit denen jederseits 3 halbcirkelförmige Kanäle zusammenhängen. Diese letzteren fehlen den Cyclostomen, und nur die Chondropterygier haben eine Andeutung von Paukenhöhle und äufserem Ohr. Die Schwimmblase scheint diesen Mangel zum Theile zu ersetzen. 1)

Das Auge hat unter den Sinnorganen der Fische die vollkommenste, menschenähnlichste Bildung. Es liegt auf jeder Seite in einer Höhle des Schedels durch 6 Muskeln beweglich darin befestigt, bei vielen auf einem eigenen Knorpelstiel sitzend. Die Augenlieder finden sich nur bei den Chondropterygiern. Unter den Cyclostomen sind einige ganz oder fast augenlos. Bei den übrigen hat der Augapfel die pag. 161 angegebene, gleiche Zusammensetzung aus Hauten und durchsichtigen Theilen, nur zeigt er mehr Verschiedenheiten in der verhältnifsmäsigen Gröfse, als in irgend einer anderen Thierklasse.

In der nächsten Verbindung mit dem Nervensystem

1) *C. H. Weber*, de aure et auditu hominis et animalium. Pars 1. de aure animalium aquatilium. Lipsiae, 1820. 4. mit 10 K.

stehen die elektrischen Organe einiger Fische. S. pag. 180 und 157.

Das Muskelsystem zeigt eine Reihe von Verschiedenheiten, die mit dem wurmähnlichen Bau bei den Cyclostomen anfängt, wo fast nur Kreis- und Längsfasern die Eingeweide umschliefsen, und die Gliedmassenmuskeln ganz fehlen, und mit den Rochen endigt, bei denen die Gliedmassenmuskeln die des Stammes und Schwanzes fast überwiegen.

Das Knochensystem der Fische ist im Allgemeinen durch zarte Bildung (Gräten) und dadurch ausgezeichnet, dafs die Wirbelsäule aufser den oberen und unteren Bögen (S. pag. 162), Reihen von beweglichen Anhängen nach oben, unten, hinten und zu beiden Seiten trägt, welche die Rücken-, After-, Schwanz-, Brust- und Bauchflossenstrahlen und Trager bilden. Das Verhältnifs dieser Anhange ist sehr verschieden, und Einigen fehlen eine oder mehrere Reihen ganz, aber niemals alle 1). Haufig treten diese Fortsätze und besonders die oberen Schedelknochen in unmittelbare Verbindung mit der Haut und den oft stark entwickelten, panzerartigen Hautknochen (Syngnathoidei, Trigloidei, Ostraciodei), und fast durchgangig verlaufen die Schleimkanale der Haut in den Schedelknochen.

Nach der Bildung des Skelets werden die Fische

1) S. meine Abhandlung über die ersten Spuren des Knochensystems, im 4ten Bande des deutschen Archivs für Physiologie. 1818. p. 343 – 74.

gewöhnlich in Knorpel- und Knochenfische getheilt, allein diese Abtheilungen bezeichnen nicht die grofse Zahl von Abanderungen des Gewebes, welche das Knochensystem der Fische, von der fast hautigen Textur durch die Knorpel- und Gratenbildung bis zur Elfenbeinharte darbietet, und die Verschiedenheit in dieser Beziehung stimmt sehr oft nicht mit der überein, welche in anderen wichtigen Organen stattfindet. Ich verweise in dieser Beziehung auf die zehnte Tabelle und die besondere Betrachtung des Knochensystems.

Aus jenem Grunde habe ich die Cyclostomen als eigene, niedrigste Ordnung der Fische von den Chondropterygiern, die offenbar die vollkommensten Fische sind, getrennt; die geringe Aehnlichkeit in der Bildung des Skelets und der Kiemen wird durch die grofse Verschiedenheit im Nervensystem, dem Verdauungs-, Generations-, Bewegungs- und Empfindungsapparat weit überwogen. Da die Cyclostomen keine seitliche Gliedmassen haben, so pafst selbst der Name: Chondropterygii nicht auf sie.

Aus gleichem Grunde müssen auch die Acipenserini und Polyodontoidei von den Chondropterygiern getrennt werden; ich habe sie als 5te Ordnung Chondrostini (Knorpelknochenfische) genannt. Sie haben (wenigstens Acipenser) getrennte und hartere Schedelknochen als alle übrigen Fische, und die knorplige Grundlage ihres Kopfes ist verhältnifsmässig wenig gröfser als z. B. beim Lachs. Ihr Zungenbein mit den Kiemenbögen, die Rippen und Gliedmassenknochen, und zum Theil auch die Wirbel sind von härterem Knochen, als bei den Gratenfischen, die man gewöhnlich Knochenfische nennt. Aufserdem unterscheiden sie sich durch die Kiemen und Eingeweide wesentlich von den Chondropterygiern, so dafs sie mir am natürlichsten zwischen diesen und den Gratenfischen zu stehen scheinen, unter welchen Cyclopterus sich ihnen einigermafsen nähert.

Aufserdem bin ich nur wenig von dem System *Cuvier*'s durch den die Ichthyologie die gröfsten Fortschritte gemacht hat, abgewichen.

Die Beobachtung der geistigen Fähigkeiten der Fische ist schwierig, da ihnen die Mittel zur Aeufserung, Stimme und freie Beweglichkeit der einzelnen Theile des Körpers, ganz oder fast ganz fehlen. Dennoch läfst sich aus der Abrichtungsfähigkeit und der Mühe die man oft anwenden mufs, um sie zu überlisten, so wie aus den Mitteln, deren sie sich bedienen, um sich ihres Raubes zu bemächtigen oder einer Gefahr zu entgehen, schliefsen, dafs ihre Geistesarmuth nicht so grofs ist, als man gewöhnlich glaubt.

Anm. 1. Wie bei den Loricaten herrscht auch bei den Fischen ein höherer Grad von Symmetrie im äufseren und inneren Bau als bei den meisten übrigen Thieren, um so merkwürdiger ist die Seitwärtsdrehung der Pleuronectiden die, bei zu grofser seitlicher Plattheit des Körpers, theils auf die rechte, theils auf die linke Seite gewendet sind. Dadurch wird die eine zur Rückenseite indem der Schedel eine Achsendrehung erleidet und die Augen auf die obere Seite zusammentreten. In Verbindung mit der Farbenverschiedenheit beider Seiten und dem Herabrucken des Afters ist diese dem Typus aller andern Wirbelthiere widersprechende Bildung gewifs ein wichtiger Beweifs, wie grofs der Einflufs äufserer Agentien auf die thierische Organisation in früheren Perioden unseres Planeten gewesen seyn mufs. 1)

Anm. 2. Unter den älteren Werken über die Anatomie der Fische ist aufser *Rondelet*, besonders wichtig: *Samuel Collins*, A systeme of anatomy, treating of the body of man, beasts, birds, fish, Insects and plants. Illustratid with mony shemes. (London) 1685. fol. Tomi. II. Dieses, wenn nicht vergessene, doch wenig genannte Werk enthält gegen 100 zum Theil sehr genaue Figuren aus der Anatomie der Fische; besonders von Gehirnen, Nahrungskanal und Geschlechtstheilen.

Den Grund zu einer umfassenden Anatomie der Fische legte *Peter Artedi* in der Philosophia ichthyologica und den Descriptiones specierum piscium. Leiden, 1738.

Vicq d'Azyr in den Mémoires pour servir à l'histoire anatomique des Poissons, Mémoires des savans etrangers T. VII. 1776. T. V. der Oeuvres de *Vicq d'Azyr*. Uebersetzt in *J. G. Schneider's* Sammlung von anatomischen Aufsätzen zur Aufklärung der Fischkunde. Leipzig, 1795. 8.

Al. Monro, Vergleichung des Baues und der Physiologie der Fische mit dem Bau des Menschen und der übri-

1) *J. H. F. Autenrieth*, Anatomie der Scholle, in *Wiedemann's* Archiv für Zoologie und Zootomie. Bd. I. Heft 2. pag. 47.

gen Thiere. Aus dem Englischen durch *J. G. Schneider.* Leipzig, 1787. 4. mit Kupfern.

M F. Bloch, Naturgeschichte der Fische. Berlin, 1785 —96. 12 Bde. in 4. und fol. enthält manches vergleichend Anatomische, doch nur als Nebensache.

Der Graf *Lacépède* hat seiner Histoire naturelle des Poissons. V. voll. 4. Paris 1798—1803. eine interessante anatomisch-physiologische Abhandlung über die Naturgeschichte der Fische vorausgeschickt. Deutsche Uebersetzung von *Loos*. 1ter Bd. Berlin, 1799. 8.

Weit gründlicher ist die Anatomie und Physiologie der Fische in dem Artikel Poissons des Dictionnaire des sciences naturelles, von H. Cloquet behandelt.

Die neueste und vollständigste Uebersicht der naturhistorischen und anatomischen Literatur, und einen an trefflichen Bemerkungen reichen Abrifs der Anatomie der Fische enthält der so eben erschienene erste Band von *G. Cuvier* et *Valenciennes's* Histoire naturelle des Poissons. Paris, 1828. 8. avec atlas.

Aufser den schon oft angeführten allgemeinen Werken über vergleichende Anatomie sind vorzüglich von *Duverney*, *Lamorier*, *Haller*, *P. Camper*, *J. Hunter*, *Scarpa*, *Broussonet*, *Bloch*, *Cavolini*, *Ebel*, *G. Fischer*, *Rudolphi*, *Cuvier*, *A. v. Humboldt*, *G. R. Treviranus*, *Tiedemann*, *Carus*, *Arsacki*, *Rosenthal*, *Spix*, *Bakker*, *Geoffroy*, *E. H. Weber*, *Serres*, *Pohl*, *Fohmann*, *Rathke*, *Desmoulins*, *Retzius* u. A. die Fischanatomie betreffende Abhandlungen erschienen, worüber das Nähere bei den einzelnen Organen.

§. 148.

Die neunte Klasse, die Amphibien, Amphibia (S. die 4te Tabelle), nähern sich den Fischen durch die erste Ordnung, die Nackten, welche theils lebenslang (Perennibranchia), theils in der ersten Zeit nachdem sie das Ei verlassen (Salamandrina, Batrachia), durch Kiemen athmen, die wie bei den Fischen an den Zungenbeinhörnern sitzen. Ueber die merkwürdige Metamorphose, welche die Letzteren erleiden, indem sich die Kiemenrespiration in Lungenrespiration, das Kiemenherz in Lungen- und Körperherz, und der fischförmige Körper in den eines vierfufsigen Landthieres umwandelt, ausführlicher bei der Entwickelungsgeschichte.

Diese Ausnahme abgerechnet sind alle Amphibien luftathmend, mit sackförmiger, doppelter oder einfacher Lunge (die meisten Schlangen) versehen, zu welcher das Blut, und zugleich in alle übrigen Organe, durch eine Herzkammer getrieben wird, die entweder ganz einfach (Nuda), oder unvollkommen in zwei Hälften (Testudinata), oder unvollkommen in mehrere Zellen getheilt ist (Sauria und Ophidia). Der einfache Ausführungsgang der Lungen, die Luftröhre, liegt vor der Speiseröhre und öffnet sich in der Mund- oder Rachenhöhle mit einem von Knorpeln und Muskeln umgebenen Spalt, dem Kehlkopf und der Stimmritze, behufs der Stimmbildung.

Der Nahrungskanal der Amphibien ist von verschiedener Länge; kurz, mit wenigen Windungen bei den Fleischfressenden, länger bei den Pflanzenfressenden, und zeigt deutliche Verschiedenheit von Speiseröhre, Magen, Dünndarm und Dickdarm. Der Letztere endigt mit einer Kloake, in welche sich die Geschlechtstheile, die Harnleiter, und meist eine Harn- oder Wasserblase einmünden. Leber, Milz und Bauchspeicheldrüse fehlen wahrscheinlich keinem Amphibium. Die Bewaffnung der Mundöffnung ist sehr verschieden, am merkwürdigsten bei den giftigen Schlangen.

Mit den Saugadern, die besonders in den Schlangen ein eigenthümliches Verhaltnifs zeigen, verbinden sich bei den Ophidiern, Sauriern und Testudinaten Drüsen, die als Schilddrüse, Brustdrüse und Nebennieren bei den Warmblütern sich noch starker ausbilden.

Alle Amphibien haben zwei ganz getrennte Nieren; die Weibchen zwei meist gleich grofse Eierstöcke, welche mit den Eierleitern in keinem unmittelbaren Zusammenhange stehen, die Mannchen drüsige, mit Nebenhoden versehene Hoden, deren Ausführungsgange sich bei den Ophidiern, Sauriern und Testudinaten zu einer doppelten oder einfachen Ruthe begeben, die zu vollstandiger Begattung dient. Nur den Nackten fehlen eigentliche Begattungsorgane. Der gröfste Theil der Amphibien ist eierlegend, einige Nuda, Ophidia und Sauria sind lebendig gebahrend.

Im Gehirn der Amphibien ist die Verschiedenheit zwischen grofsem und kleinem Hirn, weit deutlicher als bei den Fischen. Das kleine Hirn zeigt bei wenigen eine Spur querer Faltung. Das Rückenmark der vierfüssigen ist mit einer vorderen und hinteren Anschwellung versehen. Wahrscheinlich alle, auch die Schlangen besitzen den sympathischen Nerven. Der Lungen-Magennerve oder Stimmnerve begiebt sich bei allen in die gemeinschaftliche Brust- und Bauchhöhle, welche von einer einzigen serösen Haut ausgekleidet ist.

Die Haut ist entweder schleimig wie bei den Fischen (Nuda), und dann gewöhnlich statt der Schleimkanale mit Hautdrüsen am Kopfe und den Rücken entlang versehen, oder trocken mit hornigen Schuppen und Schildern bedeckt, die bei einigen (Anguis, Crocodilina) knöchern werden. Bei Allen wird die Oberhaut, auf ähnliche Weise wie bei den Loricaten, regelmäfsig mehrmals abgeworfen, was bei den Fischen nie statt findet.

Die Zunge ist weit ausgebildeter als bei den Fischen, mit einer feinen, oft vielfach gefalteten und zottigen Schleimhaut bekleidet, meist zweispitzig und sehr beweglich, so dafs sie haufig zugleich als Tastorgan dient.

Die Geruchsorgane haben eine äufsere Oeffnung, und eine innere in der Rachenhöhle, durch welche die eingeathmete Luft zur Stimmritze geleitet wird.

Auch von den Gehörorganen geht aus der Paukenhöhle ein Kanal in die Rachenhöhle (die Salamander und Schlangen ausgenommen); und zu den halbzirkelförmigen Kanälen kommt die Pauke mit ein oder zwey Gehörknöchelchen; diese schliefst sich nach aufsen durch das Trommelfell, vor welchem bei einigen Sauriern die Haut einen äufseren Gehörgang bildet.

Durch Hinzutreten ähnlicher äufserer Schutzorgane, der Augenlider und Thränenwerkzeuge, vervollkommnet sich das Auge bei den Amphibien. Bei manchen (Hypochthon, Caecilia, Amphisbaena) ist zwar nur ein punktförmiges Rudiment vorhanden, und bei den meisten Schlangen eine vollkommene Verwachsung des einfachen durchsichtigen Augenlides; allein die Meisten haben drei Augenlider, und Mehrere eine kammartige Entwickelung der Aderhaut, wie sie bei den Vögeln sich allgemein findet.

Die gröfste Verschiedenheit zeigen die Knochen und Muskeln der Amphibien. Unter allen Wirbelthieren die kleinste Zahl der Wirbel, bei den Fröschen, mit gänzlichem Mangel der Rippen und der stärksten Entwickelung der Gliedmassen, und dagegen bei den Schlangen unter allen die gröfste Zahl der Wirbel und Rippen, mit gänzlichem Mangel der Gliedmassen. Neben diesen Extremen steht als drittes die Schildkrötenbildung, wo die Haut mit den Wirbeldornfortsätzen, Rippen, Rippenknorpeln und Brustbeinstücken verschmilzt, um einen alle Muskeln des Stammes einschliefsenden Panzer zu bilden. Zwischen diesen entfernten Formen liegt eine Menge von vermittelnden Uebergangen, die, da Muskel- Nerven- und Gefafssystem der Bildung des Knochensystems folgen, die Amphibien in anatomischer Hinsicht zu der interessantesten Klasse machen. Auch an Annäherungen an die Fische fehlt es nicht 1).

Die höhere Ausbildung der Sinn- und Bewegungs-Organe, besonders der Gehör- und Stimmwerkzeuge, stellt die meisten Amphibien in psychischer Beziehung weit über die Fische. Sie zeigen so viel Empfänglichkeit für Musik, dafs sie sich zum Tanzen abrichten lassen; sie spielen, sie kampfen miteinander nicht blos wie die Fische, um sich zu fressen, sondern aus Zorn, und drücken ihre Leidenschaften oft auf die lebhafteste Weise aus.

Anm. 1. Die Amphibien, besonders die Salamandrina und Lacertina übertreffen alle übrigen Wirbelthiere durch Stärke der Reproductionskraft; indem sie, besonders die Wassersalamander, Augen, Glieder mit Nerven, Gefäfsen, Muskeln, Knochen und Gelenken und lange Strecken der Wirbelsäule wiedererzeugen.

Anm. 2. Die Saugadern fehlen vielleicht nur den Perennibranchien. Mit Bestimmtheit habe ich sie beim Grasfrosch, der Ringelnatter, der grünen Eidechse und der europäischen Flufsschildkröte gesehen, und bewahre Präparate davon. Besonders merkwürdig ist der schon von *Fohmann* 2) erwähnte Verlauf bei den Schlangen, wo sie

1) S. meine Abhandlung über die ersten Spuren des Knochensystems. Archiv f. Phys. IV. p. 376.

2) Das Saugadersystem der Wirbelthiere. Heidelberg, 1827. fol. 1stes Heft. p. 11.

die Stämme und Zweige der Körperarterien scheidenartig umfassen; eine Annäherung mehr an die aalartigen Fische, wo ein ähnliches Verhaltnifs stattfindet.

Den lange vergeblich gesuchten sympathischen Nerven der Schlangen habe ich an derselben Stelle, ziemlich entfernt von der Wirbelsäule, auf beiden Seiten der Aorta verlaufend gefunden, er ist bei frisch getödteten Schlangen nicht schwer zu sehen.

Anm. 3. Aufser den allgemeinen Werken ist die Anatomie und Physiologie der Amphibien überhaupt in folgenden neueren Werken behandelt:

J. G. Schneider, Amphibiorum physiologiae specimen I—II. Frankfurt a/O., 1790—97. 4to. und mehrere andere schon pag. 51 angeführte Abhandlungen desselben Verfassers.

R. Townson, Observationes physiologicae de amphibiis, P. I—II. Goetting. 1794—95. 4to.

Graf v. Lacépède, Naturgeschichte der Amphibien. Mit Zusätzen übersetzt von *Bechstein*. Weimar, 1800—1802. 5 Bde 8. mit Kupfern.

G. Cuvier, anatomische Untersuchungen über die bis jetzt fur zweifelhaft gehaltenen Reptilien. In den Beobachtungen aus der Zoologie und vergl. Anatomie von *A. v. Humboldt* und *A. Bonpland*. Tubingen, 1806. fol. p. 160.

Der Artikel Reptiles von *H. Cloquet*, Dictionnaire des sciences naturelles. T. 45.

Ferner die Monographieen von *Caldesi*, *Ulrich*, *Bojanus* u. A. über Schildkröten, von *Geoffroy*, *Cuvier*, *Tiedemann* etc. über *Saurier*, von *Duverney*, *Fontana*, *Home*, *Meckel*, *C. Mayer*, *Schlemm*, u. A. über Schlangenanatomie, von *Roesel*, *Spallanzani*, *Bonnet*, *P. Camper*, *v. Schreibers*, *Breyer*, *Configliachi*, *Rusconi*, *Milne-Edwards* etc. über die Nuda.

§. 149.

Die Vögel, Aves, welche die zehnte Klasse bilden (S. die 12te Tabelle), zeichnen sich vor allen übrigen Thieren durch Gleichförmigkeit der Bildung und durch Mangel an Uebergängen zu anderen Klassen aus. Die vorzüglichsten Eigenthümlichkeiten ihrer Bildung sind:

1) Die weiche dunstabsondernde Haut ist mit Federn, ästigen Hautpflanzen bedeckt, welche meist zweimal des Jahres abgeworfen und wiedererzeugt werden, und das vorzüglichste Hülfsmittel beim Fluge sind. Sie enthalten oft die glänzendsten Farben.

2) Die ganz oder zum Theil hornigen Lippen, welche die zahnlosen Kiefern bekleiden, die durch ihre Verlangerungen den Schnabel bilden. Nur die Schildkröten und Schnabelthiere sind hierin den Vögeln ähnlich.

3) Die lange, weite Speiseröhre, welche häufig einen Kropf bildet, endigt mit einem drüsenreichen Theile, dem Drüsenmagen, auf welchen der oft sehr starke Muskelmagen folgt. Der Darm ist vielfach gewunden, und endigt mit einem Dickdarm, in welchen fast immer zwei Blindschlauche, selten nur einer, einmünden.

4) Vor der Afteröffnung nimmt die Kloake die beiden Harnleiter ohne Harnblase, die Bursa Fabricii und die beiden Samenkanale, oder beim Weibchen den einfachen linken Eierleiter, auf.

5) Die Nebenorgane des Nahrungskanals sind die gewöhnlich starken Mundspeicheldrüsen, die immer sehr grofse Bauchspeicheldrüse, die zweilappige Leber und eine kleine Milz.

6) Die Lungen sind dichtzellig, mit grofsen Zellen, und an der Hinterwand des Brustkastens, so wie am Zwerchfell festgeheftet: das letztere bildet keine Scheidewand zwischen Brust- und Bauchhöhle, wie bei den Säugethieren.

7) Von den Lungen tritt die Luft bei allen Vögeln in weite, die Eingeweide umgebende Zellen, in die meisten Knochen des Stammes, und in die gröfseren der Glieder, von der Nase und dem Ohr aber in die meisten Kopfknochen [1]. Allen lufthohlen Knochen fehlt daher das Mark.

8) Aufser dem oberen mit der Stimmritze verbundenen Kehlkopf, findet sich ein zweiter am un-

---

1) *C. L. Nitzsch*, Osteografische Beiträge zur Naturgeschichte der Vögel. Leipzig, 1811. mit K. pag. 1. und 9. Eine merkwürdige Abweichung bei Buceros, wo alle Gliedmassenknochen lufthohl sind, hat derselbe Verfasser in Meckel's Archiv für Anatomie und Physiologie 1826. No. IV. p. 618. beschrieben.

teren Ende der Luftröhre, der nur sehr wenigen Vögeln fehlt [1]).

9) Das **Gefafssystem** hat die allgemeine Form der warmblütigen Thiere. S. pag. 265.

10) In den **Geschlechtstheilen** findet die sonderbare Asymetrie statt, dafs bei den Weibchen durchgängig nur der linke Eierleiter vorhanden, und nur der linke Eierstock ausgebildet ist, während die männlichen Geschlechtstheile auf beiden Seiten gleichförmig entwickelt sind.

11) Alle Vögel sind **eierlegend**; die Eier haben eine harte Kalkschale, wie bei den Schildkröten, und werden bebrütet.

12) Das **Nervensystem** aller Vögel besitzt im Kreuzbeintheil eine Anschwellung mit Auseinanderweichen der hinteren Stränge, den *Sinus rhomboidalis*. Das grofse Hirn ist zwar verhaltnifsmafsig weit gröfser als bei den **Amphibien**, allein mit sehr dünner Decke der Höhlen, und ohne Windungen; das kleine Hirn ist immer quergefaltet. Der Halstheil des sympathischen Nerven, verlauft bei allen Vögeln im Arterienkanal der Halswirbel.

13) Unter den **Sinnorganen** ist das **Auge** am ausgebildetsten. Die **Tastorgane** der Vögel

---

1) Zu diesen gehört nach meinen Beobachtungen auch der schwarze Storch.

sind die Zungen- und Schnabelspitze, daher gewöhnlich nur der hintere Zungentheil mit Geschmackswärzchen besetzt ist. Das Geruchsorgan breitet sich weiter als bei anderen Thieren in die Kopfknochen aus. Die Gehörwerkzeuge sind gröfser, und durch den Zuwachs der Schnecke, welche eine halbe Windung macht, vollkommner als bei den Amphibien. Das grofse Auge hat die Nickhaut, das Pecten und den Knochenring der Sclerotica in weit gröfserer Ausbildung als die Saurier und Testudinaten unter den Amphibien. Bei keinem Vogel ist das Auge oder ein anderes Sinnorgan verkümmert, wie es bei Säugethieren, Amphibien und Fischen mehrere Beispiele zeigen.

14) Das Skelet der Vögel ist durch die Länge des Halses, die feste Verbindung der Rücken-, Lenden- und Kreuzwirbel, die geringe Zahl der Schwanzwirbel, die Verbindung der Rippen untereinander, die knöcherne Bildung der Brustbeinrippen, die schildförmige Ausbreitung des Brustbeins (sämmtlich Schildkrötenähnlichkeiten), ferner besonders durch die Bildung der Flügel, den hohen Brustbeinkamm, die weite Trennung der Schambeine, die frühzeitige Verschmelzung der Schedelknochen zu einem Stück und durch die schon erwähnte Luftzellen-Bildung in den meisten Knochen ausgezeichnet.

15) In den Muskeln zeigt sich, aufser den Eigenthümlichkeiten der warmblütigen Thiere überhaupt (S. pag. 266.), besonders die starke Entwickelung der Brustmuskeln, die Verkümmerung der Hand- und Fingermuskeln und die rudimentäre Bildung des Zwerchfells als charakteristisch.

Die geistigen Lebensäufserungen der Vögel haben durch die starke Entwickelung der Sinne, besonders des Auges und Gehörorgans, die leichte Beweglichkeit des ganzen Körpers und die vollkommenen Stimmorgane ein weit gröfseres Feld der Aufnahme von Eindrücken und Gegenwirkungen auf dieselben als die Amphibien. Daneben besitzen die Vögel zwei besonders lebhafte Triebe, die, vom Nervensystem ausgehend, sie in physischer Hinsicht über die Amphibien und selbst über viele Säugethiere stellen, den mit der Geschlechtsthätigkeit verbundenen Kunsttrieb des Nestbauens, und den Nachahmungstrieb. Der Letztere ist besonders in den jungen Thieren lebhaft, und wird nicht blos in der Freiheit von den Alten zur Unterweisung der Jungen benutzt, sondern bewirkt in der Gefangenschaft das Nachahmen fremder Melodien und selbst der menschlichen Sprache.

Anm. 1. Die Eintheilung der Vögel in Ordnungen hat ihre grofsen Schwierigkeiten. Die meines verehrten Lehrers *Nitzsch* in Luftvögel, Erdvögel und Wasservögel bezeichnet zwar die Lebensart sehr gut, allein es scheint mir als ob die anatomischen Verschiedenheiten sich besser bei der *Linné*'schen und *Cuvier*'schen berücksichtigen ließen, deren Ordnungen freilich mehr den Familien als den Ordnungen der übrigen Wirbelthiere gleichen.

Anm. 2. Die anatomische Literatur der Vögel besteht fast ganz in Monographieen, deren Resultate d'*Aubenton* in *Buffon*'s Naturgeschichte gesammelt und durch viele eigene Untersuchungen vermehrt hat, desgleichen *Vicq* d'*Azyr* in den Mém. de l'academie des sciences de Paris.

Eine reiche Zusammenstellung enthält! *Tiedemann's* Anatomie und Naturgeschichte der Vögel. Landshut 1810 — 14. 2 Bde 8. und der Artikel Oiseaux von *Valenciennes*, im Dict. des sciences naturelles. T. 35.

J. G. Schneider stattete die Ausgabe von Kaiser *Friedrich's* de arte venandi cum avibus. Leipzig, 1788. 2 voll. 4. mit interessanten neuen Beobachtungen aus. Noch wichtiger ist:

Emmert, Beobachtungen über einige anatomische Eigenheiten der Vögel. In *Reil's* Archiv X. p. 377.

Unter den sehr zahlreichen Verfassern von Monographieen nenne ich nur Einige: *C. F. Wolff*, *Doellinger*, *Pander*, *E. Geoffroy*; *Klein*, *P. Camper*, *J. Hunter*, *Merrem*, *Nitzsch*, *Heusinger*; *V. Malacarne*, *Nicolai*, *A. Meckel*, *Serres*, *Desmoulins*, *G.* und *F. Cuvier*, *Lauth*

§. 150.

Die Säugethiere, Mammalia (S. die XIIIte Tabelle), bilden die elfte und vollkommenste Klasse der Thiere.

Sie kommen mit den Vögeln durch die Merkmale der warmblütigen Wirbelthiere überein, unterscheiden sich aber von ihnen vorzüglich durch Folgendes:

1) Ihre Haut ist nie befiedert, sondern behaart (mit

Ausnahme der Walthiere). Nur bei wenigen sind einzelne Stellen der Haut, besonders der Rücken, statt der Haare mit Stacheln, Schuppen oder Knochenringen bedeckt. An den Spitzen beider Gliedmassenpaare sind fast allgemein hornige Hufe, Krallen oder Nägel gebildet, und haufig finden sich knöcherne Vorsprünge des Stirnbeins mit hornigem Ueberzuge bekleidet.

2) Die Lippen sind fleischig, (Schnabelthier ausgenommen) und fast durchgängig mit eingekeilten, aus Knochen und Schmelz gebildeten Zahnen bewaffnet. (Barten der Walthiere; Schnabelthiere; Orycteropus). Am hintern Ende der Mundhöhle befindet sich das Gaumensegel; auf der Stimmritze der Kehldeckel. Die enge Speiseröhre tritt durch eine Oeffnung des Zwerchfells in die Bauchhöhle, wo die Eingeweide vom Peritonäum umhüllt sind. Nie findet sich ein Drüsenmagen, wie bei den Vögeln, doch zuweilen (Nagethiere) eine stärkere Drüsenschicht am Magenmunde. Der Magen ist bald einfach, bald zwei-, drei- und viergetheilt; im letzteren Falle sind die Thiere meist wiederkäuend. Am Uebergange des Dünndarms ist in der Regel eine Klappe und nur ein Blinddarm, selten zwei; allgemein ist der After von den Harn- und Geschlechtsorganen getrennt, nur die Schnabelthiere und Biber haben eine Kloake. Die Nebendrüsen des Nahrungskanals sind

in der Regel wie bei den Vögeln, nur ist die Leber gewöhnlich mehrfach gelappt, die Gallenblase fehlt öfter, die Milz ist gröſser; die Meisten haben eine Drüsenmasse am After.

3) Die Respirationsorgane sind durch den Kehldeckel (s. oben), den Mangel des unteren Kehlkopfs, die fast allgemeine Oeffnung der knorplichen Luftröhrenringe nach hinten und die freie Beweglichkeit der Lungen in den Brustfellsäcken, den gänzlichen Mangel der von den Lungen in andere Organe führenden Luftwege und durch gröſsere Dichtigkeit der Zellen von denen der Vögel verschieden. Die Säugethiere sind allgemein etwas weniger warm als die Vögel, und viele erstarren im Winterschlaf.

4) Im Gefäſssystem finden sich wenige Eigenthümlichkeiten. Die rechte Herzkammer hat, statt der fleischigen Klappe bei den Vögeln, die sehnige tricuspidalis. Mehrere Hufthiere haben einen Knochen im Herzen. Bei den meisten Saugethieren macht die Hirn- oder Augenarterie ein vielfaches Netz (rete mirabile) vor der Vertheilung, und eine ähnliche Spaltung findet sich an den Gliedmassenarterien der Faulthiere und Faulthieraffen. Das Lymphgefaſssystem der Säugethiere zeichnet sich durch die Entwickelung der Drüsen im Gekröse und an den oberen Gelenken der Gliedmassen aus.

5) Die Harnwerkzeuge unterscheiden sich durch

die schärfere Trennung der Röhren- und Rindensubstanz in den Nieren, die eigenthümliche Nierenform, die muskulöse Harnblase und den vom Mastdarm getrennten Verlauf der Harnröhre entweder durch die männliche Ruthe oder hinter der weiblichen, von denen der Vögel.

6) In den Geschlechtstheilen zeigt sich die bedeutendste Verschiedenheit von der vorigen Klasse. Die Weibchen haben zwei gleiche drüsige Eierstöcke, mit kaum wahrnehmbaren Dotterblasen, zwei Eierleiter (tubae), die zu einem mittleren Theil, dem Fruchthälter (uterus) führen, der sich durch die Scheide (vagina) nach aufsen öffnet; vor derselben liegt die weibliche Ruthe (clitoris); und an verschiedenen Stellen der Bauchseite, bei den Beutelthieren in einem Sacke, die Milchdrüsen mit den Zitzen. Die Hoden der männlichen Säugethiere liegen theils, wie bei den Vögeln, in der Bauchhöhle, theils in eigenen Säcken aufser derselben; der Same sammelt sich bei den menschenähnlicheren in den Samenblasen, von wo er mit der Flüssigkeit der Vorsteherdrüse (prostata) vermischt, durch die Harnröhre ausgeführt wird.

Die Säugethiere sind lebendiggebärend, und säugen die Jungen an den Brüsten; inwiefern die Schnabelthiere hiervon eine Ausnahme machen, ist noch nicht entschieden.

7) Im Nervensystem der Saugethiere gewinnt das Gehirn immer mehr an Masse und Ausbildung, und im Verhaltnifs zu den peripherischen Theilen. Das grofse Hirn bekommt Windungen an der Oberflache, die nur wenigen fehlen, und in den menschenähnlichsten am zahlreichsten sind. Im kleinen Hirn wachsen die Seitentheile und die Zahl der Blatter. Die Vierhügel dagegen werden kleiner. Es entstehen neue Verbindungstheile (Commissuren), und die schon vorhandenen vergröfsern sich, besonders die Brücke und der schwielige Körper (corpus callosum). Das Rückenmark hat bei den Walthieren allein die vordere Anschwellung, bei den übrigen auch die hintere, allein nie die rautenförmige Grube darin. Es reicht nie bis in die letzten Schwanzwirbel; einen Kanal in der Mitte scheint es bei Allen zu haben. Die Sehnerven sind bei den Blindmäusen und Maulwürfen, die Geruchs- und hinteren Gliedmassennerven bei den Walthieren verkümmert.

8) Der Tastsinn ist bei den Meisten in der Nasenspitze und den Lippen am feinsten entwickelt; nur bei den Affen und Menschen sind die Fingerspitzen der Hauptsitz dieses Sinnes.

Die Zunge aller Säugethiere ist dick fleischig, mit einer weichen, warzigen Schleimhaut bekleidet, die bei Einigen, besonders den Raubthieren, vorn hornige Stacheln trägt.

Die Nase bietet alle Stufen der Ausbildung vom fast gänzlichen Mangel bei den Walthieren, wo sie Spritzorgan wird, bis zur gröfsten Ausbildung bei den Raubthieren, und im Elephantenrüssel dar.

Das Gehörorgan ist durchgängig (das Schnabelthier ausgenommen) weit starker als bei den Vögeln entwickelt, indem die Schnecke 2 bis 3 1/2 Windungen macht, drei Gehörknöchelchen in der Pauke liegen, und meist das äufsere Ohr als Hörtrichter dient.

Dem Auge der Säugethiere fehlt durchgängig die Nickhaut bis auf einen kleinen Rest, der Knochenring der Sclerotica und das Pecten ganz; dagegen gewinnt bei den Meisten der drüsige Apparat an Ausbildung, doch stehen wohl alle Säugethiere in der Scharfe dieses Sinnes den meisten Vögeln nach. Bei Einigen ist kaum eine Spur des Auges zu finden.

9) Im Skelet unterscheiden sich die Säugethiere gleichfalls bedeutend von den Vögeln. Kein Knochen hat Luftzellen mit Ausnahme des Sieb- Stirn-, Keil- und Oberkieferbeins, und des Zitzenfortsatzes des Schlafbeins. Kein Säugethier hat Flügel, die Fledermäuse ausgenommen, bei denen aber die Finger nicht verkümmert, wie bei den Vögeln, sondern im Gegentheil so stark entwickelt sind, dafs sie hauptsächlich den Flügel

bilden. Nie sind die Rippen unter sich durch Knochenfortsätze verbunden, nie die hinteren von den Hüftbeinen bedeckt; dagegen verbinden sich die Schambeine fast allgemein durch eine Knorpelfuge; die Schedelknochen bleiben wenigstens den gröfsten Theil des Lebens hindurch getrennt, ebenso die einzelnen Stücke des Brustbeins, und der Kamm desselben ist nie wie bei den Vögeln entwickelt.

10) Die Muskeln der Saugethiere zeigen im allgemeinen schwächere Entwickelung an der Brust, starkere am Rücken, Nacken, den Händen, Füssen, und besonders im Antlitz. Die Muskeln der Nase, des äufseren Ohrs, der Lippen, und die meisten des Perinäums sind den Saugethieren ausschlieslich eigen, ebenso die Ausbildung des Zwerchfells zu einer vollkommenen Scheidewand zwischen Brust- und Bauchhöhle.

Nach der Entwickelung der Gliedmassen werden die Säugethiere am passendsten in Flossenthiere (Pinnata), Hufthiere (Ungulata) und Zehenthiere (Digitata) getheilt.

Anm. 1. Die neueren Hauptwerke über Säugethier-Anatomie sind, aufser den allgemeinen über die ganze vergleichende Anatomie: Der anatomische Theil in *Buffon's* histoire naturelle, von *d'Aubenton*. Die meisten der pag. 50 angeführten Schriften von *P. S. Pallas*, *J. F. Blumenbach*, Specimen physiologiae comparatae inter animantia calidi sanguinis vivipara et ovipara. Goetting. 1789. *W. Josephi's* Werk (pag. 51) ist unvollendet geblieben. *J. W. Neergard's* pag. 64. angeführte Werke.

E. F. Gurlt, Anatomische Abbildungen der Haussäugethiere. Berlin, 1824—28, 10 Lieferungen. fol.

J. F. Brandt, und *J. T. C. Ratzeburg*, Getreue Darstellung der Thiere, die in der Arzneimittellehre in Betracht kommen. Berlin, 1827—28. 3 Hefte. 4.

Monographieen von *J. Hunter*, *P. Camper*, *Pallas*, *Scarpa*, *Blumenbach*, *E. Home*, *G.* und *F. Cuvier*, *G. Fischer*, *Wiedemann*, *A. v. Humboldt*, *Rudolphi*, *Gall*, *J.* und *C. Wenzel*, *Carus*, *J. F. Meckel*, *Tiedemann*, *Serres*, *Bojanus*, *Geoffroy*, *Dutrochet*, *Blainville*, *Moreschi*, *Saissy*, *Mondini*, *M. J. Weber*, *E. H. Weber*, *Baer*, *Prevost* und *Dumas*, *Barkow*, *Otto*, *G. Jaeger*, *Rapp* und vielen Anderen.

§. 151.

Der Mensch unterscheidet sich körperlich von den übrigen Säugethieren vorzüglich durch den aufrechten Gang, der in der Bildung aller Organe, besonders in der des Gehirns, des ganzen Skelets und der Muskeln nothwendig begründet ist. Die oberen Glieder werden dadurch vom Tragen der Last des Körpers befreit, sie haben Hände und Finger zum Tasten und Begreifen.

Durch die aufrechte Stellung bleibt das Gehirn frei von zu starkem Blutantrieb; eine Andeutung der Herrschaft, die es über niedere Triebe gewinnen soll.

Im Gehirn selbst, dem Organ der Seele, findet sich zwar kein dem Menschen ganz eigenthümlicher

Theil, allein es ist in den meisten, und besonders den Theilen, welche Organe des inneren Sinnes sind, stärker, mit Uebergewicht über die äußeren Sinne und Bewegungsorgane, die Nerven derselben und das Rükkenmark, gebildet.

Durch die Größe des Gehirns tritt im Antlitz die Stirn hervor, in demselben Grade weichen die Kiefern mit dem Kauapparat zurück (s. pag. 169. folg.), und das vorspringende Kinn giebt den weit feiner beweglichen Stimm- und Sprachorganen freieren Spielraum.

§. 152.

Von der geistigen Thätigkeit der Säugethiere hier nur die allgemeinsten Züge, als Andeutung eines Umrißses.

Wie sehr die Aeußerung dieser inneren Vorgänge durch beschränktes Lebensverhaltniß zurück gehalten wird, sieht man an den Walthieren, die ungeachtet der sehr vollkommenen Organisation ihres Gehirns, im Wasser kaum mehr geistiges Leben als die Fische zeigen können.

Bei den übrigen, genauer beobachteten Säugethieren sind die vier Triebe, die vorzüglich mit psychischen Aeußerungen in Verbindung stehen, der der Selbsterhaltung, der Fortpflanzungstrieb, der Geselligkeitstrieb und der Nachahmungstrieb zwar in sehr verschiedenen Graden, aber doch allgemein weit kräftiger, und mit mehr inneren und äufseren Hülfsmitteln, als in den unvollkommneren Thierklassen, entwickelt.

Besonders auffallend ist der Einflufs, den die Hülflosigkeit der Jungen auf die geistigen Kräfte der Alten ausübt, da diese Hülflosigkeit gröfser und länger als bei den meisten Vögeln ist. Das Säugen bewirkt eine innigere Verbindung, die oft in eine förmliche Erziehung der Jungen durch die Alten übergeht. Die feineren Tastorgane, das scharfe Gehör, die geschickteren Werkzeuge zum Greifen, und besonders der Nachahmungstrieb unterstützen die gröfsere Entwickelungsfähigkeit. Diese tritt besonders bei den geselliglebenden und denen, die in langer Zähmung durch die Gesellschaft des Menschen veredelt sind, deutlicher hervor.

Die Elephanten, Pferde, Hunde zeigen in Gelehrigkeit, Gedächtnifs, Muth, Eifer, Wachsamkeit, Treue, Dankbarkeit, so wie in Dummheit, Trägheit, Eigensinn, Eifersucht, Tücke, Falschheit u. s. w. nicht nur die Verschiedenheiten guter und schlechter Anlagen, sondern auch eine entfernt menschenähnliche Fähigkeit zu Tugend und Laster. Oft kann man in den Mienen dieser Thiere das Bewufstseyn der guten oder bösen Absicht, der erlaubten oder unerlaubten Handlung erkennen.

Cuvier vergleicht sie mit Kindern, die noch nicht sprechen gelernt haben; allein es scheint mir, als ob die unzähligen Züge von Muth, Dankbarkeit, und bis zur Selbstaufopferung gehenden Treue, die man von denen Thieren kennt, auf die der Mensch seit Jahrtausenden eingewirkt hat, einen weit gröſseren Grad von Ueberlegung, Festigkeit, Erfahrung und Selbstbewuſstseyn anzeigten, als bei Kindern in jenem zarten Alter stattfindet, während diese auf der andern Seite die weit höhere geistige Anlage oft von den ersten Monaten an deutlich blicken lassen.

Am stärksten ist der Nachahmungs- und Geselligkeitstrieb bei den meisten Affen und den Menschen entwickelt, obwohl in sehr verschiedener Richtung; bei den Affen spielig und karrikaturmaſsig, ohne edleres Ziel, bei dem Menschen durch die Vernunft in verschiedenen Graden geleitet. Die Erziehung der Kinder ist nur durch den Nachahmungstrieb möglich; er ist das Hülfsmittel der seit Jahrtausenden durch Sprache und Schrift fortschreitenden Entwickelung des Menschengeschlechts. Denn zu der Nachahmung edler Vorbilder kommt die Veredlung des Nachgeahmten nach einem tief eingegrabenen göttlichen Vorbilde.

Dieser Trieb zur geistigen Veredlung, mit der groſsen Anlage, alle übrigen, mehr körperlichen Triebe zu beherrschen, mit der Richtung über die körperliche Existenz hinaus, ist das groſse, geheimniſsvolle Vorrecht des Menschen, und die göttliche Quelle seiner Tugenden.

Ende der ersten Abtheilung.

Druckfehler.

Seite 14	Zeile 13	statt	Bocksmitgeburt: Bocksmiſsgeburt.
— 23	— 19	—	*Faloppia*: *Fallopia*.
— 33	— 21	—	1773: 1737.
— 37	— 2	—	1773—1779: 1673—80.
— 39	— 15	—	1704: 1804.
— 82	— 8	—	nach den: nach diesem und den.
— 88	— 12	—	Caledon: Hypochthon.
— 92	— 19	—	nämlich des: nämlich der des.
— 152	— 14	—	Anhänge: Anfänge.
— 199	— 13	—	S. §. 132 lies S. §. 139.
— 216	— 24	—	pag. 282 lies pag. 182.

Tab. VII. Familia 29 Zeile 2 statt Narina: Ranina.

— VII. Familia 30 — 3 — Helimus, Styas: Halimus, Hyas.

FREIBURG im BREISGAU,
gedruckt bei Franz Xaver Wangler.

FSC
www.fsc.org
MIX
Papier | Fördert
gute Waldnutzung
FSC® C083411

Zeitfracht Medien GmbH
Ferdinand-Jühlke-Straße 7
99095 Erfurt, Deutschland
produktsicherheit@kolibri360.de